Vorwort zur 1. und 2. Auflage.

Die außerordentlich freundliche Aufnahme, die die bisherige Ausgabe von **Kleiber/Karsten,** *Physik für technische Lehranstalten,* im Kreise der hochverehrten Herrn Fachkollegen gefunden hat und die sich durch die hohe Auflagenzahl des Buches und durch die Übersetzung des Buches ins Spanische nach außen hin bekundet, ermutigte mich, einem schon früher von verschiedenen Seiten ausgesprochenen Wunsche zu entsprechen und für die Baufachschulen, die ein geringeres Physikpensum haben, eine **kürzere Ausgabe** herzustellen.

Sie ist in straffster Form so abgefaßt, daß die von der Kritik anerkannten Vorzüge der Kleiberschen Bücher: *eingehende Disposition des Stoffes, Hervorhebung wichtiger Formeln in Schildern, Erläuterung schwieriger Teile durch Vergleiche und Analogien, Reichtum an Figuren und Musterbeispielen* auch hier voll zur Geltung kommen. Mathematische Formulierungen sind auf das Notwendigste beschränkt, die populäre Darstellung womöglich noch weiter erhöht.

Die straffe Disposition des Stoffes ermöglicht auch das Selbststudium für Anfänger in hohem Maße. Zahlreiche Beispiele und Übungsaufgaben beleben und unterstützen das Verständnis für das Vorgetragene, das überall nur das Notwendigste streift, bzw. noch das, was den Schüler, der mitten im Leben der Technik steht, interessieren könnte. Der Reichtum an Abbildungen dürfte Lehrern wie Schülern sehr willkommen sein.

München, im April 1932.

Joh. Kleiber.

Aus dem Vorwort zur 3. Auflage.

Bei der Neubearbeitung dieses Buches, die ich auf Wunsch des Verlages übernahm, nachdem Herrn Oberstudienrat Kleiber sein hohes Alter die Fortführung seines weit verbreiteten Unterrichtswerkes verbietet, habe ich mich bemüht, dessen bekannte Vorzüge, auf die auch in der Vorrede zur ersten Auflage hingewiesen wird, zu erhalten.

1*

Längenmaß. Gewicht. Festigkeit.

§ 1. Längenmessung.

1. Wie mißt man Längen auf dem Bauplatz? Kleinere mit dem Gliedermaßstab, größere mit einer Meßlatte oder mit dem Meßband.

‖ Einheit der Länge ist das **Meter.**

Es ist eingeteilt in 10 Dezimeter, 100 Zentimeter, 1000 Millimeter. (1 m = 10 dm = 100 cm = 1000 mm.)

Das **Meter** ist eigentlich der Abstand zweier Striche auf einem in Paris aufbewahrten **Urmetermaßstab.** Es sollte der **10millionste Teil** eines Erdquadranten sein. [Erdquadrant nennt man jeden Viertelskreis der Erde, der von einem Pol bis zum Äquator reicht; Abb. 1.] Hiernach beträgt der Erdumfang 40 Mill. Meter = 40000 km. — 1795 in Frankreich, 1871 in Deutschland eingeführt.

Abb. 1. Erdquadrant.

2. Wie findet man den Durchmesser eines runden Baumstammes? Man mißt mit einer Schnur den Umfang; diesen teilt man mit der Ludolfischen Zahl **3,14** (genannt π; sprich Pü).

Beispiel. Der Umfang sei 157 cm; dann ist der Durchmesser **d** = 157 cm : 3,14 = **50 cm.** —

Übung: Man messe den Umfang eines runden Stuhles; eines Küchentopfes; einer Waschschüssel; eines Kopfes und berechne hieraus den zugehörigen Durchmesser! [Nachmessung!]

Umgekehrt ist:

‖ Kreisumfang = **3,14** mal Durchmesser.

Eine **Plakatsäule** von 1 m Durchmesser hat 3,14 m Umfang. — Man berechne den Umfang eines Schwungrades von 1,50 m Halbmesser.

Das Verhältnis eines Kreisbogens zum Halbmesser dient häufig als Winkelmaß (Winkel im Bogenmaß). Es ist: $360^0 = 2\pi$ $90^0 = \pi/2$ $57,3^0 = 1$.

Abb. 2. Meßkeil.

3. Die lichte [= die innere] Weite eines Rohrs mißt man mit dem Meßkeil. (Abb. 2.)

Man fertige einen Meßkeil aus starkem Papier 10 cm lang, am Ende 1 cm breit und messe damit die Weite eines Glasrohrs auf $^1/_{10}$ mm genau!

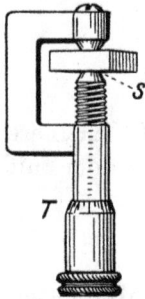

4. Die Dicke von Platten mißt man mit dem **Mikrometer.** (Abb. 3.) Jeder Schraubendrehung entspricht die Verschiebung der Schraubenspitze S um 1 mm. Oder man benutzt die **Schublehre** (Abb. 5).

Die **Schublehre** ist ein Maßstab mit einer festen und einer verschiebbaren Querleiste. Zwischen diese spannt man den zu messenden Gegenstand ein.

Abb. 3. Mikrometer.

5. Ein weiteres Hilfsmittel ist der Fühlhebel, z. B. in der Form des **Zehntelmaßes** (Abb. 4).

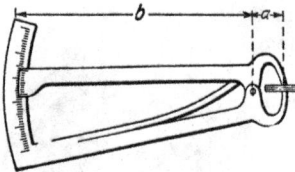

Abb. 4. Zehntelmaß.

Schublehre und Zehntelmaß sind mit einem **Nonius** versehen. Dies ist ein kleiner **Hilfsmaßstab**, der neben dem Hauptmaß liegt und dessen Teile um je $^1/_{10}$ **kleiner** als die des Hauptmaßstabes sind (so daß also **10** Noniusteile gleich **9** Teilen des letzteren sind).

6. Wie gebraucht man den Nonius? Der Nagel in Abb. 5 ist etwas über 3 Teile lang; um wie viele $^1/_{10}$ mehr? Anleitung: Man suche auf dem Nonius jenen Teilstrich (*), der mit einem Teilstrich des Hauptmaßes übereinstimmt. (In Abb. 5 der Noniusstrich 8.) Dann ist die Länge des Nagels **3,8 Teile.**

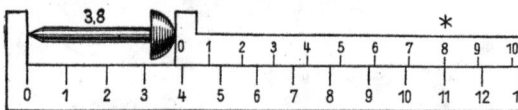

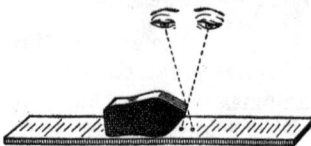

Abb. 5. Teilstrich 8 des **Nonius** fällt auf einen Maßstabstrich.

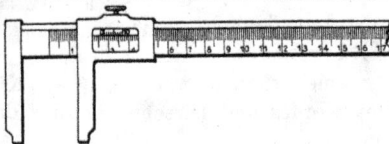

Grund. Man halte den Nonius bei **8*** **fest** und denke sich die vorausgehenden Noniusteile je um $^1/_{10}$ vergrößert. Dann rückte die Noniusnull um $^8/_{10}$ vor, d. h. auf die Zahl 3 des Hauptmaßes.

7. Parallaxe nennt man den Ablesungsfehler, den man macht, wenn man schief auf den Maßstab blickt (Abb. 6).

8. Größere Längeneinheiten sind **Kilometer** und **Meile.** 1 km = 1000 m; 1 engl. Meile 1610 m; eine Seemeile .1852 m.

§ 2. Flächenausmessung.

1. Einheit der Fläche ist das **Quadratmeter (1 m²).** Man denke an ein Stück Tapete 1 m lang und 1 m breit. **Merke:**

> Die Verwandlungszahl der Flächenmaße ist 100, d. h.
> 1 m² = 100 dm²; 1 dm² = 100 cm²; 1 cm² = 100 mm².
> 1 Ar (a) = 100 m²; 1 Hektar (ha) = 10000 m².

2. Eine Wand ist zu tünchen; man berechne die Fläche! Ist ihre Länge 11 m, ihre Breite 6 m, so ist ihre Fläche 11 m × 6 m = 66 m² groß. **Merke:**

> a) Die Fläche eines Rechtecks ist gleich Länge mal Breite.
> b) Die Fläche eines Kreises = Halbmesser × Halbmesser × 3,14.

Beispiel: Eine kreisförmige **Rennbahn** vom Durchmesser $d = 50$ m ist zu bekiesen. Halbmesser = 50 m : 2 = 25 m; daher **Fläche** = $25 \times 25 \times 3,14 = 1962,50$ m² = **19 ar 62 m² 50 dm².** — 1 ar ist ungefähr so groß wie die Bodenfläche eines Schulzimmers (= 10 m × 10 m).

Flächenberechnungen:

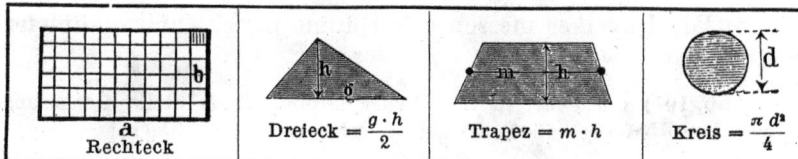

| Rechteck | Dreieck = $\frac{g \cdot h}{2}$ | Trapez = $m \cdot h$ | Kreis = $\frac{\pi d^2}{4}$ |

Abb. 7.

3. Die Fläche einer unregelmäßigen Figur kann man mit dem **Planimeter** (Abb. 8) oder durch **Auswägen** bestimmen.

a) Das **Planimeter** ist eine Art waagerecht liegender Zirkel, der in der Nähe des Kopfes ein Meßrädchen **R** trägt. Hält man

PoɾɒP.

O

Q

N Z

R

Plan

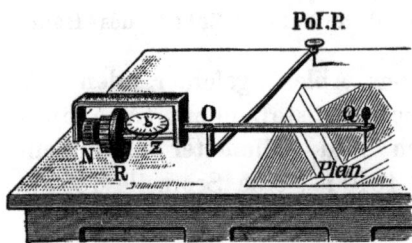

Abb. 8. Planimeter.

die eine Zirkelspitze fest (= Pol) und umfährt mit der andern die auszumessende Figur, so gibt die Umdrehung des Meßrädchens die Fläche an. (Abb. 8.)

b) **Wägen der ausgeschnittenen Figur.** Wiegt die aus Papier ausgeschnittene Figur 2,25 g, 1 dm² desselben Papiers 0,9 g, so enthält die Figur 2,25 : 0,9 = 2,5 dm² = 250 cm².

§ 3. Raumausmessung.

1. a) Eine Kiste 1 m lang, 1 m breit, 1 m hoch stellt einen Raummeter oder 1 Kubikmeter (1 m³) vor. Wieviel solche Kisten gehen in ein Zimmer von 10 m Länge, 8 m Breite, 3 m Höhe? Antwort: $10 \times 8 \times 3 = 240$. **Merke:**

‖ Der Rauminhalt eines rechteckigen Körpers ist Länge × Breite × Höhe (Abb. 9).

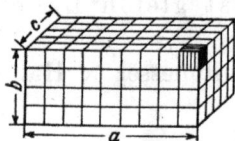

c

b

a

Abb. 9. Quader.
$V = a \cdot b \cdot c$

Ein Ziegelstein ist — cm lang, — cm breit, — cm hoch. Sein Rauminhalt ist also $\ldots \times \ldots \times \ldots = \ldots$ Kubikzentimeter. Selbstübung: Man messe eine Zigarrenschachtel aus!

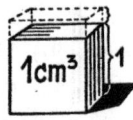

1cm³ 1

Abb. 10.
Kubikzentimeter.

b) Ein kleineres Raummaß ist das **Kubikdezimeter** (Würfel 1 dm lang, 1 dm breit, 1 dm hoch). Den **Hohlraum** eines Kubikdezimeters (dm³) nennt man **1 Liter.** (Man denke an einen Literkrug.)

c) Die Physiker messen alle Räume nach **Kubikzentimeter** (cm³).

Abb. 10 zeigt 1 cm³ in natürlicher Größe. (Man stelle 1 ccm aus Kreide her!) **Merke:** 1000 cm³ gehen auf 1 Liter. Allgemein:

‖ Die Verwandlungszahl der Raummaße ist 1000, d. h. 1 m³ = 1000 dm³; 1 dm³ = 1000 cm³; 1 cm³ = 1000 mm³.

2. Wie bestimmt man den Hohlraum eines Gefäßes?

a) Man füllt das Gefäß mit Wasser und gießt dieses in einen nach cm³ geteilten Meßzylinder (Abb. 11) oder in ein größeres geeichtes Gefäß über. Die Messung ist nicht ganz genau, da etwas Wasser an der Wand des Gefäßes hängenbleibt.

b) Genauer wird die Messung, wenn man das Gefäß leer auf eine Waage setzt und ihr Gewicht (z. B. mit Schrotkörnern) ausgleicht. Dann füllt man es mit Wasser. Wiegt das zugegossene Wasser 380 g, so ist der Hohlraum des Gefäßes 380 cm³. Denn

‖ **1 cm³ Wasser** (bei 4⁰ C) wiegt **1 Gramm.**

3. Wie bestimmt man den Rauminhalt (= **Volumen) eines Steines?** a) Durch Untertauchen in Wasser, das sich in einem **Meßzylinder** befindet (Abb. 11).

Abb. 11.
Meßzylinder.

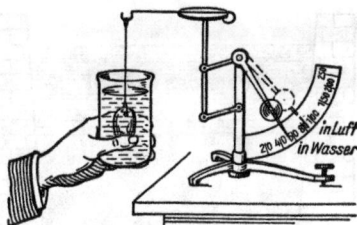

Steigt dabei der Wasserspiegel von 200 cm³ auf 240 cm³, so hatte der Stein das Volumen 40 cm³.

b) Oder man benutzt die 2000 Jahre alte **Archimedische Entdeckung:** Taucht man einen Körper in Wasser, so verliert er für jedes eintauchende **cm³** genau **1 g** an Gewicht (Abb. 12).

Abb. 12. Volumen =
Gewichtsverlust in Wasser.

Verliert also der Körper in Abb. 12 an Gewicht 25 g, so ist sein Volumen 25 cm³. [Schülerversuch mit einer kleinen Briefwaage.]

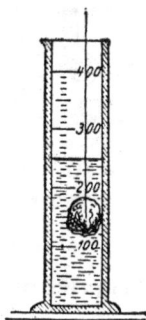

§ 4. Porosität.

1. Man betrachte den Schwamm! Er hat Poren. Dies sind Hohlräume, die vom Stoff des Schwammes nicht erfüllt werden. Brot, Sand und Bimsstein haben große Poren, bei anderen Körpern sind die Poren so winzig, daß man sie mit bloßem Auge nicht sieht.

2. Wie wies *Pettenkofer* die Porosität der Bausteine nach?

Zum **Nachweis** verklebt man einen prismatischen Ziegelstein (Abb. 13) mit Wachs bis auf die Anschlußstellen zweier Rohre, schließt das eine an die Gasleitung an und kann nach einigen Minuten das dem anderen Rohr entströmende Gas entzünden.

Abb. 13.
Pettenkofers Versuch.

Drückt Wind auf die Wand, so dringt Luft in das Zimmer (natürliche Lüftung; beeinträchtigt durch Tapeten, Ölfarbenanstrich, Feuchtigkeit).

Verwertung findet die Porosität bei den **Filtern,** besonders zur Reinigung des Trinkwassers, das zuweilen unreinen Flüssen entnommen werden muß (Hamburg).

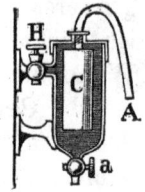

Abb. 14.
Berkefeldfilter.

Beim **Berkefeldfilter (Abb. 14)** wird das bei H einströmende Wasser durch einen Filtrierzylinder C aus Kieselgur getrieben. — Erkläre die **Groß-Filteranlage** Abb. 15!

3. Man ermittle den Porenraum des Sandes in Volum-prozenten. (Abb. 16.) Dazu füllt man einen Literkrug mit Sand! [= **1000 cm³**]. Nun gießt man zur Ausfüllung der Poren mit einem Meß-zylinder Wasser nach! [Erg.: **400 cm³**]. Auf je 100 cm³ Sand treffen dann 40 cm³ Poren = 40 Volumprozente.

Abb. 15. Große Filteranlage.

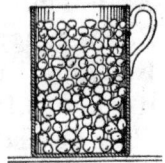

Abb. 16.
Ausmessen des Hohlraumes.

§ 5. Vom Gewicht der Körper.

1. Was ist Gewicht? Halte einen Ziegelstein auf waage-recht hinausgestreckter Hand! Er übt auf die Hand einen Druck aus.

‖ Gewicht ist der **Druck** ($\downarrow$), den ein Körper **auf eine** waagerechte Unterlage ausübt.

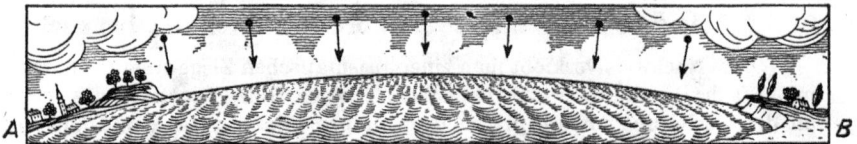

Abb. 17. Wirkung der Schwere.

Läßt man den Stein los, so fällt er zur Erde. Man sagt: Die Körper werden von der Erde angezogen. Die **Kraft,** die die Körper zur Erde niederzieht, heißt **Schwere** oder **Schwerkraft.**

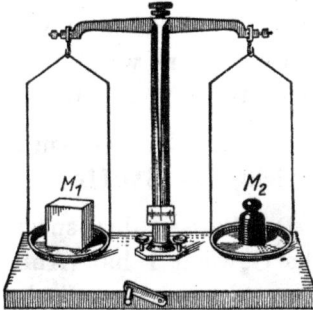

Abb. 18. Gleicharmige Waage.

Schwere = Zug zur Erde.

2. Einheit des Gewichtes ist das Gramm. Merke:

‖ **1 Gramm** ist das Gewicht von 1 cm³ Wasser bei 4° C.

1 Kilogramm (kg) = 1000 g;
1 Tonne (t) = 1000 kg = 20 Zentner.

3. Kleine Gewichte kann man statt mit der **Krämerwaage** (Abb. 18) auch mit der **Federwaage** (Abb. 19) bestimmen.

Diese besteht aus einer frei hängenden Spiralfeder, die unten eine Waagschale trägt.

An der Feder ist unten ein **Zeiger** befestigt, der vor einer **Teilung** spielt. **Vorteil:** Diese Waage bedarf keines Gewichtssatzes. (Stelle die Eichung der Teilung her durch Einlegen von 10, 20, 30 g ... in die Waagschale!)

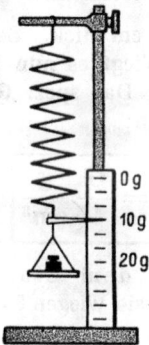

Abb. 19. Federwaage.

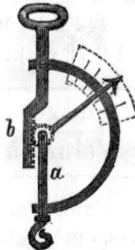

Abb. 20.
Einfacher Kraftmesser.

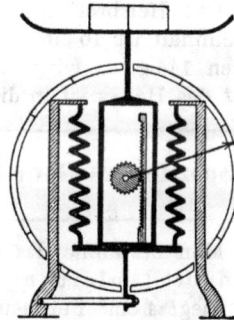

Abb. 21. Küchenwaage.

Zur raschen Bestimmung großer Gewichte dienen die **Kraftmesser (oder Dynamometer);** dies sind starke Federn, deren geringe Dehnung durch ein Zahnrad auf einen Zeiger übertragen wird. Erkläre Abb. 20!

Mit solchen Kraftmessern kann man nicht nur Gewichte, sondern auch alle Arten von Zug und Druck messen. (Ziehe damit eine Schulbank weg! Kraftmessung in der Technik.) — Bei der **Küchenschnellwaage**

(Abb. 21) sitzt der Stiel der Waagschale auf einer Doppelfeder, die bei ihrer Dehnung ein Zahnrädchen mit einem Zeiger bewegt.

4. Sind alle Stoffe gleich schwer? Ein Stück Kork ist viel leichter als ein gleich großes Stück Blei. 1 cm³ Kork wiegt ¼ g, 1 cm³ Blei dagegen 11,4 g, also fast 46 mal so viel. **Merke:**

‖ Das Gewicht von 1 cm³ eines Stoffes in Gramm ‖ nennt man das **spezifische Gewicht** des Stoffes.

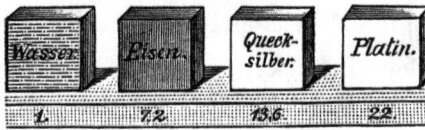

Abb. 22. Spezifische Gewichte verschiedener Stoffe.

Da **Wasser** das spezifische Gewicht 1 hat (Abb. 22), so gibt das spezifische Gewicht eines Stoffes auch an, wie viel mal so **schwer** ein Stoff ist wie gleichviel Wasser (von gleichem Volumen).

Das spez. Gewicht des Kupfers ist 8,9; das heißt also entweder: a) 1 cm³ Kupfer wiegt 8,9 g, 1 dm³ Kupfer 8,9 kg, 1 m³ Kupfer 8,9 Tonnen, oder b) 1 cm³ Kupfer wiegt 8,9 mal soviel wie 1 cm³ Wasser.

5. Man bestimme das spez. Gewicht eines Brettchens!

Das Holzbrettchen sei 10 cm lang, 10 cm breit, 2 cm dick. Sein Rauminhalt ist 10 cm × 10 cm × 2 cm = **200 cm³.** Wiegt es nun im ganzen **144 g,** so wiegt 1 cm³ nur 144 g : 200 = 0,72 g. Das spez. Gewicht des Holzes ist in diesem Fall **0,72 g/cm³.** Allgemein:

$$\text{Spezifisches Gewicht} = \frac{\text{Gesamtgewicht}}{\text{Volumen}} \qquad \gamma = \frac{G}{V} \frac{g}{cm^3}$$

Man bestimme das **spez. Gew. von Petroleum** mit dem Standzylinder! (Anleitung: Gieße 100 cm³ Petroleum ein; sie wiegen 80 g; also wiegt 1 cm³ Petroleum 80 g : 100 = 0,8 g.

Tafel 1.	Spezifische Gewichte. kg/dm³	
Platin 21,5	Aluminium . . 2,7	Holz . . . . . 0,5—0,9
Gold 19,3	Marmor . . . 2,8	Wasser 1,0
Quecksilber . 13,6	Glas . . 2,5—3,5	Petroleum 0,80
Blei 11,4	Mauer, Sand . . 2	Alkohol 0,72
Silber 10,5	Beton . . 2—2,2	atm. Luft 0,0013
Kupfer . . . 8,9	Sandstein . . 2,4	Wasserstoff . . .0,00009
Eisen . . 7,2—7,9	Ausfüllmaterial 1,8	[bei 0⁰ und 760 mm Bar.]

6. Wozu dient die Tafel der spezifischen Gewichte?
a) Man kann damit das Gesamtgewicht von Körpern berechnen, deren Rauminhalt man kennt. **Merke:**

‖ Gesamtgewicht = spez. Gew. × Volumen. ($G = V \cdot \gamma$.)

Beispiel: Was wiegt eine **Mauer** von 10 m Länge, 4 m Höhe und 51 cm Dicke? **Lösung:** Rauminhalt = 10 m · 4 m · 0,51m = 20,4 m³. Das spez. Gewicht des Mauerwerks ist nach Tabelle $\gamma = 2$, d. h. in unserem Falle 2 Tonnen für 1 m³. Daher **Gewicht** = 20,4 × 2 = 41 Tonnen.

b) Man kann umgekehrt auch den **Raum** von Körpern berechnen, deren Gewicht man kennt:

‖ Volumen = Gesamtgewicht: spez. Gew. ($V = G : \gamma$.)

Beispiel: Jemand bestellt einen **Marmorstein** von 1 Zentner Gewicht. Wie groß ist dieser? **Lösung: Volumen** = 50 kg : 2,8 kg/dm³ = ~ **17 dm³**.

Aufgaben.

1. Man berechne mit Hilfe der Tafel oben das **Gewicht**
   a) einer marmornen Tischplatte von 80 cm Länge, 50 cm Breite und 2,5 cm Dicke! [Antwort: 28 kg.]
   b) eines hölzernen Balkens von 8 m Länge und einem Querschnitt von 12 cm × 20 cm! [Antwort: 96 kg.]
2. Man berechne mit Hilfe der Tafel den **Rauminhalt**
   a) eines eisernen Schlüssels, der 118 g wiegt! [A.: 16,4 cm³],
   b) von 1 kg Gold, Blei und Aluminium!
   c) eines eisernen Schwungrades, das 158 kg wiegt! [A.: 21,9 dm³],
   d) einer Tonne Sand! [A.: ½ m³],
   e) von 50 kg Gußeisen! [A.: bei $\gamma = 7,2$ wird $V = 6,94$ dm³].

§ 6. Festigkeit. Bruch.

1. Gegen Formänderungen leisten die Körper **Widerstand.**

a) **Die Härte** einer Oberfläche wird nach dem Eindruck beurteilt, den ein kleiner, sehr harter Körper unter bestimmtem Druck auf ihr hervorbringt.

Als **Druckkörper** dient eine kleine Stahlkugel oder die Spitze einer Pyramide aus Diamant, dem härtesten Körper. Der **Eindruck** ist mikroskopisch klein, da bei der Härteprüfung die z. B. geschliffene Oberfläche nicht beschädigt werden darf. Er wird mit einem Mikroskop ausgemessen und die Oberflächenhärte nach dem Ausmaß des Eindruckes in willkürlichen Graden angegeben.

b) **Zähe** heißt ein Körper, der große Formänderungen verträgt, bis er bricht.

c) **Spröde** heißt ein Körper, der schon bei einer **geringen** Gestaltsveränderung bricht (Glas, Gußeisen).

Stahl kann durch Erhitzen auf Rotglut und rasches Abkühlen in Wasser so hart gemacht werden, daß er Glas ritzt **(glasharter Stahl).**

d) **Alle Körper sind elastisch,** d. h. sie gleichen **kleine** Gestaltsveränderungen (nach der Entspannung) aus.

Der Grad der Elastizität ist jedoch sehr verschieden (z. B. Blei ist wenig, Stahl, Elfenbein sehr elastisch).

2. Vollkommen elastisch heißt ein Körper, so lange er eine Formänderung nach der Entspannung ganz ausgleicht, unvollkommen elastisch, wenn er sie nicht mehr ganz ausgleicht.

Die **Elastizitätsgrenze** einer Federwaage (Abb. 19) ist 30 g heißt: Belastet man sie mit weniger als 30 g, so kehrt sie nach der Entlastung in ihre Nullage zurück. Belastet man sie mit mehr als 30 g, so kehrt sie nach der Entlastung nicht mehr ganz in die Nullage zurück, sie bleibt dauernd verdehnt.

Die Elastizitätsgrenze für Gußeisen $\sigma_e = 750$ **kg/cm²** (für Zug) heißt: Wird ein gußeiserner Stab von **1 cm²** Querschnitt mit mehr als 750 kg belastet, so geht er nach Entlastung nicht mehr in die ursprüngliche Lage zurück.

‖ Die auf 1 cm² treffende Belastung heißt **Spannung** σ.

3. Das Verhältnis der Formänderung d **zur Kraft** P erhält man aus einem Versuch (Abb. 23). Die Teilung der Federwaage (Abb. 19) ist gleichmäßig; die Dehnung der Feder wächst verhältnisgleich (proportional) mit der Kraft (Gewicht).

Abb. 23.
Dehnung.

Bei der Werkstoffprüfung wird ein Stab von bestimmtem Querschnitt mit vielen t Kraft beansprucht und diese und die Dehnung gemessen. Das Meßergebnis wird als »Kennlinie« (Abb. 24) dargestellt.

Auf einer Waagerechten sind die Dehnungen, auf der Senkrechten die Spannungen σ angetragen.

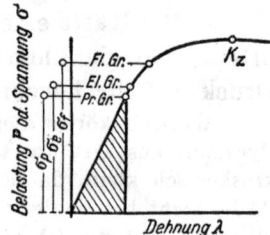

Abb. 24. Kennlinie des Zerreißversuches.

Bis σ_p geradlinig; bei σ_e Elastizitätsgrenze.

Solches Verhalten zeigen die Körper für j e d e Art v o n F o r m ä n d e r u n g (Gesetz von *Hooke*), jedoch nur bis zur Elastizitätsgrenze.

4. **Überschreitet die Spannung** σ **die Elastizitätsgrenze, so tritt zunächst das Fließen** (starke Dehnung, Abb. 25) **ein, dann der Bruch.**

In der Kennlinie bedeutet Fl.Gr. die Fließgrenze.

a) **Zugfestigkeit** ist die Höchstbelastung, bei der ein Stab von 1 cm² Querschnitt gerade abreißt (**K_z** in Abb. 24).

b) **Druckfestigkeit** ist jene Höchstbelastung auf 1 cm², bei der eine Platte gerade zerpreßt wird.

Tafel 2.	Festigkeitszahlen.
Zugfestigkeit für 1 cm²:	**Druckfestigkeit für 1 cm²:**
Stahl . . . . bis 5500 kg	Gußeisen . . . . . bis 7500 kg
Eisen . . . . » 1250 »	Marmor . . . . . . » 1000 »
Kupfer . . . . . . » 3000 »	Ziegelstein . . . . » 150 »
Blei . . . . » 200 »	Holz . . . . » 500 »

Beispiel: Welche Kraft ist nötig, einen **Ziegelstein** (25 · 12 cm²) zu zerdrücken? **Lösung:** Nötiger Druck **$P = 25 \cdot 12 \cdot 150 = 45\,000$ kg.** Zulässiger Druck nur $^1/_{10}$ davon [4500 kg].

Abb. 25. Der glühende Block fließt durch die Walzen.

c) Die **technisch zulässige Beanspruchung** σ_{zul} wird für jeden Werkstoff durch behördliche Vorschrift oder durch Abnahmebestimmungen (Baubehörde, Reichsbahn) festgesetzt.

2*

Die Bruchgrenze beträgt ein Vielfaches der zulässigen Spannung. Man rechnet z. B. „6-fache Sicherheit" bei Metallen, 10-fache bei Holz. Bei sorgfältiger Prüfung und Überwachung der Werkstoffe kann σ_{zul} zwecks Gewichtersparnis wesentlich höher angesetzt werden (z. B. Flugzeugbau nur 1,8-fache Sicherheit).

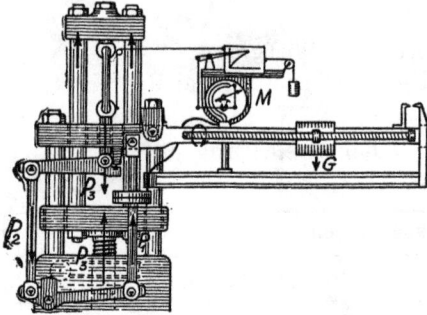

Abb. 26. Zerreißmaschine.

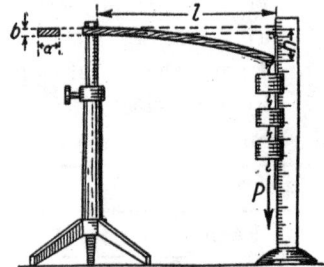

Abb. 27. Biegung.

Beispiel: Wie hoch darf ein **Backsteinturm** bei überall gleichem Querschnitt nur sein? 1 cm² Ziegel darf höchstens die Last $^1/_{10} \cdot 150$ kg = 15 kg tragen. Da 1 cm³ Ziegel $\sim$ 2 g wiegt, so dürfte der Turm nur 15000 : 2 = 7500 cm = **75 m** hoch sein. (Man muß den Querschnitt unten größer machen.)

d) Neben **Zug-** und **Druckfestigkeit** unterscheidet man noch **Biegungs-, Dreh-, Schub- und Knickfestigkeit.**

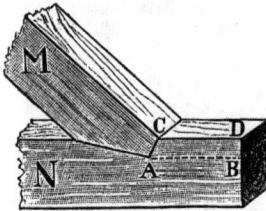

Abb. 28. Schub.

Man erkläre die **Zerreißmaschine** Abb. 26, **biege** eine Reißschiene! **drille** einen Gummischlauch! — Der Balken **M** in Abb. 28 sucht das Holzstück **ABCD** durch **Schub** wegzupressen. — **Knickung** tritt ein, wenn ein in Richtung der Achse belasteter Stab seitlich ausweicht. (Reißschiene. Degen gegen den Boden gestemmt.)

e) **Die Formänderungen** innerhalb der Elastizitätsgrenze können aus folgenden Formeln berechnet werden:

Dehnung d eines Stabes von 1 cm Länge und F cm² Querschnitt durch P kg $d = l \cdot P/F \cdot E$.

Durchbiegung h eines frei auf zwei Stützen im Abstand l aufliegenden Stabes von a cm Breite und b cm Höhe bei Belastung mit P kg in der Mitte $h = l^3 \cdot P/4\,E \cdot a \cdot b^3$.

E ist der **Elastizitätsmodul**, z. B. für Baustahl 2 000 000 kg/cm².

Verdrillungswinkel α (Grad) eines Rundstabes von d cm Durchmesser und 1 cm Länge durch ein Drehmoment (S. 19) M

$$\alpha = 36{,}4\, M \cdot l / G \cdot r^4.$$

G ist der Gleitmodul; $G \approx E/2{,}7$.

Aufgaben.

1. Darf ein Ingenieur einen **Marmorwürfel** ($\sigma = 2{,}8$) von 50 cm Kanten-
länge mit einem Drahtseil von 2 cm² Querschnitt heben lassen? [Antw.:
Gewicht $= 0{,}5 \cdot 0{,}5 \cdot 0{,}5 \cdot 2{,}8$ t $= 350$ kg. — Das Drahtseil darf beansprucht werden mit der Kraft $P = {}^1/_6 \cdot 2 \cdot 5500 = 1833$ kg.

2. Welche Kraft ist nötig, um eine **Holzplatte** 10 cm × 10 cm zu
zerquetschen? [Antw.: $P = 50\,000$ kg.]

Gleichgewichtslehre (Statik).

§ 7. Gleichgewicht von Kräften.

1. Wie wirken Kräfte an einem Körper? Ein Mann zieht an einer auf dem Wasser schwimmenden Eisscholle (Abb. 29), die sich nach allen Seiten frei bewegen kann. Nach einiger Zeit ist sie aus der Lage **A** in die Lage **B** gekommen. Diese Lagenänderung kann man sich zusammengesetzt denken:

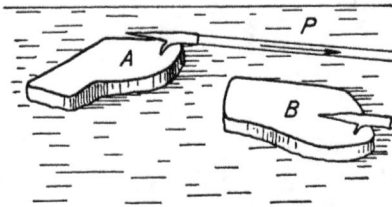

Abb. 29.
Eine Kraft an einem Körper.

a) aus einer Verschiebung,

b) aus einer Drehung.

2. Wann bleibt ein Körper in Ruhe? Alle Bauwerke der Ingenieure, die nicht laufende Maschinen sind, sollen ruhig stehenbleiben, obwohl Kräfte (Gewicht, Winddruck, Stöße) an ihnen angreifen. Es ist wichtig, festzustellen, unter welchen Bedingungen der Körper im Gleichgewicht bleibt, d. h. die Wirkungen der Kräfte sich aufheben **(Lehre vom Gleichgewicht, Statik).**

Ein Körper bleibt in Ruhe, wenn trotz der Wirkung der Kräfte

a) keine Verschiebung,

b) keine Drehung

eintritt.

3. a) Zwei Kräfte halten sich das Gleichgewicht, wenn sie in entgegengesetzter Richtung ziehen und gleich groß sind. **Kräfte** werden gemessen durch Vergleich mit der Schwerkraft in kg (g, t).

Um den Zustand des Gleichgewichtes durch eine Formel auszudrücken ist es zweckmäßig, die Kräfte mit $+ P$ und $- P$ zu bezeichnen; dann ist $+ P + (- P) = 0$.

Die Erfahrung zeigt, daß sich nichts ändert, wenn die Kraft
P statt an **A** an **B** angreift (Abb. 30). **Merke:**

‖ Den **Angriffspunkt** kann man (bei einem starren Körper)
‖ in der Kraftrichtung beliebig **verschieben.**

Die Linie, auf der der Angriffspunkt einer Kraft liegt, heißt seine
Wirkungslinie.

b) Greifen **mehr als 2 Kräfte,** alle
aber auf gleicher Wirkungslinie an
(z. B. Seilziehen), so kann man alle in
gleichem Sinn ziehenden für sich zu-
sammenzählen. Bei Gleichgewicht
sind diese beiden Kräftesummen

Abb. 30. Zwei Kräfte.

gleich, oder wenn man sie wieder als positiv und negativ bezeichnet:

┌─────────────────────────────┐
│ **Summe aller Kräfte = 0.** │
└─────────────────────────────┘

4. Was muß man schließen, wenn ein Kör-
per sich nicht bewegt? Nach *Newton (1670)*
steht dann jedem Druck ein gleich großer Gegendruck gegenüber (Abb. 31). **Merke:**

‖ **Wirkung = Gegenwirkung.**

Abb. 31.
Gegenwirkung.

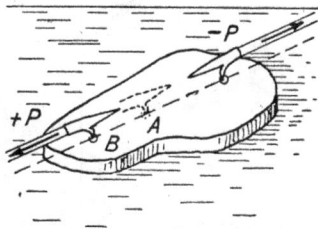

Auf der Erde sind alle Körper der Schwerkraft unterworfen. Wenn
sie in Ruhe bleiben (Gegenstand auf dem Tisch, Bild an der Wand, Brett
auf 2 Böcken), so müssen irgendwelche Kräfte dem Gewicht das Gleichgewicht halten. Zeige sie auf!

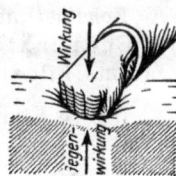

§ 8. Zwei Kräfte im Winkel. (⌄)

1. Zwei Kräfte P und **Q,** die im selben Punkt angreifen,
können stets durch **eine Kraft R** ersetzt werden.

Dies zeigt der Versuch von *Stevin* (Abb. 32). Die Last **R**
dort erscheint gehalten durch zwei Kräfte **P** und **Q,** die
einen Winkel bilden. Sie könnte aber ebensogut gehalten werden durch eine einzige Kraft **R** (die so groß ist wie
R und nach aufwärts wirkt).

2. Zur Kennzeichnung einer Kraft ist anzugeben:

a) ihre Größe,

b) ihre Wirkungslinie; sie ist bestimmt durch eine Rich-

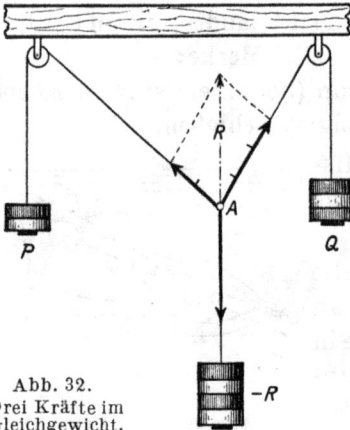

Abb. 32.
Drei Kräfte im
Gleichgewicht.

tung, z. B. lotrecht, waagrecht
und durch einen Punkt, durch
den sie geht, z. B. A in Abb. 32
oder durch ihren Abstand von
einem Punkt, z. B. p in
Abb. 43.

Eine Kraft kann gezeich-
net werden als ein auf der Wirkungslinie liegender **Kraftpfeil,** dessen Länge in einem frei gewählten
Maßstab ihre Größe angibt.

**3. Wie findet man die
Ersatzkraft R (Resultante)?**

Die einfachste Lösung er-
hält man durch eine Zeichnung.

Zeichnet man in Abb. 32 die drei Kraftpfeile, so sieht man, daß
die Endpunkte dieser Pfeile mit A die Ecken eines Parallelo-
gramms bilden. **Merke:**

|| Die **Ersatzkraft R** findet man, indem man aus den
Kraftpfeilen P und Q das **Kräfteparallelogramm**
bildet.

Die vom Angriffspunkt **A** ausgehende Diagonale gibt dann
nach Richtung und Größe den Kraftpfeil der Ersatzkraft.

Statt Ersatzkraft sagt man auch Resultante; die zwei zusammen-
zusetzenden Kräfte heißen Teilkräfte oder Komponenten.

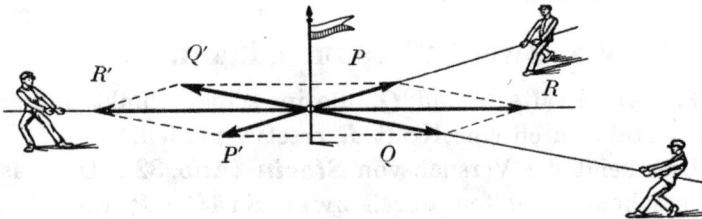

Abb. 33. Gleichgewicht von drei Kräften.

4. Wann sind 3 Kräfte im Gleichgewicht? Man betrachte
Abb. 33! Die eine Kraft R' muß entgegengesetzt gleich sein
der Ersatzkraft R der zwei anderen.

Aus der Abb. 33 ersieht man sofort, daß auch P die Gegenkraft der
Ersatzkraft von R' und Q, Q die Gegenkraft der Ersatzkraft von R' und P ist.

5. Wie findet man die Ersatzkraft R zu mehreren Kräften P_1, P_2, P_3, P_4 (die im selben Punkt angreifen)? Durch das **Krafteck ABCDE** (Abb. 34). Dieses ergibt sich, indem man die einzelnen Kraftpfeile (wie Zündhölzer) aneinanderreiht. (Beachte die Richtung!)

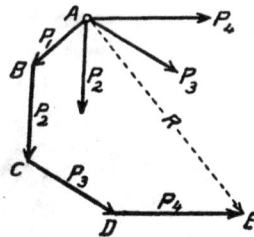

Abb. 34. Krafteck.

‖ Die **Schlußlinie** (AE) des Kraftecks gibt die gewünschte Ersatzkraft an.

Gleichgewicht wird, wie bei 3. durch eine letzte Kraft hergestellt, die entgegengesetzt gleich der Ersatzkraft R ist.

Mit Einfügen dieser Kraft wird das **Krafteck ein geschlossener Linienzug**. Auch bei mehreren Kräften kann jede Kraft als Gegenkraft zu der Ersatzkraft aller übrigen Kräfte angesehen werden.

6. Häufig ist eine Kraft in zwei Teilkräfte zu zerlegen, deren Richtung man kennt (Abb. 35). Man hat dann zwischen die Richtungen das Kräfteparallelogramm einzubauen.

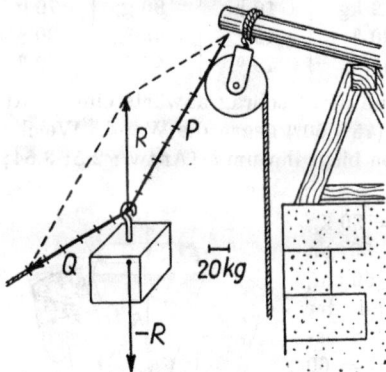

Abb. 35. Zerlegung von R.

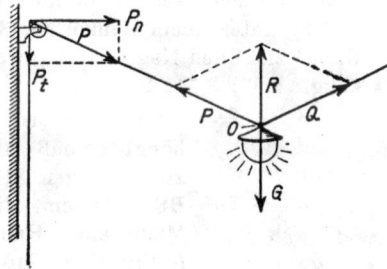

Abb. 36. Straßenlampe.

1. Beispiel: In Abb. 35 soll eine **Last von 120 kg** durch ein Seil gehoben und durch ein zweites von der Hauswand abgehalten werden. Welcher Zug herrscht in beiden Seilen? — **Lösung:** Mache R = 6 Teile (= 120 kg); ziehe durch den Endpunkt von R die Parallellinien zu den zwei Seiten! Dadurch ergibt sich das gesuchte Kräfteparallelogramm. Miß nun die Seitenkräfte P und Q ab! [P = 208 kg, Q = 120 kg.]

2. Beispiel: In Abb. 36 hängt eine 5 kg schwere **Lampe** an zwei Seilen, die einen Winkel bilden. Bestimme die Zugspannungen

Abb. 37.
Die gebräuchliche Zerlegung
von R.

P und *Q*! Was ergibt sich, wenn der Seilwinkel größer wird? (*P* und *Q* wachsen schnell.)

Zweckmäßig ist oft die Zerlegung in 2 aufeinander senkrechte Teilkräfte, z. B. beim Schieben eines Wagens, Abb. 37. Man erhält eine senkrecht auf der Bahn stehende Druckkraft (Normalkraft) *Q* und eine die Bewegung verursachende Schubkraft *P*. Anwendung dieser Zerlegung auf alle Kräfte eines Krafteckes (Abb. 34) ergibt: Die Summe aller Teilkräfte in jeder der beiden Richtungen wird 0.

Aufgaben.

1. **Zeichne und miß die Ersatzkraft** für die Kräfte:

$P =$	100 kg	20 g	120 g	300 kg	2 kg	3 kg	3 kg
$Q =$	50 kg	20 g	80 g	400 kg	2 kg	7 kg	7 kg
$\alpha =$	90 ⁰	45 ⁰	60 ⁰	90 ⁰	120 ⁰	60 ⁰	120 ⁰

2. **Zerlege die Kraft *R*** in zwei Teilkräfte, die mit ihr die folgenden ∢ α und ∢ β bilden:

$R =$	10 kg	12 kg	8 kg	9 kg	10 kg	80 g	70 g
∢ α =	30 ⁰	30 ⁰	15 ⁰	30 ⁰	45 ⁰	45 ⁰	30 ⁰
∢ β =	60 ⁰	90 ⁰	45 ⁰	45 ⁰	45 ⁰	45 ⁰	30 ⁰

3. An einem **Nagel N** in einer Wand wirkt schräg abwärts eine Kraft *P* = 5 kg unter einem Winkel von 30⁰ (45⁰, 60⁰) gegen die Wand. Welche Teilkraft zieht den Nagel heraus; welche biegt ihn um? [Antw.: 2,5; 3,54; 4,33 kg. 4,33; 3,54; 2,5 kg.]

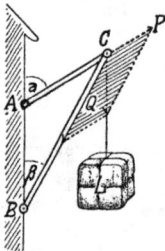

Abb. 38.
Kräftezerlegung.

4. Eine Last *L* = 30 kg hängt gemäß Abb. 38 an **zwei Stangen AC** = 50 cm, **BC** = 90 cm, die an der Mauer eines Hauses so befestigt sind, daß **AB** = 60 cm. Bestimme durch Zerlegung von *L* den Druck bzw. den Zug in den zwei Stangen! [Antw.: In *A C* 25 kg, in *BC* 45 kg.]

5. Erkläre die Kraft-

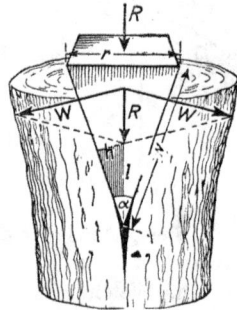

Abb. 39. Der Keil.

zerlegung beim **Keil** (Abb. 39)! Die auf den Rücken des Keiles ausgeübte Kraft *R* zerlegt sich in zwei Teilkräfte *W*, *W*, die senkrecht zu den Wangen des Keiles verlaufen. Je spitzer der Keil, desto größer die spaltende Kraft *W* (Rasiermesser).

§ 9. Zwei parallele Kräfte.

1. Die Ersatzkraft paralleler Kräfte ist gleich deren **Summe.**
Dies ergibt sich durch Aneinanderlegen der **gleichgerichteten**
Kräfte in einem **Krafteck.**

2. Wo liegt der Angriffspunkt? Will man die Stange in
Abb. 40, die an den Enden die Gewichte **3 kg** und **5 kg** trägt,
so heben, daß sie im Gleichgewicht ist, so merkt man, daß
man sie **näher an der schwereren Kugel** unterstützen muß.

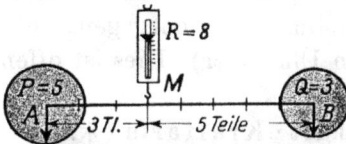

Abb. 40. Keine Drehung.

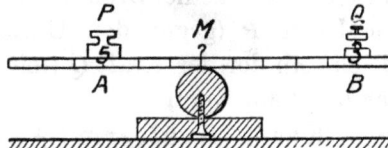

Abb. 41. Versuch zu Abb. 40.

Versuch: Man lege einen Maßstab (Abb. 41) auf einen runden Kork
und belaste ihn links im Abstand 3 cm von **M** mit **5 g**; rechts im Abstand
5 cm mit **3 g.** Es herrscht Gleichgewicht [d. h. die Ersatzkraft von
P und Q geht durch **M**]. Ergebnis:

> Den **Angriffspunkt** findet man, indem man den **Ab-
> stand** der zwei Parallelkräfte im **umgekehrten** Ver-
> hältnis dieser Kräfte teilt.

In Abb. 40 muß man also den Abstand AB in $(5 + 3) = 8$ gleiche
Teile zerlegen. Der Last 3 gehören dann 5, der Last 5 gehören 3 Teile zu.
(Die Stange sei gewichtslos ge-
dacht.)

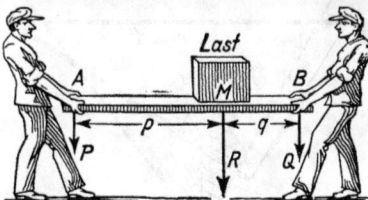

Abb. 42. Wer muß mehr tragen?

**3. Man zerlege (umge-
kehrt)** eine Kraft R in zwei
parallele Teilkräfte. Beispiel:
Zwei Arbeiter (Abb. 42) sollen
eine **Last** $R = 120$ kg auf
einem Brett tragen. Was trifft
jeden, wenn die Last nicht in der Mitte des Brettes liegt?

Lösung: Ist $p = 3$ Teile, $q = 1$ Teil, so hat der linke Arbeiter nur
1 Teil, der rechte Arbeiter 3 Teile der Last zu tragen. — Die Last 120 kg
ist also in $(3 + 1)$ Teile zu teilen [1 Teil = 30 kg]. Also $P = $ **30 kg,**
$Q = $ **90 kg.**

§ 10. Drehung, Drehmoment.

1. Läßt man die Ersatzkraft (in Abb. 40) **nicht an dem richtigen Punkt angreifen,** so hält zwar noch immer die Ersatzkraft 8 der Summe der Kräfte (3 + 5) das Gleichgewicht (keine Verschiebung), aber die Stange mit den Gewichten dreht sich nach rechts oder links. Sie kommt erst ins Gleichgewicht, wenn **A** und **B** lotrecht übereinander, also die Kräfte P und Q **auf gleicher Wirkungslinie** liegen. Im vollständigen Gleichgewicht darf keine Drehung auftreten, oder die Drehwirkung der Kraft P (gegen den Uhrzeigersinn) muß entgegengesetzt gleich sein der der Kraft Q (mit dem Uhrzeiger). Dies ist offenbar der Fall, wenn

Kraft · Kraftarm $\circlearrowright$ = Kraft · Kraftarm $\circlearrowleft$.
[3   ·   5   =   5   ·   3   ]

2. Was sind die Kraftarme der Kräfte P und Q, die die Blechtafel der Abb. 43 vom Gewicht G halten? Die Strecken a und b können es nicht sein, da ja die Angriffspunkte **A** und **B** auf den Wirkungslinien verschoben werden können. Man könnte ebensogut $A'M$ und $B'M$ nehmen und erhielte damit eine ganz andere Lösung.

Wo man aber auch die Kräfte angreifen läßt, bleiben die Abstände p und q des Punktes **M** von den Wirkungslinien (die Lote von **M** aus) gleich; sie sind als Kraftarme einzusetzen und es ist:

$p \cdot P \circlearrowright = q \cdot Q \circlearrowleft$. **Merke:**

Die Ausdrücke $p \cdot P$ (= M_p) und $q \cdot Q$ (= M_q) heißen die **Drehmomente** von P und Q.

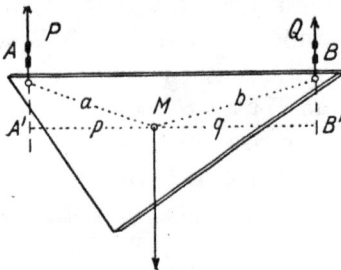

Abb. 43.
Drehmoment.

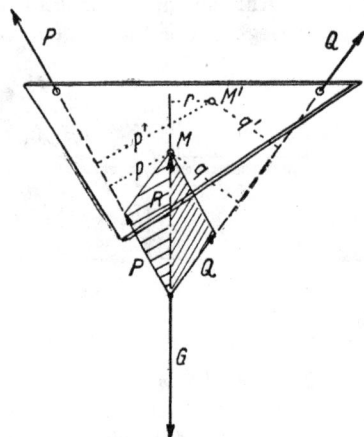

Abb. 44.
Drehmoment oder Ersatzkraft.

3. Sind die **Kräfte nicht parallel** (Abb. 44), so zeichnet man das **Kräfteparallelogramm.** Die Ersatzkraft muß dann

a) dem Gewicht G gleich sein (Aufhebung einer Verschiebung),

b) durch den Schnittpunkt von P und Q gehen (Aufhebung einer Drehung).

Wenn b) erfüllt ist, also die Drehmomente sich aufheben, muß wieder $p \cdot P \, \circlearrowright = q \cdot Q \, \circlearrowleft$ sein.

Dies erhält man auch rechnerisch aus der Flächengleichheit der schraffierten Dreiecke. Es ist $\frac{1}{2} P \cdot p = \frac{1}{2} Q \cdot q$ oder $p \cdot P = q \cdot Q$.

4. **Die Ersatzkraft R vertritt die Teilkräfte P und Q auch in der Drehwirkung.** Bezieht man die Drehmomente auf irgendeinen Punkt M' (Abb. 44), so ist das Drehmoment der Ersatzkraft gleich der Summe der Drehmomente der Teilkräfte:
$$p' \cdot P + (- q' \cdot Q) = r \cdot R.$$

Gibt man dem Drehmoment ein algebraisches Vorzeichen, gewöhnlich $+$ bei Drehung im Uhrzeigersinn, $-$ im Gegensinn, so kann man schreiben: $M_p + (- M_q) = M_r$. Bestätige die Richtigkeit durch Ausmessen und Ausrechnen!

§ 11. Beliebige Kräfte an einem Körper.

1. **Durch wiederholte Anwendung des Kräfteparallelogramms** kann man das Gleichgewicht bei beliebigen Kräften finden.

Ein Träger vom Gewicht P_1 (74 kg) soll durch die Kräfte P_2 (34 kg) und P_3 (28 kg) gehoben werden (Abb. 45). Ist er dabei im Gleichgewicht?

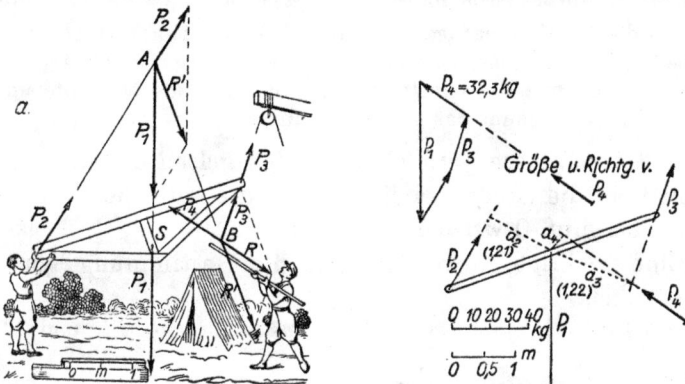

Abb. 45. Zusammensetzung beliebiger Kräfte.

Verlegt man die Angriffspunkte von $P_1 P_2$ in ihren Schnittpunkt **A**, so erhält man aus dem Kräfteparallelogramm die Ersatzkraft R'. Bringt man diese mit P_3 zum Schnitt (**B**), so findet man R als Ersatzkraft von P_1, P_2, P_3. Es besteht kein Gleichgewicht.

2. Einfacher erhält man die Ersatzkraft R aus dem **Kraft-eck** nach Abb. 45 (rechts). Dieses gibt Größe und Richtung der Ersatzkraft R oder ihrer Gegenkraft P_4, die eine Verschiebung des Körpers verhindert. Damit auch keine Drehung auftritt, muß das Drehmoment M_r von R, das nach § 10. 4. gleich ist der Summe der Drehmomente von P_1, P_2, P_3 durch ein entgegengesetzt gleiches $M_4 = a \cdot P_4 = - M_r$ aufgehoben werden, womit die Summe aller Drehmomente Null wird. Das Gleichgewicht ist also vollständig, wenn

a) das **Krafteck geschlossen** [Summe aller Teilkräfte nach § 8. 6 = 0] ist (die Verschiebung verschwindet),

b) die **algebraische Summe der Drehmomente** $M_1 + M_2 + \ldots = 0$ ist (die Drehung verschwindet).

Beispiel: Durchrechnung nach Abb. 45. Das Krafteck ergibt P_4 **= 32,3 kg.** Als Abstand a_4 von dem Punkt, von dem aus die Kraftarme gemessen sind (Bezugspunkt), erhält man $a_4 = M_4/P_4 = (M_1 + M_2 + M_3)$: P_4. Zur Berechnung der Drehmomente kann man die Kraftarme, wenn sie nicht einfach zu berechnen sind, durch Ausmessen erhalten. Im Beispiel ist: $M_1 = 0$; $M_2 = + 34 \text{ kg} \cdot 1,21 \text{ m} = 41,1 \text{ mkg}$; $M_3 = - 28 \text{ kg} \cdot 1,22 \text{ m} = - 34,2 \text{ mkg}$; $M_1 + M_2 + M_3 + M_4 = 0 + 41,1 - 34,2 + M_4 = 0$; $M_4 = - 6,9$. P_4 muß im Gegensinn drehen, also rechts vom Bezugspunkt vorbeigehen im Abstand $a_4 = M_4/P_4 = 6,9 : 32,3 = 0,214$.

Für die Berechnung der Momente ist der Bezugspunkt, von dem aus die Kraftarme gemessen werden, gleichgültig. Wähle irgendeinen anderen Punkt, miß die Kraftarme aus, berechne die Momente und die Lage von P_4; es kommt das gleiche heraus.

3. Bei mehreren parallelen Kräften gelten dieselben Sätze, nur tritt an die Stelle des Krafteckes die einfache Summe der Kräfte; sie muß 0 werden.

Eine wichtige Anwendung ist die Bestimmung von Auflagerdrucken.

Beispiel: Wie groß sind die **Auflagerdrucke** P_1 und P_2 in Abb. 46?

Lösung: Gesamtlast $= 920 \text{ kg} = P_1 + P_2$.

Momentengleichung, Bezugspunkt A: Mit dem Uhrzeiger: $70 \cdot 1,0 +$ $300 \cdot 3,1 = 70 + 930 =$ 1000 mkg; gegen den Uhrzeiger: $550 \cdot 1,5 +$ $3,5 \cdot P_2 = 825 + 3,5 \cdot P_2$ mkg; $3,5 \cdot P_2 = 1000 -$ $825 = 175$ mkg; $P_2 =$ **50 kg;** $P_1 = 920 - 50 =$ **870 kg.** Probe: Nimmt man **B** als Bezugspunkt,

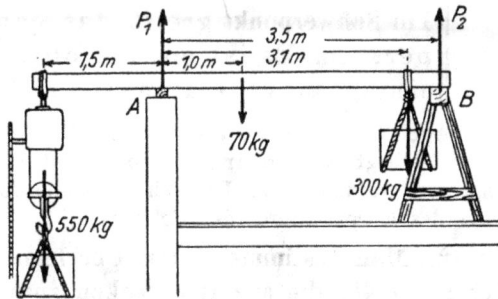

Abb. 46. Auflagerdruck.

so erhält man P_1 aus der Momentengleichung.

Aufgaben.

1. Zwei Arbeiter tragen an einer 3 m langen **Stange** eine Last von 100 kg, die 1,8 m weit vom Vordermann entfernt angebracht ist. Welcher Druck belastet jeden der beiden? (Ohne Berücksichtigung des Gewichtes der Stange.) [Antwort: 40 bzw. 60 kg.]

2. Ein **Balken** $A B$ von 10 m Länge und einem Querschnitt $16 \cdot 24$ cm² (spez. Gewicht 0,5 kg/dm³) ruht mit seinen Enden $A B$ auf Stützen und ist 3 m von A mit 600 kg, 4 m von B mit 0,4 t belastet. Wie groß sind die Auflagerdrucke P_1 und P_2? [Antwort: $P_1 = 676$ kg, $P_2 = 516$ kg.]

§ 12. Schwerpunkt. Die 3 Gleichgewichtsarten.

1. Man unterstütze ein Buch so, daß es frei auf dem Zeigefinger schwebt! (Abb. 47.) In diesem Stützpunkt greift das Gewicht des Buches an.

Jedes Teilchen des Buches hat ein Gewicht ↓. Diese kleinen Gewichte ↓ sind parallele Kräfte. a) Ihre **Mittelkraft** ist gleich dem Gesamtgewicht des Körpers.

b) Sie greift in dem oben gefundenen Punkt an. Diesen Angriffspunkt des Gesamtgewichts nennt man **Schwerpunkt. Merke:**

Abb. 47. Schwerpunkt.

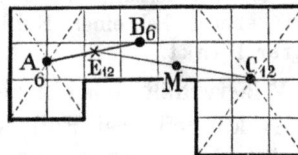

Abb. 48.
Schwerpunkt durch Zeichnung.

> Im **Schwerpunkt** greift das ganze **Gewicht** des Körpers an. Es ist so, als ob der Schwerpunkt der einzig schwere Punkt des Körpers wäre.

Auch für das Gewicht als eine Kraft gilt aber, daß der Angriffspunkt nicht festliegt, sondern irgendwo auf der Wirkungslinie der Kraft angesetzt werden kann. Die Wirkungslinie des Gewichtes geht bei jeder Lage des Körpers durch den Schwerpunkt.

2. Man bestimme durch Überlegung den Schwerpunkt M der Figur 48, die aus Rechtecken zusammengesetzt ist!

Lösung: Im Mittelpunkt A greift das Gewicht 6, im Mittelpunkt B das Gewicht 6, im Mittelpunkt C das Gewicht 12 an. Statt A und B setzt man E mit dem Gewicht 12, statt E und C mit den Gewichten 12 den Punkt M mit dem Gewicht 24.

3. Man bestimme den Schwerpunkt durch zweimaliges Aufhängen des Körpers! a) Hängt man den Körper (in Abb. 49 eine Papierscheibe) in einem beliebigen ersten **Punkt A** auf, so kommt er erst zur Ruhe, wenn sein Schwerpunkt S senkrecht unter A liegt. Man zeichne

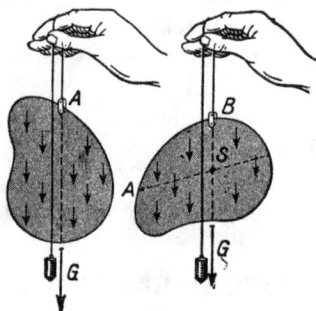

Abb. 49.
Schwerlinien.

Abb. 50.
Schwerpunkt
in der Luft.

nun mit Hilfe eines Senkels die Lotlinie durch **A** an! Diese nennt man eine **Schwerlinie,** da sie durch den Schwerpunkt geht. b) Man hänge nun den Körper in einem anderen **Punkt B** auf, lasse ihn wieder ausschwingen und zeichne nun die durch **B** gehende Schwerlinie! Wo beide Schwerlinien einander schneiden, ist der gesuchte Schwerpunkt **S**.

Bei der Versuchsanordnung in Abb. 50 liegt der Schwerpunkt in der Luft; ebenso bei einer Hohlkugel. Schwerpunkt ist nur ein gedachter Punkt.

4. Wie verhält sich ein gestützter Körper gegen einen Anstoß? Es können drei Fälle eintreten (Abb. 51):

a) Ist der Körper **über** dem Schwerpunkt aufgehängt, so ist sein Gleichgewicht **stabil** (= sicher), d. h. er kehrt nach jedem Anstoß wieder in seine frühere Ruhelage zurück (Kronleuchter).

b) Ist er **unter** dem Schwerpunkt unterstützt, so ist sein Gleichgewicht **labil** (= unsicher), d. h. beim geringsten An-

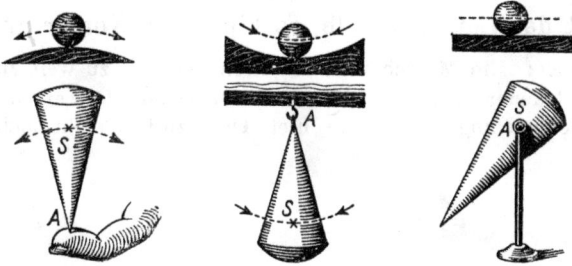

Abb. 51. Die drei Gleichgewichtslagen.

stoß fällt der Körper um. (Balanciere eine Stange auf der Spitze!)

c) Ein Körper **im Schwerpunkt selbst** unterstützt, bleibt in jeder Lage stehen. (Drehe ein Wagenrad um seine Achse.) Dieses Gleichgewicht heißt **indifferent** [= stetig].

Allgemeines Kennzeichen. Das Gleichgewicht ist **stabil,** wenn der Schwerpunkt bei jeder Lagenveränderung steigen müßte. (Kugel in einer Schüssel, Wackeln einer Flasche.) — Das Gleichgewicht ist **labil,** wenn der Schwerpunkt bei jeder Lagenänderung fallen müßte. (Kugel auf einer Kugel.) — Das Gleichgewicht ist **indifferent,** wenn der Schwerpunkt bei jeder Lagenänderung weder steigt noch fällt. (Kugel auf waagrechtem Tisch.)

Die Kugeln der Akrobaten sind hohl und zum Teil mit Sand gefüllt. Das verlegt den Schwerpunkt der Kugeln nach unten und vermindert ihre Beweglichkeit stark.

Abb. 52. Fällt die Flasche um?

3 Kleiber, Grundriß.

5. Umfallen eines Körpers. Soll ein Körper nicht umfallen, so muß sein Schwerpunkt noch unterstützt sein, d. h.

> das **Lot** vom **Schwerpunkt** muß noch **innerhalb** der Stützfläche auftreffen (Abb. 52).

Fällt das Lot außerhalb, so kippt der Körper um.

Beispiele: Ein Mensch fällt um, wenn er sich zu weit zurückneigt; ein hochbeladener Wagen kippt um, wenn er mit dem einen Räderpaar einen zu steilen Hang streift; der schiefe Turm zu Pisa steht noch (Abb. 56).

Bewegungslehre (Dynamik).

§ 13. Gleichförmige Bewegung.

1. Kennzeichen. Ein Fußgänger, der gleichmäßig dahingeht, macht in gleichen Zeiten gleiche Wege.

2. Die Zeiteinheit ist der Tag. (Umlauf der Sonne von Mittag zu Mittag). 1 Tag = 24 Stunden; 1 Stunde (1 h) = 60 min; 1 min = 60 Sekunden (s). 1 Tag = 1440 min = 86400 s; 1 Stunde = 3600 s.

3. Geschwindigkeit. Macht der Fußgänger in jeder Sekunde den Weg von 1,7 m, so sagt man, er habe die gleichförmige Geschwindigkeit von **1,7 m/s** (lies: 1,7 m in der Sekunde).

Abb. 53. Messung der Geschwindigkeit mit der Schwimmkugel.

4. Berechnung. Legt ein in einen Fluß geworfenes Stück Holz einen Weg von 100 m in der Zeit von 80 s zurück, so ist sein Weg in einer Sekunde = **100 m : 80 s = 1,25 m/s**. (Erkläre Abb. 53!) **Merke:**

$$\text{Geschwindigkeit} = \frac{\text{Weg}}{\text{Zeit}} \qquad v = \frac{s}{t} \, .$$

3*

Tafel 3. Geschwindigkeiten.		
Fußgänger . . . . 1,7 m/s	Personenzug . . . 40 km/h	Postdampfer . 20 Knoten
Radfahrer . . . 4—5 m/s	= 11 m/s	(= Seemeilen) stündl.
Rennpferd . . . ∽ 12 m/s	Schnellzug bis 150 km/h	[1 Seemeile = 1852 m]
Kraftwagen	= 41 m/s	Flugzeug . . . . 360 km/h
über 100 km/h	Äquatorpunkt . . 463 m/s	Schall i. d. Luft 330 m/s
Granate . . . . . 900 m/s	Mond . . . . . . 1 km/s	Licht . . . . 300 000 km/s
Sturm . . . . 20—50 m/s	Erde . . . . 30 km/s	

5. Die Geschwindigkeit hat eine Richtung. Man stellt sie durch eine gepfeilte Strecke dar.

§ 14. Das Beharrungsgesetz.

Kann ein bewegter Körper sofort angehalten werden? Nein. Jeder Körper sucht seine Geschwindigkeit beizubehalten, bis eine Kraft ihn stört. [Beispiel: Schwungrad; Abb. 54.]

Da der Körper in seiner Geschwindigkeit beharrt, so heißt man dieses Gesetz das **Beharrungs-** oder **Trägheitsgesetz.** (Zuerst ausgesprochen von *Galilei* 1600.)

Merke: Ist der Körper in Ruhe, so möchte er in Ruhe verharren; ist er bewegt, so möchte er in Bewegung bleiben; hat er die Geschwindigkeit *v*, so möchte er

a) mit dieser Geschwindigkeit,

b) geradlinig fortlaufen.

Abb. 54.
Schwungrad in Bewegung.

Beispiele: Wird ein bewegter **Wagen plötzlich gebremst,** so stürzen die Insassen vorwärts, da sie ihre Geschwindigkeit ja beibehalten. (Umgekehrt stürzen sie bei plötzlichem **Anfahren des Wagens** nach rückwärts.) — Wie befestigt man einen lose gewordenen **Hammer** am Stiel? — Vorsicht beim **Abspringen** von einem im Lauf befindlichen Straßenbahnwagen! (Fuß gehemmt, Kopf und Körper haben noch ihre Geschwindigkeit.) — Ein **Kreisel** behält seine Drehachse bei.

§ 15. Beschleunigte Bewegung.

1. Woran erkennt man die Beschleunigung?

Bei **Beschleunigung** nimmt die Geschwindigkeit mit der Zeit zu, bei **Verzögerung** ab.

Beispiel: Ein Zug vermehre im Laufe von 30 s seine Geschwindigkeit von 2 m/s auf 8 m/s. Dann ist seine sekundliche

$$\text{Beschleunigung } b = \frac{\text{Geschwindigkeitszuwachs}}{\text{Zeitzuwachs}} = \frac{(8-2)}{30} = 0,2 \ (\text{m/s}^2).$$

Merke: Die Beschleunigung b ist der sekundliche **Zuwachs an Geschwindigkeit.**

Ist v_a die Geschwindigkeit am Anfang, v_e die am Ende der Beobachtungszeit t, so ist $b = (v_e - v_a) : t$ m/s².

Bezeichnung. Da, wie diese Formel lehrt, die Geschwindigkeit noch durch die Zeit zu teilen ist, so setzt man der Beschleunigung die Benennung **m/s²** bei.

Eine beschleunigte Bewegung wird übersichtlich durch eine Kennlinie dargestellt. In Abb. 55 sind auf der waagerechten Achse die Zeiten 1, 2, 3 ... t Sek. abgetragen; senkrecht dazu die zugehörigen Geschwindigkeiten. Die Fläche unterhalb der Kennlinie ist ein Maß für den Weg.

2. Wann heißt ein Körper gleichmäßig beschleunigt? Wenn in aufeinanderfolgenden Sekunden die Geschwindigkeit fortgesetzt um denselben Betrag ansteigt.

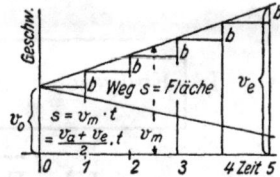

Abb. 55.
Kennlinie der Geschwindigkeit.

Die Kennlinie der gleichförmig beschleunigten Bewegung ist eine schräg ansteigende Gerade. Abb. 55.

3. Berechne die Endgeschwindigkeit! Die Anfangsgeschwindigkeit sei v_a. Erhält nun der Körper sekundlich die Beschleunigung b, so heißt dies: seine Geschwindigkeit nimmt von Sek. zu Sek. um b zu.

[Ist b negativ, so handelt es sich um eine Verzögerung.] Die Geschwindigkeit nach 1 Sek. ist also $v_a + b$, nach 2 Sek. $v_a + 2b$, nach 3 Sek. $v_a + 3b$; nach t Sek. $v_a + t \cdot b$. Daher die Formel

I. | **Endgeschwindigkeit** (nach t Sek.) $v_e = v_a \pm bt$ |

Das —-Zeichen gilt für die verzögerte Bewegung.

4. Bestimme die Weglänge in t Sekunden! Der Körper kommt in t Sekunden ebensoweit, als wenn er während dieser

Zeit unverändert die mittlere Geschwindigkeit $v_m = \left(\dfrac{v_a + v_e}{2}\right)$ gehabt hätte. Daher:

Weg $s = v_m \cdot t$, oder

II. $\boxed{\textbf{Weg } \boldsymbol{s = \dfrac{v_a + v_e}{2} \cdot t}}$ oder $\boxed{\boldsymbol{s = v_a \cdot t \pm \dfrac{1}{2}\, b t^2}}$

Aus den Gleichungen I und II erhält man noch durch Entfernung von t die häufig verwendbare Gleichung

III. $\boxed{\boldsymbol{v_e{}^2 - v_a{}^2 = \pm\, 2\, b\, s}}$

5. Sonderfall. Ist die **Anfangsgeschwindigkeit** $v_a = 0$, so vereinfachen sich diese Formeln zu

I. $\boxed{\textbf{Endgeschw. } \boldsymbol{v_e = b \cdot t}}$ II. $\boxed{\textbf{Weg } \boldsymbol{s = \dfrac{b}{2} \cdot t^2}}$

III. $\boxed{\textbf{Endgeschw. } \boldsymbol{v_e = \sqrt{2\, b \cdot s}}}$

Daraus ergeben sich folgende zwei Eigenschaften:

I. Die **Endgeschwindigkeiten** nach 1, 2, 3, 4 … Sekunden verhalten sich wie die aufeinanderfolgenden ganzen Zahlen

$$1 : 2 : 3 : 4 \ldots$$

II. Die **Gesamtwege** nach 1, 2, 3, 4 … Sekunden verhalten sich wie die aufeinanderfolgenden Quadratzahlen

$$1, 4, 9, 16 \ldots.$$

§ 16. Der freie Fall.

1. *Galilei* bestimmte 1610 bei seinem berühmten Versuch am schiefen Turm zu Pisa die **Fallbeschleunigung** eines freifallenden Körpers.

a) Er prüfte, aus welcher **Höhe** ein Stein fallen müsse, damit dieser genau **1, 2, 3 . . . Sekunden** zum Fallen braucht. Er fand:

Fallweg in 1 Sek.. . 5 m = 1 × 5 m
Fallweg in 2 Sek.. . 20 m = 4 × 5 m
Fallweg in 3 Sek.. . 45 m = 9 × 5 m

Diese Wege verhalten sich wie die Quadratzahlen **1 : 4 : 9.** (Kennzeichen der gleichförmig beschleunigten Bewegung.)

b) Wie finden wir hieraus die **Fallbeschleunigung?** Dazu müssen wir die Wege in den einzelnen Sekunden (d. i. die mittleren Geschwindigkeiten) feststellen. Diese ergeben sich als Unterschied der Fallwege.

1. Sekunde	2. Sekunde
5 m	**15 m**

3. Sekunde	4. Sekunde
25 m	**35 m**

Abb. 56. Schiefer Turm zu Pisa.

Sie wachsen stufenweise um **10 m,** also ist die gesuchte Erdbeschleunigung **10 m/s².** Der genaue Wert der Erdbeschleunigung in unseren Breiten ist

$$g = 9{,}81 \text{ m/s}^2$$

Nach der ersten Sekunde hat also der frei fallende Körper die Endgeschwindigkeit ~ 10 m/s, nach der zweiten Sekunde 20 m/s, nach der dritten 30 m/s usf.

c) *Galilei* zeigte auch, daß **schwere Körper eben so schnell fallen wie leichte.**

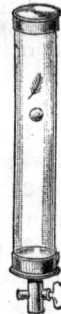

Abb. 57. Fallröhre.

Genau gilt dies nur für den leeren Raum. Nachweis mit der **Fallröhre** (Abb. 57), einem luftleer gepumpten Glasrohr, das eine Münze und eine Flaumfeder enthält.

d) **Die Formeln für den freien Fall** sind daher

I. $\boxed{\text{Endgeschw. } v_e = g \cdot t}$ II. $\boxed{\text{Weg } h = {}^1\!/_2\, g \cdot t^2}$

III. $\boxed{v_e = \sqrt{2\, g \cdot h}}$

2. Der lotrechte Wurf aufwärts (↑) **ist eine verzögerte Bewegung.** Erteilt man dem Körper die Anfangsgeschwindigkeit v_a nach aufwärts, so vermindert sich diese von Sekunde zu Sekunde um $g \approx 10$ m/s und wird schließlich Null sein. (Höchster Punkt der Bahn.)

a) Der Körper kann nur so viele Sekunden lang steigen, als sich $g = 10$ m/s von v_a wegnehmen läßt; also ist die

IV. $\boxed{\text{Steigzeit } T = \dfrac{v_a}{g} \approx \dfrac{v_a}{10} \text{ (s)}}$

b) Die Wurfhöhe ergibt sich aus Mittelgeschwindigkeit × Steigzeit. Erstere ist nur $v_a/2$; also ist die

V. $\boxed{\text{Wurfhöhe } H = \dfrac{v_a{}^2}{2\, g} \approx \dfrac{v_a{}^2}{20} \text{ (m)}}$

Abb. 58.
Wurf aufwärts.

Die Geschwindigkeit ist in Metern zu messen.

Aufgaben.

1. Wie weit fällt ein **Stein** in 2, 3, 4 Sekunden? In $3\frac{1}{2}$ s? [Formel: Fallweg $= t^2 \cdot 5$ m.]   Gib selbst ein Beispiel!

2. Welche **Geschwindigkeit** zeigt ein frei fallender Stein nach diesen Zeiten? [Formel?]

3. Man läßt von der Höhe des **Pantheons** in Paris aus 67 m Höhe einen Nagel fallen; hat dieser nach 3 Sekunden den Boden schon erreicht? Nach 4 Sekunden? [Antw.: nach 3,63 s.]

4. Ein **Zeppelinluftschiff** fliegt 2000 m über dem Meer. Es wird Ballast ausgeworfen. Wie tief fällt dieser nach 1, 2, 3, ... 20, 21 Sek.? Wann hat er das Meer erreicht? [Antw.: 5; 19,6; 44,1, ... 1962; 2163 m; nach 20,19 s.]

§ 17. Wovon hängt die Beschleunigung ab?

Vorbetrachtung: a) Je mehr **Arbeiter** an einem Wagen schieben, desto schneller kommt er in Geschwindigkeit. — b) Je schwerer die **Last** aber ist, desto geringer ist die Beschleunigung bei gleicher Arbeiterzahl. — c) Um umgekehrt den Wagen im Lauf anzuhalten, ist um so mehr Kraft nötig, je rascher er zum Stillstand gebracht werden soll und je schwerer er ist.

1. Als **Trägheitswiderstand** bezeichnet man das Widerstreben eines Körpers gegen eine Änderung der Geschwindigkeit oder der Richtung der Bewegung.

2. Genaue Messungen ergeben

    a) der Trägheitswiderstand eines Körpers ist überall auf der Erde gleich,

    b) das Gewicht des Körpers (mit einem Kraftmesser, z. B. einer Federwaage gemessen) ist an verschiedenen Stellen verschieden.

Den Trägheitswiderstand schreibt man der **Masse** m des Körpers zu; sie kann nur durch ihn gemessen werden.

‖ Es ist also sehr zwischen der **Masse** und ihrem sehr veränderlichen **Gewicht** zu unterscheiden.

3. Als **Ursache des Gewichtes** erkannte *Newton* eine Anziehung der Erde auf alle Körper, die gleichmäßig mit der Masse m wächst, aber mit dem Quadrat der Entfernung r vom Erdmittelpunkt abnimmt:

$$\text{Erdanziehung (Gewicht)} = \frac{k \cdot m}{r^2}$$

k hängt von der Masse der Erde und von den Maßeinheiten ab.

‖ **Merke:** An jedem Ort der Erde gilt:
‖ Die Masse ist dem Gewicht verhältnisgleich.

Daraus erklärt sich auch, warum alle Körper gleich schnell fallen.

4. Gesetz und Maß. Mißt man die Kraft P in kg, die Beschleunigung b in m/s², so kann man in rechnerischer Auswertung der Vorbetrachtung schreiben:

$$b = \frac{P}{m}; \qquad P = b \cdot m; \qquad m = \frac{P}{b}.$$

Messungen der Beschleunigung sind mühsam. Viel einfacher ist die Bestimmung der Masse durch ihr Gewicht.

5. Wieviel kg wiegt die Masse 1 (1 technische Masseneinheit ME)?

Vergleicht man Beschleunigung und Gewicht und setzt in obiger Gleichung $1 \text{ ME} = \dfrac{1 \text{ kg}}{1 \cdot \text{m/s}^2}$, so erhält man:

> **1 kg Kraft erteilt der techn. ME die Beschl. 1 m/s²**
> **Ihr Gewicht erteilt d. techn. ME die Erdbeschl. g m/s²**

Da die Kräfte sich verhalten wie die Beschleunigungen, ist also das **Gewicht der ME** zahlenmäßig **gleich der Erdbeschleunigung, sie wiegt 9,81 kg.** Eine Masse vom Gewicht G kg hat G/g techn. Masseneinheiten.

Das Gewicht **9,81 kg** gilt am Meeresspiegel unter 45° Breite (annähernd in Paris, wo das internationale Urkilogramm aufbewahrt wird), am Pol aber **9,83 kg**, am Äquator **9,78 kg** (wegen der verschiedenen Entfernung vom Erdmittelpunkt).

Beispiel: Ein **Eisenbahnwagen** vom Gewicht $G = 5$ t soll die Beschleunigung $b = 15 \text{ cm/s}^2$ erfahren. Welche Kraft ist aufzuwenden, wenn überdies eine Reibung von 2% zu überwinden ist? **Lösung:** Die Masse des Wagens $m = 5000 : 9,81 \approx 500$ techn. ME; Beschl. $b = 0,15$, also $P = 500 \cdot 0,15 = \textbf{75 kg}$. Dazu kommt die Reibung $R = 0,02 \cdot 5000 = \textbf{100 kg}$. Im ganzen muß also die Kraft von **175 kg** aufgewendet werden. [Nötig 5 Arbeiter von je 35 kg Kraft.] — 2. Führe selbst ein Beispiel dieser Art durch! $G = 3$ t; $b = 0,20 \text{ m/s}^2$; Reibung = 2%.)

§ 18. Kreisbewegung.

Vorbetrachtung: Will man in raschem Lauf um eine Straßenecke biegen, so ist eine beträchtliche Kraft zur Richtungsänderung nötig. — Nimmt ein Kraftwagen zu schnell eine scharfe Kurve, so wird er hinausgetragen.

1. Eine Änderung in der Richtung der Bewegung erfordert auch bei gleichförmiger Geschwindigkeit eine Kraft, die nach dem Innern der Krümmung **senkrecht zur Bahn** gerichtet sein muß. Man nennt sie **Zentripetalkraft**.

Diese Kraft wird ausgeübt durch die Elastizität einer Verbindung (Schnur, Stange) des Körpers mit dem Krümmungsmittelpunkt, durch die äußere Schiene bei der Eisenbahn usw.

Auffälliger ist die nach dem Satz von Wirkung und Gegenwirkung nach außen ziehende Zentrifugal- oder **Fliehkraft.**

2. Wie groß ist die Fliehkraft? Sie wächst mit der Masse m des bewegten Körpers und mit der Umlaufsgeschwindigkeit v. Der Engländer *Hooke* fand schon 1670: Ist r der Radius der Kreisbahn, so ist die

$$\text{Fliehkraft } P_z = \frac{m\,v^2}{r} \text{ (kg).}$$

Beispiel: Bei einem **Karussell** habe eine am Gestäng hängende Schaukel samt 4 darin sitzenden Kindern das Gewicht 160 kg ($m \sim 16$ techn. ME). Die Entfernung der Schaukel vom Mittelpunkt des Karussells sei 4 m; ihre Geschwindigkeit 3 m/s. Wie groß ist die **Fliehkraft P_z,** die auf sie wirkt? Lösung: $P_z = 16 \cdot 3^2 : 4 = \mathbf{36}$ **kg.**

3. Die Fliehkraft treibt nach auswärts. Dies zeigt man mit der Schwungmaschine (Abb. 59), auf deren Achse man verschiedene Vorrichtungen zur raschen Umdrehung bringen kann.

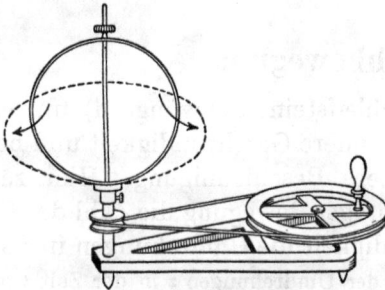

Abb. 59. Schwungmaschine.   Abb. 60. Fliehkraftregler.

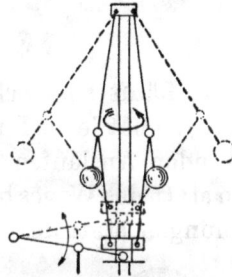

Z. B. den **Fliehkraftregler** (Abb. 60) (der bei den Dampfmaschinen den Dampfzustrom regelt), das Modell zur Veranschaulichung der **Erdabplattung**; eine Hohlkugel mit **Wasser und Quecksilber** (um zu zeigen, daß der schwerere Körper stärker nach außen strebt).

4. Zentrifugen (Schleudermaschinen) finden sehr vielseitige Verwendung in der Technik, z. B. in den Wäschereien zum Trocknen der Wäsche, in den Molkereien zum Ausschleudern des Rahmes, dann zum Reinigen des Honigs (Schleuderhonig) usw. — Die **Schleuderpumpe** ist in § 46 beschrieben.

Beispiel: Die Trommel einer **Wäschezentrifuge** hat 30 cm Durchmesser und macht 3000 U. i. d. M. Wievielmal größer ist die an einem Wasserteilchen angreifende Fliehkraft als sein Gewicht? **Lösung:** $v = 3000 \cdot 30$ $\cdot \pi/60 = 4710$ cm/s. $P_z = m \cdot v^2/r = G \cdot v^2/g \cdot r = G \cdot 4710^2/981 \cdot 15 \sim$ **1500 G.**

5. Wie nimmt ein Fahrzeug eine Kurve?

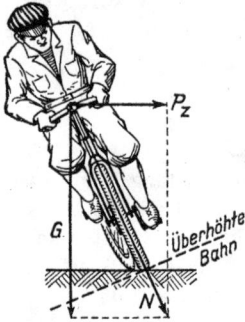

a) Der Radfahrer in Abb. 61 neigt sich so, daß die Ersatzkraft N aus Gewicht G und Fliehkraft P_z durch den Stützpunkt auf der Bahn hindurchgeht. Ein Abgleiten auf der Bahn wird durch deren Überhöhung erschwert.

b) Auf Räderpaaren laufende Fahrzeuge kippen um, wenn N über die äußere Spur

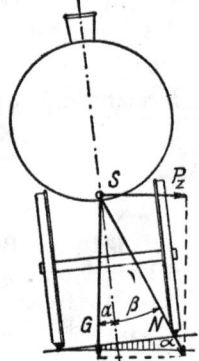

Abb. 61.
Das Einwärtsneigen.

Abb. 62.
Lokomotive
in der Kurve.

hinausfällt; Überhöhung der Bahn erhöht die Sicherheit (Eisenbahn, Autostraße, Rennbahn).

§ 19. Drehbewegung.

1. Läuft eine Scheibe (Schleifstein, Schwungrad) um eine Achse, so hat jeder Punkt eine andere Geschwindigkeit und beim An- oder Auslaufen eine andere Beschleunigung. Hier zählt man statt des Weges bei geradliniger Bewegung die Zahl der Umdrehungen, statt der Geschwindigkeit die Umdrehungen in 1 sek.

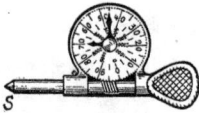

Abb. 63.
Umdrehungszähler.

Die Zahl der Umdrehungen z in der Zeit t mißt man mit dem **Umdrehungszähler** Abb. 63, d. i. eine endlose Schraube, die bei S an die umlaufende Welle angepreßt wird und ein Zahnrad mitnimmt. Die Umdrehungszahl n in 1 s ist $n = z/t$. Der Weg eines Punktes im Abstand r ist $2\pi r z$, seine Geschwindigkeit $2\pi r n$; im Abstand 1 ist der Weg $2\pi z$, die Geschwindigkeit $2\pi n = \omega$ (Winkelgeschwindigkeit).

2. Die Beschleunigung (Winkelbeschleunigung) erhält man aus der sekundlichen Umdrehungszahl n_a am Anfang und n_e am Ende einer Beobachtungszeit t. **Merke:**

$$\text{Winkelbeschleunigung } \varepsilon = 2\pi \frac{n_e - n_a}{t} = \frac{\omega_e - \omega_a}{t} \quad \text{(Bezeichn.} \ 1/\text{s}^2)$$

3. Statt der beschleunigenden Kraft führt man das an der Achse wirkende Drehmoment M ein. Die Masse des umlaufenden Körpers muß man sich dabei in einem Punkt zusammengefaßt denken, dessen Entfernung von der Achse der Trägheitsradius ϱ heißt.

Da aber für einen Massenpunkt in der Entfernung ϱ das zur Hervorbringung einer beschleunigenden Kraft P nötige Drehmoment mit ϱ wächst, die Beschleunigung selbst aber ebenfalls mit ϱ, muß die Masse mit ϱ^2 vermehrt werden. $m \varrho^2$ nennt man das **Trägheitsmoment J** des Körpers.

An die Stelle der Formel $P = m \cdot b$ bei geradliniger Beschleunigung tritt dann

$$\boxed{\text{Moment bei Drehbeschl. } \boldsymbol{M = m \cdot \varrho^2 \cdot \varepsilon = J \cdot \varepsilon.}}$$

4. Das Trägheitsmoment hängt von der Form des Körpers und der Lage der Achse ab.

Beispiele für einige einfache Fälle:

 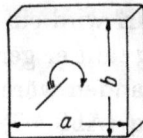  

$J = m\,r^2/2$ $m\,(a^2 + b^2)/12$ $m\,l^2/12$ $m\,l^2/3$

Abb. 64. Trägheitsmoment.

Aufgaben.

1. Welches Drehmoment braucht man, um die 10 kg schwere **Trommel** einer Zentrifuge von 30 cm Durchm. (Trägheitsradius $\varrho = 0,8\,r$) in 15 s auf 6000 U. i. d. Min. zu bringen? — [Antwort: Winkelbeschleunigung $\varepsilon = 2\,\pi \cdot 100\,/\,15 = 41,9/\text{s}^2$; $M = 10 \cdot (0,8 \cdot 15)^2 \cdot 41,9\,/\,981$ cmkg $= 61,3$ cmkg.]

2. Ein **Schleifstein** von 740 kg Gewicht bei 1,5 m Durchm. kommt von 300 U. i. d. Min. durch Reibung und Luftwiderstand mit einem verzögernden Drehmoment von 1,2 mkg zum Stehen. Wie lange dauert der Auslauf? [Antwort:

$$M = \frac{G}{g} \cdot \frac{r^2}{2} \cdot \frac{2\,\pi \cdot 5}{t}, \quad t = \frac{G \cdot r^2 \cdot \pi \cdot 5}{g \cdot M} = \frac{740 \cdot 0,75^2 \cdot 3,14 \cdot 5}{9,81 \cdot 1,2} = 553 \text{ s}].$$

§ 20. Zusammensetzung von Bewegungen.

1. Kann ein Körper gleichzeitig 2 Bewegungen machen?
Wirken an einem Körper gleichzeitig 2 bewegende Kräfte, ·

so führt er gleichzeitig die beiden den Kräften entsprechenden Bewegungen aus (Abb. 65).

Merke:

‖ Die **Wege** setzen sich nach dem **Parallelogramm** zusammen.

Beispiel: Ein Flugzeug hat eine Eigengeschwindigkeit von 360 km/h und hält Kurs nach NO (Abb. 66). Gleichzeitig bewegt sich die Luft mit einer Geschwindigkeit von 25 m/s von W. nach O. Wo landet das Flugzeug nach 200 km (im Flugzeug gemessen)? — **Lösung:** Die Geschwindigkeiten verhalten sich wie 100 : 25 = 4 : 1; ebenso verhalten sich die in gleicher Zeit zurückgelegten Wege. Der Weg des Flugzeuges auf die Erde bezogen ist die Diagonale des aus den beiden Wegen gezeichneten Parallelogrammes.

Abb. 65.
Zusammensetzung
von Geschwindig-
keiten.

Weitere Beispiele. Gehen quer über einen bewegten Teppich (Tobogan); Lauf eines Bootes, das quer zu einer Strömung gerudert wird.

2. Beim horizontalen Wurf wird ein Körper waagerecht (→) fortgeschleudert. Gleichzeitig fällt er gerade so, als ob die waagerechte Bewegung nicht vorhanden wäre. Den Weg des Körpers erhält man durch Zeichnung (Abb. 67).

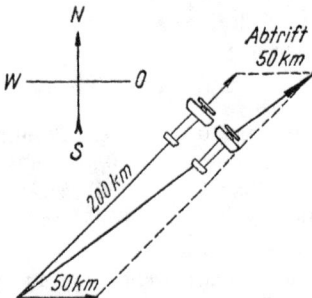

Abb. 66. Abtrift.

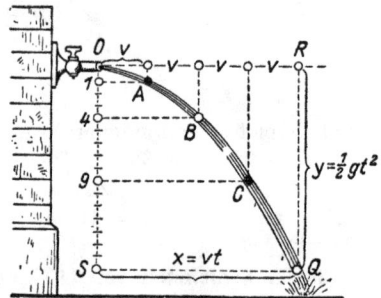

Abb. 67. Waagerechter Wurf.

a) Die Fallwege nach 1, 2, 3 ... Sek. verhalten sich wie 1 : 4 : 9: ... b) Die waagerechten Wege sind in jeder Sekunde gleichgroß. c) Zeichnet man nun je aus beiden Wegen das Parallelogramm, so findet man, daß sich der geschleuderte Körper nach Verlauf dieser Zeiten in A bzw. B bzw. C usw. befinden muß.

Die Form der Wurfbahn nennt man **Parabel.**

Aus der **Spritzweite** x und der **Spritztiefe** y findet man leicht die Geschwindigkeit v des Wasserstrahles.

Aus $x = v \cdot t$ und $y = 5\,t^2$ folgt $v = \dfrac{x}{\sqrt{y/5}}$.

Beispiel: Ist $x = 2$ m, $y = 0{,}45$ m, so ist $v = 2 : \sqrt{0{,}09} \approx 6{,}67$ m/s.

3. Beim schiefen Wurf wird der Körper unter einem Winkel α (= **Erhebungswinkel**) **schräg** ($\nearrow$) gegen die Waagerechte fortgeschleudert. Die Bewegung ist wieder eine zusammengesetzte, da der Körper **a)** in der Anfangsrichtung gleichmäßig

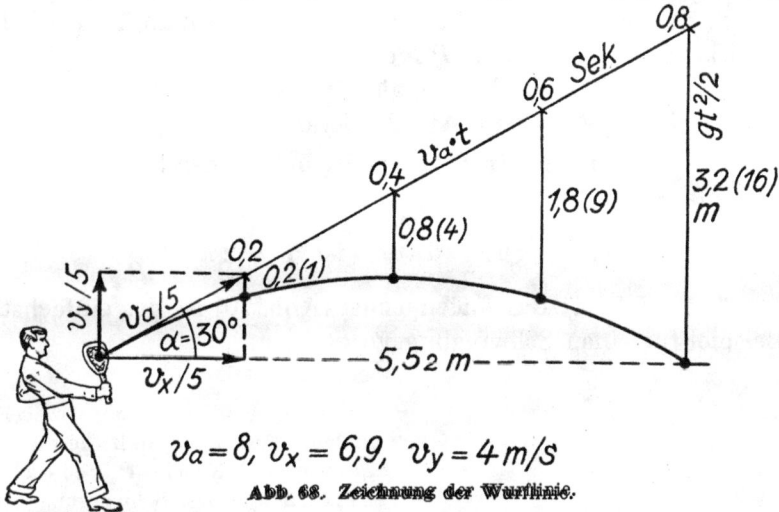

$v_a = 8,\ v_x = 6{,}9,\ v_y = 4\ m/s$

Abb. 68. Zeichnung der Wurflinie.

mit der Anfangsgeschwindigkeit v_a weiterlaufen sollte, **b)** gleichzeitig fallen sollte.

Zeichnung. Ähnlich wie vorhin (vgl. Abb. 68). — Die größte Wurfweite erzielt man beim Wurf unter 45°.

§ 21. Schwingungsbewegung. Pendel.

1. Wie sucht ein Körper sein Gleichgewicht? Bringt man einen Körper aus dem (stabilen) Gleichgewicht, so ist er bestrebt, es wieder zu erreichen. Mit der Entfernung aus der Gleichgewichtslage wächst eine in diese zurücktreibende Kraft. Dadurch nähert sich der Körper beschleunigt der Gleichgewichtslage, geht durch sie mit größter Geschwindigkeit durch

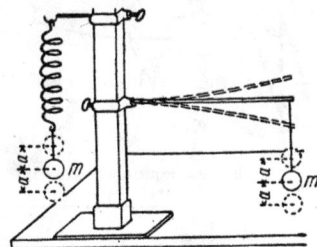

Abb. 69.
Elastische Schwingungen.

und schlägt nach der anderen Seite aus, wodurch nun wieder die rücktreibende Kraft auftritt und das Spiel sich wiederholt. Ein solcher Vorgang heißt **Schwingung**.

Die größte Entfernung **a** von der Mittellage (Abb. 69) heißt Schwingungsweite, die Zeit für einen Hin- und Hergang Schwingungsdauer **T**. Statt dieser kann auch die Schwingungszahl **n** in 1 s (Frequenz) angegeben werden.

2. a) Die einfachste Schwingungsform tritt auf, wenn die rücktreibende Kraft P verhältnisgleich ist der Entfernung x von der Ruhelage, also $P = D \cdot x$. Dies ist der Fall, wenn auf eine Masse m elastische Kräfte wirken (Abb. 69).

b) Die Schwingungsdauer ist bei solchen Schwingungen für jede Schwingungsweite gleich.

c) Die Schwingungsdauer ist $T = 2\pi \cdot \sqrt{\dfrac{m}{D}}$.

3. Pendel. a) Das Fadenpendel (Abb. 70) ist das einfachste Beispiel für einen Schwingungsvorgang.

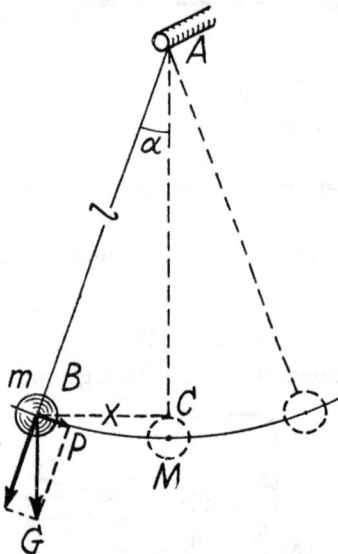

Abb. 70. Pendelschwingung.

Aus der Ähnlichkeit der Dreiecke **ABC** und **PG** folgt, daß die rücktreibende Kraft **P** verhältgleich **x** ist. Die Schwingung entspricht der Bedingung unter 2 und die Schwingungsdauer ist für jede Schwingungsweite gleich, wenn **x** dem Bogen **BM** gleich gesetzt werden kann, also für kleinen Winkel α.

Die rücktreibende beschleunigende Kraft wächst mit dem Gewicht; in gleichem Verhältnis nimmt auch die beschleunigte Masse zu, so daß die Schwingungsdauer von dem Gewicht nicht abhängt. Sie ist

$$T = 2\pi \cdot \sqrt{\frac{l}{g}} = 6{,}28 \sqrt{\frac{\text{Länge (in Metern)}}{\text{Erdbeschleunigung}}}.$$

Für praktische Verwendung ist das Fadenpendel nicht geeignet, doch lassen sich häufig Schwingungsvorgänge darauf zurückführen. — Man kann mit ihm mäßig genau die Erdbeschleunigung bestimmen. — Wie lang muß ein Fadenpendel sein, dessen halbe Schwingungsdauer 2, 3, 4,10 sek ist? [Antwort: annähernd, 4, 9, 16, 100 m.]

b) Physisches Pendel nennt man jeden drehbaren Körper, der aus dem stabilen Gleichgewicht herausgehoben unter Pendelschwingungen wieder in dieses zurückkehrt (Abb. 71).

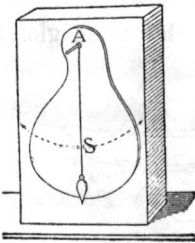

Abb. 71.
Physisches Pendel.   Abb. 72. Stangenpendel.   Abb. 73. Pendeluhr.

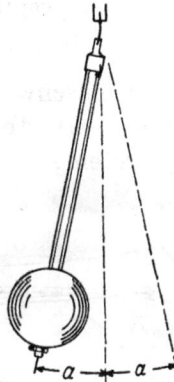

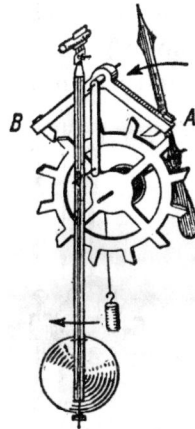

Pendelungen sind an aufgehängten Körpern sehr häufig, z. B. an einem Rad, dessen Schwerpunkt nicht genau in der Drehachse liegt. Ist r der Abstand des Schwerpunktes vom Drehpunkt (AS in Abb. 71), so ist $T = \sqrt{J/G \cdot r}$.

c) Zur genauen Zeitmessung dient das **Stangenpendel** (Abb. 72) und die durch ein Pendel geregelte Pendeluhr *(Huygens 1683)*.

Einrichtung: Ihr Zeiger sitzt auf einem Zahnrad, das durch ein Uhrgewicht nur Ruck für Ruck zu einer kleinen Drehung veranlaßt wird (Abb. 73). Denn das in Schwung versetzte Pendel läßt zwar den Zahn **A** los, legt sich aber alsbald hemmend vor Zahn **B**. Beim Rückschwingen des Pendels wiederholt sich der Vorgang umgekehrt. So sinkt das Uhrgewicht nur ruckweise. Ebenso dreht sich der Uhrzeiger nur Ruck um Ruck.

Durch Senken der Pendellinse wird die Schwingungsdauer vergrößert, die Uhr geht langsamer.

4 Kleiber, Grundriß.

Bei der Pendelschwingung nimmt die Schwingungsdauer für größere Schwingungsweite zu; bei guten Uhren muß diese deshalb sehr genau gleich groß bleiben.

§ 22. Eigenschwingung. Resonanz.

1. Eigenschwingungen der in Abb. 74 und 75 dargestellten Form können Körper ausführen, die an bestimmten Punkten unterstützt oder befestigt sind. Die festgehaltenen Stellen **(Knoten)** haben dabei keine Bewegung; auch zwischen den unterstützten Punkten können Knoten auftreten.

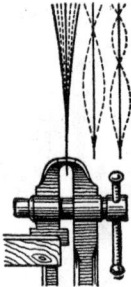

2. Grundschwingung heißt die Schwingungsform mit den wenigsten Knoten. Häufig treten statt dieser oder auch gleich-

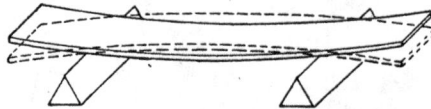

Abb. 74.
Eigenschwingung.

Abb. 75.
Eigenschwingung.

zeitig Oberschwingungen mit mehr Knoten auf (Abb. 74).

Die Schwingungsdauer ist um so kleiner, je mehr Knoten sich ausbilden (Abb. 76). — Auch Platten können schwingen, wobei Knotenlinien auftreten (federnder Tanzboden, Fußboden in Fabrik-

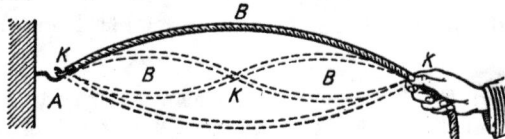

Abb. 76. Grund- und Oberschwingung.

sälen). Abb. 77 zeigt den Nachweis von Knotenlinien in einer Platte durch aufgestreuten Sand.

Innerhalb gewisser Schwingungszahlen werden Schwingungen als **Töne** hörbar und verraten sich dadurch ohne weitere Hilfsmittel.

3. Resonanz. a) Schwingungen können durch geeignete Anstöße erzwungen
werden. Fällt dabei das Zeitmaß der
Anstöße mit der Frequenz der Eigenschwingung zusammen, so entstehen sehr
große Schwingungsweiten. Die Erregung ist in Resonanz mit der Eigenschwingung.

b) **Die Resonanz,** die auch durch Wind-
stöße hervorgerufen werden kann, **ist eine**
große Gefahr für den Bestand von Bauwerken
und muß unbedingt vermieden oder beseitigt werden.

Abb. 77. Schwingende Platte.

Steht ein **Motor** mit kleiner Unregelmäßigkeit auf einem etwas
federnden Zimmerboden (z. B. im höheren Stockwerk), so erhält
letzterer bei jeder Umdrehung einen kleinen Anstoß. Erfolgt dieser Anstoß
in Zeitabständen, die mit der Eigenschwingungszeit des Bodens überein-
stimmen, so fängt der Boden zu schwingen an, immer stärker und stärker,
bis er evtl. bricht. Eine kleine Änderung
der Umlaufsgeschwindigkeit des Motors hilft
dem Übelstand sofort ab. — Auch das Mit-
tönen von Gebäudeteilen, die in Resonanz
mit umlaufenden Maschinen sind, kann un-
erträglich werden.

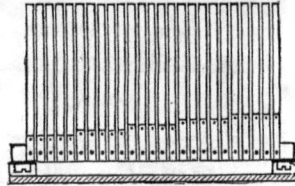

c) **Die Resonanz** erweist sich als nütz-
lich in der Musik (§ 71) und bei den elektrischen Schwingungen (§ 124). Eine praktische Anwendung im Maschinenbetrieb ist

Abb. 78.
Frahms Umdrehungszähler.

der *Frahm*sche **Umdrehungszähler** (Abb. 78), eine Art Kamm mit verschieden langen und dicken Zinken. Hält man ihn streifend an ein um-
laufendes Schwungrad, so schwingt die Zinke gleicher Schwingungszahl
lebhaft aus, und so ist die Umdrehungszahl im Augenblick ohne Rechnung festzustellen.

Von Arbeit und Energie.

§ 23. Arbeit. Leistung.

1. Was ist Arbeit? Zieht ein Pferd (Abb. 79) einen schweren Wagen z. B. 1 km weit, so leistet es eine Arbeit; zieht es denselben Wagen 2 km weit, so leistet es eine größere Arbeit. Zöge es gleichzeitig zwei dieser Wagen, so wäre seine Arbeit noch größer. **Merke:**

‖ **Arbeit** ist Aufwand von **Kraft** längs eines **Weges.**

Abb. 79. Arbeit = Kraft × Weg.

2. Die Einheit der Arbeit ist das Meterkilogramm (mkg), d. h. die Arbeit, die man leistet, wenn man **1 kg** Kraft längs des kleinen Weges von **1 m** aufwendet.

Hebe z. B. 1 Kilogrammstück 1 m hoch!

Ein Steinträger trägt 1 m³ Ziegelsteine (2,4 t) 4 m hoch hinauf. Kann er jedesmal 30 kg heben (sein Körpergewicht nicht mitgerechnet), so muß er 80 mal gehen und dabei im ganzen 320 m Höhe überwinden. Kann er 60 kg heben, so muß er nur 40 mal 4 m Höhe, d. i. 160 m überwinden. Die Arbeit ist in beiden Fällen gleich. Nun ist

$$\text{Kraft } 30 \text{ kg} \cdot \text{Weg } 320 \text{ m} = \text{Kraft } 60 \text{ kg} \cdot \text{Weg } 160 \text{ m}$$
$$= 9600 \text{ mkg.}$$

Es ist also

$$\boxed{\textbf{Arbeit} = \textbf{Kraft} \times \textbf{Weg.} \quad \boldsymbol{A = P \cdot s} \text{ mkg.}}$$

Weitere Beispiele: 1. Ein **70 kg schwerer Mann** besteigt einen 90 m hohen Turm. $A = 70 \text{ kg} \cdot 90 \text{ m} = \textbf{6300 mkg.}$ — **2. Ein Pferd zieht** einen Wagen 1 km weit (Abb. 79). Ein zwischen Pferd und Wagen eingeschaltetes Dynamometer zeigt auf 50 kg Zug. $A = 50 \text{ kg} \cdot 1000 \text{ m} = \textbf{50000 mkg.}$

3. Wirkt die bewegende Kraft schief gegen die Bahn (Abb.37), so kommt für die Berechnung der Arbeit nur die in die Bahnrichtung fallende Teilkraft in Betracht.

4. Die in 1 Sekunde geleistete Arbeit heißt **Leistung** oder **Effekt** N. **Merke:** Die Leistung von 75 mkg in 1 Sek. heißt eine **Pferdestärke (PS)**, die Leistung $^1/_{9,81}$ mkg/s heißt ein **Watt.**

$$\boxed{\textbf{1 PS} = \textbf{75 mkg/s}} \qquad \boxed{\textbf{1 Watt} = \textbf{}^1/_{9,81} \textbf{ mkg/s}}$$

Auf das besonders in der Elektrizitätslehre verwendete **Leistungsmaß 1 Watt** kommt man, indem man als Einheit der Kraft (= 1 dyn) diejenige einführt, die 1 cm³ Wasser (von 4⁰) eine Beschleunigung von 1 cm/s² erteilt. 1 dyn entspricht danach 1/981000 der Kraft, mit der das Ur-kg am Meeresspiegel unter 45⁰ Breite von der Erde angezogen wird. Es ist 1 Watt = 10⁷ dyn cm in 1 s oder

$$1 \text{ Watt} = \left[\frac{1}{981\,000} \text{ kg} \times \frac{10^7}{100} \text{ m}\right] : 1\text{ s} = \frac{1}{9,81} \frac{\text{mkg}}{\text{s}}.$$

Als **Arbeitsmaß** folgt daraus

$$\boxed{\begin{array}{l} \textbf{1 Wattsekunde (Ws)} = \textbf{1/9,81 mkg} \\ \textbf{1 Kilowattstunde (kWh)} = \textbf{3600} \cdot \textbf{1000/9,81} = \textbf{367 000 mkg} \end{array}}$$

Beispiel; Das Pferd in Abb. 79 ziehe den Wagen in 18 Minuten (das sind $18 \cdot 60 = 1080$ Sekunden) 1 km weit. Dann ist seine Leistung = Kraft $\times$ Weg : 1080 = 46,3 mkg/s = $\dfrac{46,3}{75}$ PS. Ein Pferd leistet meist keine ganze PS.)

5. a) Wird mit der **Kraft P die Geschwindigkeit** v erzielt, so ist die Leistung $N = P \cdot v$ mkg/sek $= \boldsymbol{P \cdot v/75}$ **PS.**

b) Übt eine **mit n Umdrehungen in der min umlaufende Welle** das Drehmoment M aus, so ist die Geschwindigkeit eines Punktes im Abstand 1 $v = 2\pi n/60$, die Kraft im Abstand 1 $P = M$, die Leistung

$$N = M \cdot 2\pi n/60 \cdot 75 = \textbf{0,0014}\, \boldsymbol{M \cdot n}\ \textbf{PS.}$$

Beispiel 1: Welche **Geschwindigkeit** kann eine Baulokomotive von 100 PS erreichen, wenn sie eine Zugkraft von 900 kg ausüben soll? **Lösung:** $v = N \cdot 75/P = 7500 : 900 = 8,33 \text{ m/s} = \mathbf{30 \text{ km/h}}$.

Beispiel 2: Ein 5pferdiger **Motor** macht 1200 U. i. d. Min. Welches Drehmoment übt er aus? **Lösung:** $M = N : 0,0014 \cdot n = 5 : 0,0014 \cdot 1200 = \mathbf{3 \text{ mkg}}$.

6. Aufgespeicherte Arbeit. Hebt man den Rammbär vom Gewichte Q (Abb. 80) um h Meter, so sagt man: Es ist in ihm der Arbeitsbetrag $Q \times h$ Meterkilogramm aufgespeichert.

Diese Speicherungsfähigkeit ist eine der wichtigsten Eigenschaften der Arbeit. Beispiel im Großen: Speicherseen, Talsperren. Beispiel im Kleinen: Aufziehen der Uhr (gehobenes Gewicht, gespannte Feder).

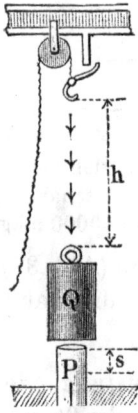

Abb. 80.
Rammbär.

Den in einem Körper aufgespeicherten Arbeitsbetrag nennt man seine **Energie.** Diese wird wieder frei, wenn das Wasser abfließt, die Feder sich entspannt.

Aufgaben.

1. Ein 5 m³ großer **Marmorblock** soll mit einem Kran 20 cm hoch gehoben werden. Arbeit? [Antwort: 2800 mkg.]

2. Ein **Taglöhner** schaufelt 1 m³ Sand in ¼ Stunde auf einen Wagen von 80 cm Höhe. Arbeit? Leistung? [Antwort: 1600 mkg; 1,78 mkg/s.]

3. Eine **Bergwerkspumpe** fördert in ¼ Stunde 27 m³ Wasser aus 20 m Tiefe. Leistung? [Antwort: 8 PS.]

4. Ein **Wagen** von 1875 kg Gewicht wird bei 1% Reibung von einem Pferd in 10 Minuten 1,2 km weit gezogen. Leistung? [Antwort: ½ PS.]

§ 24. Umformung und Erhaltung der Arbeit.

1. Ein Arbeitsumsatz erfolgt, wenn Arbeit an einer Stelle aufgewendet (gespeichert), an anderer geleistet wird. Vielfältige Erfahrung hat gezeigt, daß dabei nie Arbeit gewonnen werden kann. Bei verlustlosem Umsatz sind beide Arbeitsbeträge gleich. — Satz von der Erhaltung der Arbeit.

Beispiele: Eine Pumpe hebt Wasser in einen Speichersee; dieses treibt im Herabfallen eine Turbine. — Eine Luftpumpe erzeugt Preßluft; der Preßluftmeißel bricht Mauerwerk auf. — Ein Mann spannt einen Bogen; der Pfeil durchbohrt ein Brett. Immer ist die am Ende geleistete Arbeit kleiner als die am Anfang aufgewendete. Aus dieser Erkenntnis folgt die Unmöglichkeit des Perpetuum mobile.

2. Form der Arbeit in der Mechanik. a) Nach Abb. 80 hat der Rammbär einen Energieinhalt durch seine Höhenlage. Ähnlich dem Heben eines Gewichtes ist die Spannung einer Feder. — **Energie der Lage.**

Die Lagenenergie des Rammbärs wird frei, wenn der Klotz wieder in die Ausgangslage zurückfällt; sie verwandelt sich dabei in eine **in der Bewegung steckende Energieform.**

b) **Berechnung der Bewegungsenergie.** Zur Hebung des Klotzes auf die Höhe h wurde die Arbeit $Q \cdot h$ verbraucht. Bei Fall erreicht er die Geschwindigkeit $v = \sqrt{2gh}$; es ist also $h = v^2/2g$; $Q \cdot h = Q \cdot v^2/2g = m \cdot g \cdot v^2/2g$. Das ist das Maß für die nun in der Geschwindigkeit des Klotzes liegende Energie.

$$\text{Bewegungsenergie} = \frac{m\,v^2}{2}$$

Beispiel: Welche **Arbeitsfähigkeit** besitzt 1 kg (1 dm³) Wasser, das aus einer Düse mit 60 m/s Geschwindigkeit ausströmt? Welche **Leistung** kann dem Wasserstrahl bei einer Ausströmungsmenge von 1 m³ in 1 sek entnommen werden? Vgl. Abb. 152. **Lösung:**

$$A = m\,v^2/2 = \frac{1 \cdot 3600}{9,81 \cdot 2} = 183,5 \text{ mkg} \qquad N = \frac{183,5 \cdot 1000}{75} = 2447 \text{ PS.}$$

c) Nimmt infolge eines Hindernisses die Geschwindigkeit eines Körpers von v_a auf v_e ab ($v_e < v_a$), so wird zu dessen Überwindung die Energie $m \cdot \dfrac{v_a^2 - v_e^2}{2}$ verbraucht.

d) **In umlaufenden Scheiben,** Rädern oder sonstigen Massen ist die Energie $J\omega^2/2$ (J Trägheitsmoment, ω Winkelgeschwindigkeit) aufgespeichert. Schwungräder dienen zum Ausgleich von Stößen in Maschinen, in denen wechselnde Drehmomente frei oder verbraucht werden, besonders bei Kolbenmaschinen (Aufnahme von Energie bei Zunahme, Abgabe bei Abnahme der Umdrehungszahl).

e) **Bei Schwingungen** findet ein regelmäßiger Wechsel zwischen Energie der Lage (z. B. Spannung der Feder, Abb. 69, Hebung des Gewichtes beim Pendel, Abb. 70) und Energie der Bewegung statt. Beim Durchgang durch die Mitte ist die Geschwindigkeit am größten und die ganze Energie besteht in Bewegungsenergie.

3. Als goldene Regel ist der Satz von der Erhaltung der Arbeit schon frühzeitig auf einfache Maschinen angewendet worden. Für diese läßt sie sich so aussprechen:

‖Der Weg wird in demselben Verhältnis ver-
‖kleinert, in dem die Kraft vergrößert wird.

| Maschinen sind Arbeits-Umformer, keine Arbeitssparer. |

Aufgaben.

Welche **Bewegungsenergie** steckt

1. in einem **Eisenbahnwagen** ($G = 5$ t, $v = 6$ m/s)? [Antwort: 9174 mkg.]
2. in einem Schlittschuhläufer ($G = 60$ kg, $v = 3$ m/s)? [Antwort: 27,5 mkg.]
3. in einem Kraftwagen ($G = 2500$ kg, $v = 60$ km/h)? [Antwort: 35,4 mt.]

§ 25. Reibung.

1. Bei waagerechter Beförderung hat man den Reibungs-widerstand zu überwinden.

In Abb. 79 wiegt die Last 4000 kg, die zur Überwindung des Reibungs-widerstandes aufzuwendende Kraft ist 50 kg ($= 1,25\%$ von der Last).

Ursache der Reibung sind die Unebenheiten des bewegten Körpers, die in solche der Unterlage eingreifen. Sie müssen bei der Bewegung umgebogen bzw. abgeschürft werden.

2. Die Reibung $R \rightarrow$ ist ein Bruchteil des Normal-druckes $N \downarrow$ (Abb. 81), den der bewegte Körper auf die Unterlage ausübt. Der Bruch R/N heißt Reibungszahl (μ).

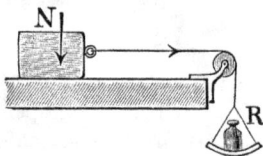

Abb. 81. Reibungszahl.

| Reibung $R = \mu \cdot N.$ |

Bei diesem Versuch muß man dem Kör-per einen kleinen Anstoß geben und R so groß machen, daß die Geschwindigkeit weder wächst noch abnimmt (Reibung der Bewegung). Wartet man, bis sich der Klotz selbst in Bewegung setzt, so erhält man die größere Reibung der Ruhe.

3. Man bestimme die Reibungszahl für Holz/Holz! Ver-fahre gemäß Abb. 81!

Versuch: Leg so viel Gramm in die Schale, bis sich das Holzstück N auf dem Tisch bewegt; dann ist

$$\mu = \frac{\text{Reibung } R}{\text{Normaldruck } N}.$$

Ergebnis: Ist $N = 200$ g, $R = 36$ g; so ist $\mu = 36 : 200 = 0,18$.

4. Man unterscheidet die **gleitende** Reibung (Abb. 82) und die **wälzende** Reibung (Abb. 83).

Abb. 82. Gleitende Reibung.

Abb. 83. Wälzende Reibung.

Für das **Gleiten** von Metall auf Metall ist $\mu = 0{,}17$,
für das **Wälzen** von Stahlkugeln oder Rollen auf Stahl etwa 1/1000.

Beispiel: Welche **Arbeit** leistet ein **Pferd,** das einen 1300 kg schweren, mit 20 Personen zu je 75 kg besetzten Wagen 1 km weit zieht? ($\mu = 0{,}02$.)
Lösung: $N = (1300 + 20 \cdot 75)$ kg $= 2800$ kg; $R = 0{,}02 \cdot 2800$ kg $= 56$ kg; $A = 56000$ mkg.

Aufgaben.

1. Man bestimme die R.Z., wenn man weiß

a) daß ein 1300 kg schwerer **Ziegelwagen** von einem Pferd gezogen wurde, wobei ein zwischen Pferd und Wagen eingeschaltetes Dynamometer 26 kg Zug zeigte. [Antwort: $\mu = 0{,}02 = 2\%$.]

b) daß **ein kg-Stück,** um auf dem waagerechten Tisch bewegt zu werden, einen Zug von 220 g erforderte. [Antwort: $\mu = 0{,}22 = 22\%$.]

2. Welche Kraft ist nötig,

a) um einen **Straßenbahnwagen** von 2000 kg Gewicht, der mit 30 Personen (zu je 75 kg Gewicht) besetzt ist, in den Schienen ($\mu = 0{,}01$) fortzubewegen? [Antwort: $R = 42{,}5$ kg.] — b) um einen **Eisenbahnwagen** von 10 t Gewicht fortzuschieben ($\mu = 0{,}005$)? [Antwort: 50 kg.]

3. Warum darf ein **Eisenbahnzug** (Z) nur etwa 30 mal so schwer sein als seine **Lokomotive** (L)? [Antw.: Die gleitende Reibung der Lokomotive muß mindestens der rollenden des ganzen Zuges gleich sein; also $L \cdot 0{,}17 = (L + Z) \cdot 0{,}005$; woraus $Z = 34\, L$.]

5. Die goldene Regel würde bei Maschinen gelten, wenn es keine Reibungsverluste gäbe. Zur Überwindung der Reibung ist noch eine **Überarbeit** zu leisten. Je geringer letztere ist, desto besser die Maschine. Der Bruch:

$$\text{Wirkungsgrad } \eta = \frac{\text{erzielte Nutzarbeit } N_n}{\text{aufgewendete Gesamtarbeit } N_i}$$

gibt die wirtschaftliche Güte einer Maschine an.

Die goldene Regel der Mechanik wurde von *Galilei,* dem Begründer der modernen Physik, entdeckt.

Die einfachen Maschinen.

§ 26. Hochziehen einer Last mittels Rollen.

1. Die Rolle ist eine **kreisförmige Scheibe,** die um ihre Achse leicht drehbar ist und am Rand eine Schnurlaufrinne aufweist. Häufig ruht ihre Achse in einer **Gabel** (Schere), die in einem Haken endigt.

a) Man nennt die **Rolle fest,** wenn sie bei der Drehung am Ort bleibt (Abb. 84). Bei der festen Rolle herrscht Gleichgewicht, wenn

$$\textbf{Kraft} = \textbf{Last} \qquad \boldsymbol{P = Q.}$$

b) Man nennt die **Rolle beweglich,** wenn sie beim Hub steigt (Abb. 85). Bei der beweglichen Rolle ist

$$\textbf{Kraft} = \textbf{halbe Last} \qquad \boldsymbol{P = \frac{Q}{2}.}$$

Grund: Die Last hängt an zwei Seilstücken (man bräuchte also zwei Fäuste, um sie zu heben). Auf jedes Seilstück trifft demnach die Hälfte der Last. (Zur Last gehört hier auch das Rollengewicht.)

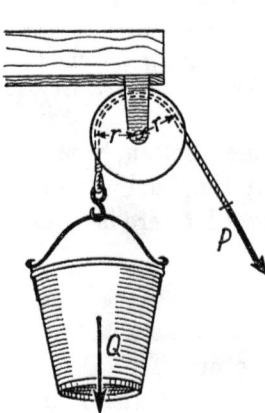

Die feste Rolle dient hauptsächlich zur Umlenkung einer Kraft.

Die **lose Rolle** ist meist der letzte Teil eines Hebezeuges, durch den die nötige Kraft nocheinmal halbiert wird.

Abb. 84.
Feste Rolle.

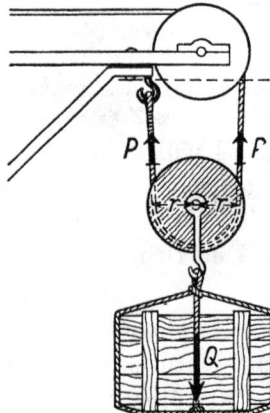

Abb. 85.
Lose Rolle.

Ein Kraftgewinn ergibt sich nur bei der losen Rolle. Um aber mit dieser eine Last um **1 m** zu heben, muß man beide Seilstücke um 1 m kürzen, also **2 m** Seil abwickeln. (**Kraftweg = 2 × Lastweg.**)

3. Besser wirkt der einfache Flaschenzug. (Abb. 86.) Er besteht aus einer festen und einer losen Flasche.

Eine **Flasche** ist ein Gestell mit zwei, drei oder mehr Rollen. In Abb. 86 hat jede Flasche zwei Rollen. **Die Last Q hängt also an vier Seilstücken.** Denken wir diese durchschnitten, so würde die Last herunterfallen. Um dies zu hindern, wären vier Fäuste nötig. Auf jede Faust trifft also ¼ der Last Q.

Der Arbeiter P hat also hier (da die oberste feste Rolle an der Seilspannung nichts ändert) nur die Kraft ¼ Q aufzuwenden. Allgemein:

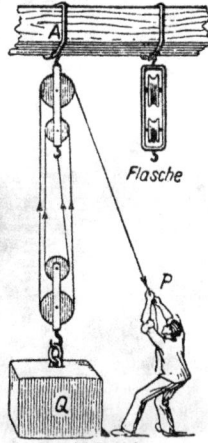

Abb. 86.
Gewöhnl. Flaschenzug.

$$\boxed{\text{Kraft } P = \frac{\text{Last } Q}{n}} \qquad n = \begin{cases} \text{Zahl der Rollen} \\ \text{oben} + \text{unten} \end{cases}.$$

Kein Arbeitsgewinn. Soll die Last Q um **1 m** gehoben werden, so könnte das geschehen, indem man jedes der n-Seilstücke, an denen die Last Q hängt, um 1 m kürzt (d. h. je 1 m herausschneidet). **Das Flaschenzugseil ist also um n m zu kürzen, wenn die Last um 1 m steigen soll.** (**Kraftweg = n × Lastweg.**)

§ 27. Hub mit dem Hebel.

1. Der Hebel dient zum Heben einer Last um einen geringen Betrag. Er ist eine **unbiegsame Stange,** die um einen Stützpunkt drehbar ist.

a) Beim **zweiseitigen Hebel** (Abb. 87/88) wirken Kraft und Last auf verschiedenen Seiten und in verschiedenen Abständen vom Drehpunkt. **Merke:**

Die Last läßt man am kurzen Hebelarm wirken, die Kraft des Arbeiters am langen. **Beispiele:** Brechstange (Abb. 88), Zange, Schere, Krämerwaage, Brettschaukel (Abb. 89).

b) Beim **einseitigen Hebel** (denk an den **Schubkarren!** Abb. 90) wirken Kraft und Last auf derselben Seite vom

Stützpunkt: die Last nach abwärts ($\downarrow$), die Kraft nach aufwärts ($\uparrow$) oder umgekehrt (Brotschneidemaschine Abb. 91) und bei der Falltür.

c) Beim **Winkelhebel** (Abb. 92) ist die Hebelstange geknickt.

Abb. 87. Der Hebel beim Pyramidenbau.

Abb. 88.
Brechstange.

Abb. 89.
Es kommt auf den Hebelarm an.

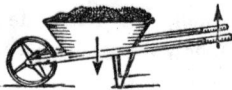

Abb. 90.
Schubkarren.

Abb. 91.
Brotschneidemaschine.

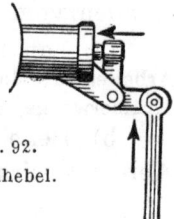

Abb. 92.
Winkelhebel.

2. Wie lautet das Hebelgesetz?

a) Es ergibt sich unmittelbar aus dem Gleichgewicht von Drehmomenten nach § 10 und 11. (Abb. 93, 94.) **Merke:**

> **Summe der Momente ($\curvearrowright$ = Summe der Momente $\curvearrowleft$)**
> Die Ersatzkraft aller angreifenden Kräfte, wozu auch das Hebelgewicht gehört, muß vom Stützpunkt aufgenommen werden.

Beispiel nach Abb. 94: $3 \cdot 1 + 2 \cdot 3 = 1 \cdot 5 + 2 \cdot 2$.

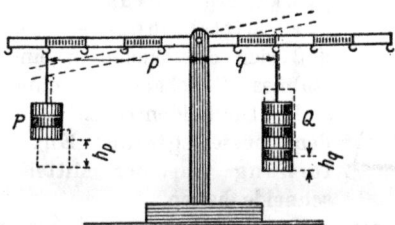

Abb. 93. Prüfung des Hebelgesetzes.　　Abb. 94. Gleichgewicht mehrerer Kräfte.

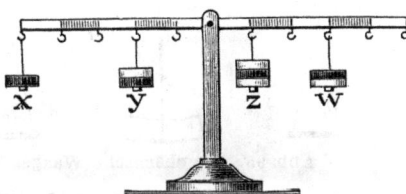

Bei 2 Kräften ist $P \cdot p = Q \cdot q$; $P = Q \cdot q/p$, also um so kleiner, je größer das Übersetzungsverhältnis Kraftarm : Lastarm = $p : q$ ist. Bei den meisten Anwendungen des Hebels kann es nicht sehr groß gemacht werden, da mit der Größe der Last auch der Stützdruck wächst, die Herstellung genügend fester, nahe beieinander liegender Stützpunkte aber schwierig ist.

b) Am **Arbeitsbetrag** wird nichts gewonnen.

Man betrachte Abb. 93! Hebt sich die Last Q um **1 cm,** so sinkt die Kraft P (die am doppelt so langen Hebelarm angreift) schon um **2 cm.** (Ergebnis: Kraft × Kraftweg = Last × Lastweg.)

Aufgaben.

1. An einem **zweiseitigen Hebel** hängen links 20 g am Arm 60 cm, 50 g am Arm 30 cm und 300 g am Arm 15 cm, rechts 200 g am Arm 20 cm und 80 g am Arm 30 cm. Herrscht Gleichgewicht? Auf welcher Seite ist das Drehmoment zu klein? Wie könnte man mit einem 50-g-Stück Gleichgewicht herstellen? [Antw.: nein; rechts; am Arm 16 cm.]

2. Durch **welches Gewichtsstück** könnte man im vorigen Fall Gleichgewicht herstellen, wenn es am Hebelarm 8 cm aufgesetzt werden soll? [Antwort: 100 g.]

3. Miß in Abb. 88, 89, 90, 91 die **Hebelarme** und gib an, in welchem Verhältnis Kraft und Last stehen!

§ 28. Hebelwaagen.

1. Bei der gleicharmigen Hebelwaage (Abb. 95) sind Last und Gewichtstücke einander gleich.

Einrichtung: Der Waagebalken hat drei Schneiden aus Stahl, die auf einer Geraden liegen müssen. Zu jeder Schneide gehört eine Pfanne aus Stahl oder Achat. Schneide und Pfanne bilden zusammen einen fast reibungsfreien Drehpunkt. Der Schwerpunkt liegt etwas unter der Mittelschneide, so daß sich die Waage in ein stabiles Gleichgewicht einstellt. Die beiden Endschneiden müssen gleiche Entfernung von der Mittelschneide haben.

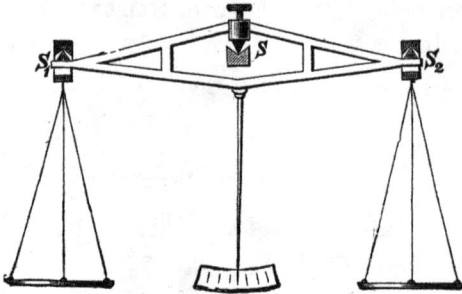

Abb. 95. Die chemische Waage.

2. Schnellwaagen sind a) die römische Schnellwaage, Abb. 96. Sie ist ein **gerader Hebel** mit einem sehr kurzen und einem langen Hebelarm. An den kurzen hängt man die zu wägende Last, am langen befindet sich ein verschiebbares Laufgewicht (P). Man erkläre die Wägung! Prüfe die Teilung! [Sie ist gleichmäßig.]

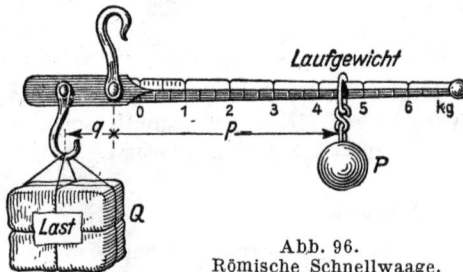

Abb. 96.
Römische Schnellwaage.

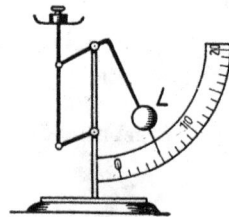

Abb. 97.
Briefwaage.

b) Die **Briefwaage** (Abb. 97) ist ein **Winkelhebel**, der am kurzen Arm eine Waagschale (mit Hilfe einer Parallelogrammführung) trägt und am langen Arm einen Lastklotz L, dessen Zeiger vor einer Teilung spielt, die nach Gramm geeicht ist.

Ähnlich wie die Briefwaagen sind auch die **Neigungswaagen** eingerichtet, die unmittelbar das Gewicht anzeigen und im Handel vielfach im Gebrauch sind.

3. Die Dezimalwaage ist im oberen Teil ein **zweiseitiger** Hebel, dessen Arme OA und OB im Verhältnis 1:10 stehen.

1. Vorteil: Zum Ab-
wägen der Last L
braucht man nur
$1/_{10}$ an Gewicht. —
2. Vorteil: Eine sinn-
reiche Vorrichtung
gestattet, die Last
L, die eigentlich bei
B hängen sollte, be-

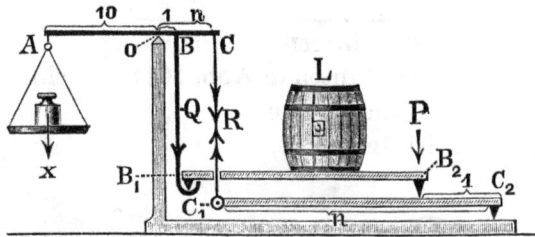

Abb. 98. Dezimalbrückenwaage.

liebig auf eine waagerechte Brücke $B_1 B_2$ zu stellen, die auf einen **Gegenhebel $C_1 C_2$** drückt, der bei C an der Waage hängt.

Vorgang: Die Last L zerlegt sich dabei in 2 parallele Kräfte P und Q. (Zeige dieses in Abb. 98!) Es ist dann $P + Q = L$. — Am Hebel AOB herrscht Gleichgewicht, wenn $x \cdot 10 = Q \cdot 1 + R \cdot n$ ist. Nun ist wegen des unteren einarmigen Hebels $R \cdot n = P$ (zeige dies an Abb. 98!), also wird $x \cdot 10 = Q + P = L$, wie es sein muß.

4. Bodenwaagen gestatten die Wägung ganzer Fahrzeuge und ihrer Beladungen. Sie bestehen aus Hebelverbindungen wie bei der Dezimalwaage mit großer Untersetzung. Die Abgleichung des Gewichtes erfolgt wie bei der Schnellwaage mit Laufgewichten.

§ 29. Hub mit dem Wellrad.

1. Wie sieht ein Wellrad aus? Im einfachsten Fall besteht es aus zwei Rädern auf gemeinsamer Achse (Abb. 99).

Bei der **Erdwinde** (Abb. 100) ist das kleine Rad durch einen **Wellbalken**, das große durch eine **Kurbel** ersetzt. Um den Wellbalken (der als Seiltrommel wirkt) läuft das Seil, an dem die Last aufgewunden wird. — **Göpel** ist eine Winde mit senkrechter Achse.

2. Auf welche Zahl muß man beim Wellrad achten? Auf das Übersetzungsverhältnis R/r; d. h. man ermittle, wie oft der kleine Radius r im großen Radius R enthalten ist. Ist dieses z. B. 4 mal der Fall, so braucht man nach dem Hebelgesetz zum Hub nur $1/4$ der Last. Aus $P \cdot R = Q \cdot r$ folgt

$$\boxed{\text{Kraft } \boldsymbol{P} = \frac{\text{Last } \boldsymbol{Q}}{n}}, \text{ wobei } \boldsymbol{n} = \frac{\boldsymbol{R}}{\boldsymbol{r}}.$$

3. Der Differentialflaschenzug ist die Verbindung einer losen Rolle (unten in Abb. 101) und einem gezähnten Wellrad (oben) durch eine endlose Kette.

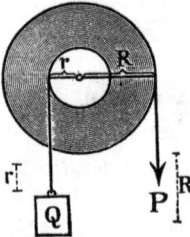

Abb. 99. Wellrad.   Abb. 100. Erdwinde.

$\boldsymbol{Q}$ zerlegt sich zunächst in zwei Hälften $\frac{Q}{2}$ und $\frac{Q}{2}$. Davon greift eine auf Seite des Arbeiters (P) an! (Vorteil!) Nach dem Hebelgesetz, angewendet auf das obere Wellrad $(P \cdot R = R \cdot Q/2 - r \cdot Q/2)$, ergibt sich schließlich als zum Hub notwendige Kraft

$$\boxed{\text{Kraft } \boldsymbol{P} = \frac{\text{Last } \boldsymbol{Q}}{n}}, \text{ wobei } \boldsymbol{n} = \frac{2\,\boldsymbol{R}}{\boldsymbol{R} - \boldsymbol{r}},$$

d. h. die Übersetzungszahl n ist hier so zu finden, daß man den ganzen Durchmesser des Wellrades durch den meist sehr kleinen Abstand $(\boldsymbol{R} - \boldsymbol{r})$ seiner zwei Räder teilt.

Ist z. B. $\boldsymbol{R} = 15$ cm, $\boldsymbol{r} = 14$ cm; so ist $\boldsymbol{n = 30}$, d. h. mit jedem kg Zug kann man schon 30 kg Last heben. Dafür sind aber vom Arbeiter 30 m Kette abzuwickeln, wenn die Last um 1 m steigen soll.

Ähnlich wirkt die **Differentialwinde**; nur ist das Wellrad in Abb. 101 durch einen Wellbalken mit kleiner und großer Seiltrommel (r, R) ersetzt.

4. Getriebe heißen alle Vorrichtungen, die mit Wellen und Rädern Arbeit übertragen. Die Räder können als Zahnräder ineinander eingreifen oder durch Ketten oder Riemen miteinander verbunden sein.

Beispiel: Berechnung des **Krans** Abb. 102 und Abb. 103. Am einfachsten ist die Berechnung der Wege und Anwendung der goldenen Regel. Die Umdrehungszahlen zweier ineinander eingreifender Räder verhalten sich umgekehrt wie die Zahlen der Zähne (z, Z). Es entspricht

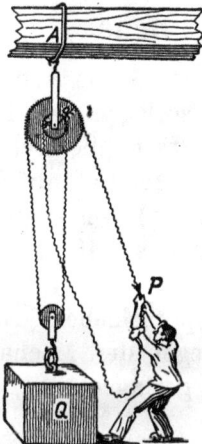

Abb. 101.
Differentialflaschenzug.

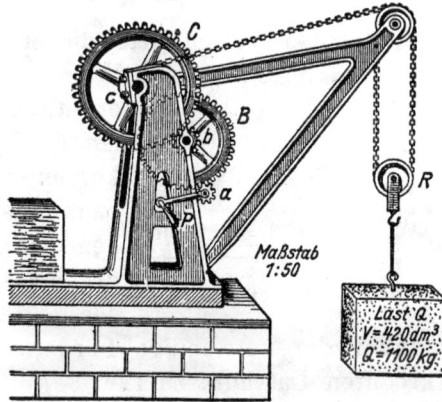

Abb. 102. Hebekran.

1 Umdr. von **a** 1/5 Umdr. von **B**, 1 Umdr. von **B** 1/4,5 Umdr. von **C**, also **1 Umdr. von a 1/22,5 Umdr. von C.** Arbeitsaufwand an der Kurbel bei 1 Umdr. $2\,R\,\pi \cdot P$; Arbeitsleistung an der Kette $2\,r\,\pi \cdot Q/2 \cdot 1/22{,}5$; $Q = R \cdot P \cdot 2 \cdot 22{,}5/r = 120\,P$. Bei einem Wirkungsgrad von 0,7 und $P = 13$ kg wird $Q = 0{,}7 \cdot 120 \cdot 13 = \mathbf{1100\,kg}$.

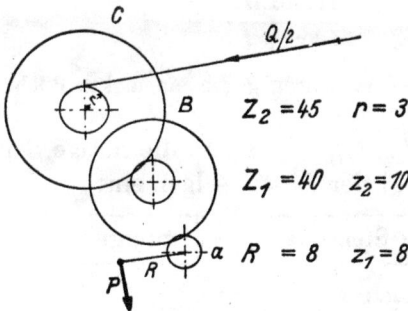

Abb. 103. Getriebe.

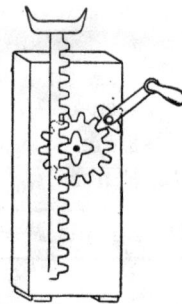

Abb 104. Wagenwinde.

Aufgaben.

1. Wenn in Abb. 100 $R = 4\,r$ ist, was kannst du von der **Kraft P** aussagen; was vom Weg der Kraft P?

5 Kleiber, Grundriß.

2. Bei der **Wagenwinde** Abb. 104 hat das 1. Vorgelege an der Zahn-
stange 14 bzw. 4 Zähne gleicher Breite, das zweite Vorgelege die Wir-
kungsradien r und $R = 4\,r$. Wie groß ist das Übersetzungsverhältnis in
diesem Falle? [Antw.: 14/4 · 4/1 = 14, d. h.?]

§ 30. Hub mit der schiefen Ebene.

1. Welchen Vorteil bietet die Schrotleiter? Sollen Arbeiter
ein schweres Faß auf einen Wagen bringen, so legen sie schräg
an diesen ein Brett (die Schrot-
leiter). Statt nun das Faß auf dem
kurzen (senkrechten) Weg h zu heben, müssen sie das Faß nun auf
dem längeren Weg l ($l =$ Länge
des Brettes) emporschieben. Nach
der goldenen Regel der Mechanik
ist daher die notwendige Förderkraft P geringer als beim
senkrechten Lasthub. **Merke:**

Abb. 105. Schrotleiter.

> Ist das Brett 2, 3, 4, .. mal so lang wie die Wagen-
> höhe h, so ist die nötige Schubkraft nur $1/_2$, $1/_3$, $1/_4$ ...
> des Lastgewichtes Q.

**2. Auf welche Zahl hat man also bei der schiefen Ebene
zu achten?** Auf das Verhältnis der Länge l zur Höhe h. Diese
Zahl gibt die Steigung der schiefen Ebene an. **Merke:**

$$\text{Steigung} = \frac{\text{Höhe } h}{\text{Länge } l}.$$

Übung. Man lege ein Lineal so schräg gegen ein dickes Buch, daß
seine Steigung $1/_{10}$, $2/_{10}$, $3/_{10}$ beträgt!

Ist die Steigung $1/_{10}$, $2/_{10}$, $3/_{10}$ ..., so ist die nötige Schubkraft P nur $1/_{10}$, $2/_{10}$, $3/_{10}$ ... der Last. Allgemein:

| **Schubkraft P = Last Q × Steigung** | **Steigung = h/l** |

Aufgaben.

1. Man berechne die **Hubkraft** P, wenn

Last =	800 kg	5000 kg	12 000 kg	340 kg	222 kg
Steigung =	1:100	3:10	1:300	5:17	12:37
Antwort:	8 kg	1500 kg	40 kg	100 kg	72 kg

2. Eine **Schrotleiter** (320 cm lang) wird an einem Wagen (80 cm hoch) gelehnt. Welche Kraft ist nötig, ein 144 kg schweres Faß darauf emporzubefördern? [Antwort: 36 kg.]

3. Stelle dein Reißbrett schräg; bestimme dessen Steigung und gib an, mit welcher Kraft ein daraufgelegter Bleistift von 12 g Gewicht bergab getrieben wird!

3. Läßt man einen Wagen auf reibungsloser schiefer Ebene los, so wird er bergab getrieben. Dieser Trieb bergab (Hangabtrieb) ist so groß wie die oben berechnete **Schubkraft P.**

Diese Kraft erteilt dem Wagen eine Beschleunigung nach der Formel $P = m \cdot b$; $b = P/m$; $m =$ Gewicht Q/g; $P = Q \cdot h/l$; $b = (Q \cdot h/l) : Q/g = g \cdot h/l =$ Erdbeschleunigung $\cdot$ Steigung.

4. Ist Reibung vorhanden, so kommt zur obigen Schubkraft P noch die Reibung R. Merke $P' = P + R$.

Beispiel: Der Wagen in Abb. 79 fahre eine Straße von der Steigung $^1/_{20}$ bergauf [d. i. auf 20 m Straßenlänge 1 m Steigung]. Dann muß das Pferd nicht nur **50 kg** ziehen [dies ist die **Reibung** auf der ebenen Straße], sondern **dazu** noch die beträchtliche **Schubkraft P** = Last × Steigung = $4000 × ^1/_{20}$ = **200 kg** leisten. Also im ganzen $200 + 50 =$ **250 kg.**

5. Der Druck der Last auf die schiefe Ebene ergibt sich, wenn man die Last Q in eine Teilkraft P parallel und in eine Teilkraft N normal zur Ebene zerlegt (Abb. 106).

Abb. 106. Die Zerlegung von Q.

Aus der **Ähnlichkeit** des kleinen Kraftdreiecks (PNQ) mit dem Dreieck der schiefen Ebene folgt

$$N : Q = b : l \qquad N = \frac{Q}{l} \cdot b \; [= Q \cdot \cos \alpha].$$

Außerdem bekommt man auf diesem Wege auch P:

$$P : Q = h : l \qquad P = \frac{Q}{l} \cdot h \; [= Q \cdot \sin \alpha].$$

6. Was ist Reibungswinkel? (Abb. 107.) Leg eine Zündholzschachtel (oder eine Schreibfeder) auf dein Lineal und stelle letzteres allmählich steiler, bis der aufgelegte Körper (der bisher durch die Reibung gehalten wurde) bei einem leichten Anstoß mit gleichmäßiger Geschwindigkeit abrutscht. Die Neigung des Lineals gegen die Waagerechte ist dann der **Reibungswinkel** ρ.

a) **Daraus ergibt sich die Reibungszahl** $\mu = P : N = \text{tg } \rho$.

$\varphi =$ tg $\varphi =$	10^0 0,176	15^0 0,268	20^0 0,364	25^0 0,47	30^0 0,58	35^0 0,70	40^0 0,84	50^0 1,19	60^0 1,73	70^0 2,75
sin φ cos φ	0,174 0,985	0,259 0,966	0,342 0,940	0,423 0,906	0,500 0,866	0,574 0,819	0,643 0,766	0,766 0,643	0,866 0,500	0,940 0,342

Man kann natürlich bei einem Versuch auch b und h direkt messen und beide durcheinander teilen, um μ zu erhalten.

War bei dem Linealversuch oben $h = 3$ cm, $b = 15$ cm, so war $\mu = 3/15 = 0,20 = 20\%$. Man kommt so ohne Tabelle aus.

b) **Böschungswinkel** ist der Winkel, der beim Schütten loser Massen (Sand, Erde) auftritt (Abb. 107). Er ist bei dem Aufschütten von Dämmen zu beachten.

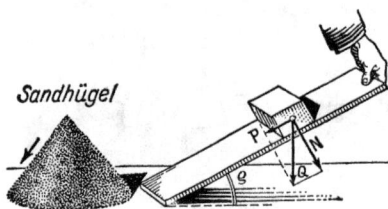

Abb. 107.
Reibungs- und Böschungswinkel.

Wird die Reibung zwischen den einzelnen Teilchen durch Einschwemmung von Wasser kleiner, so entstehen zerstörende Erdbewegungen, Damm- und Bergrutsche, Muren.

Aufgabe.

Ein **Wagen** vom Gewichte $Q = 800$ kg soll bei $\mu = 0,02$ (d. i. 2%) Reibung auf einer schiefen Ebene von der Steigung 30^0 emporgezogen werden. Wie groß ist der dazu nötige Zug Z? [Antwort: $P = Q \sin \alpha = 400$ kg, $N = Q \cdot \cos \alpha = 692,8$ kg; $R = \mu \cdot N = 13,9$ kg also $Z = 413,9$ kg.]

§ 31. Die Schraube.

1. Mit einer **Schraubenpresse** (Abb. 108) oder einem Schraubstock kann man einen großen Druck ausüben. Sie besitzen eine Spindel, die mit einem Hebel gedreht wird.

Bei jeder Umdrehung senkt sich die Schraube um eine **Ganghöhe** h.

Die Schraubenspindel ist ein Zylinder, um den spiralig eine scharfkantige oder rechteckige Erhöhung (Abb. 109) wendeltreppenartig herumführt. Das Bild einer Schraubenlinie ergibt sich, wenn man ein aus Papier geschnittenes rechtwinkliges Dreieck um einen Zylinder herumlegt (Abb. 110).

Die Schraube läuft in einer Hohlschraube, der **Mutter.**

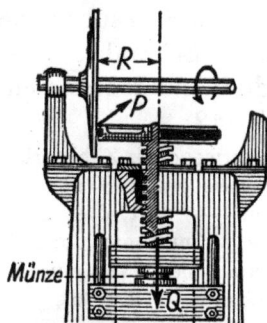

Abb. 108. Spindelpresse.

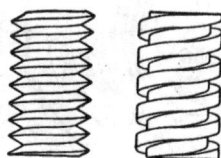

Abb. 109.
a scharf-, b flachgängiges
Gewinde.

2. Der ausgeübte Druck Q ergibt sich sehr einfach auf Grund der goldenen Regel der Mechanik.

Bei einer Umdrehung macht ein Punkt am Umfang des Rades (Halbm. R) der Presse Abb. 108• den **langen Weg 2 · 3,14 · R.** Dabei senkt sich das Schraubenende, das den Druck ausübt, nur um den **geringen Weg h** (Ganghöhe). Im u m g e k e h r t e n Verhältnis dieser Wege müssen Kraft und Last stehen.

$$P = \frac{Q}{n} \quad , \text{ wobei } \quad n = \frac{\text{Kurbelweg } 2 \cdot \textbf{3,14} \cdot \textbf{R}}{\text{Ganghöhe } h} \cdot$$

Die Zahl **n** ist hier das Übersetzungsverhältnis.

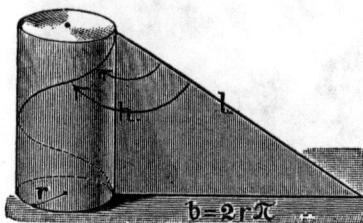

Abb. 110. Schraubenlinie.

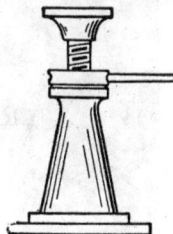

Abb. 111. Hebebock.

Beispiel: Ist R = 30 cm = 300 mm, so ist der Kurbelweg 2 · 3,14 · 300 = 1884 mm. Haben wir nun eine 2-mm-Schraube, so ist die Übersetzung **n** = 1884 : 2 = **942!** d. h.? — Diese Kraftvermehrung wird verwendet bei der Münz- und Ziehpresse, beim Schraubenschlüssel usw.

3. Die Schraubenwinde (Abb. 111) dient zum Hub ↑. Als Hebebock wird sie viel gebraucht. Große Lehrgerüste werden auf Hebeböcke gesetzt, mit denen nach Fertigstellung des Bauwerkes das unter gewaltigem Druck stehende Gerüst gesenkt wird.

4. Die Schraube ohne Ende ist eine Schraube, deren Gewinde in ein Zahnrad eingreift (Abb. 112).

Verwendet in Zählwerken (Abb. 63) sowie zum Heben schwerer Lasten. — Hat das Zahnrad z **Zähne,** so muß man die Schraube z mal umdrehen (Weg eines Punktes am Umfang $2\,R\pi \cdot z$), damit die Welle der Seiltrommel einmal umgeht (Hubhöhe $2\,r\pi$). Das Verhältnis n beider Wege ist $z \cdot R/r$; daher ist

Abb. 112. Schraube ohne Ende.

$$\boxed{P = \frac{Q}{n}}\,, \text{ wobei } \boxed{n = z \cdot \left(\frac{R}{r}\right)}\,.$$

‖ Wirkt z mal besser wie ein Wellrad.

Man denke in Abb. 112 die Kurbel R direkt an der Welle r befestigt!

Abb. 113. Schiffsschraube, aufgestellt im Hof des Deutschen Museums in München.

5. **Mikrometerschraube** (Abb. 3), **Schiffsschraube** (Abb. 113) und **Luftschraube** (Abb. 195) sind weitere Anwendungen der Schraube.

Aufgaben.

1. Berechne den Druck einer **Schraubenpresse:**

Hebel $R =$	Ganghöhe $h =$	Kraft $P =$	[Antwort]
1) 30 cm	5 mm	10 kg	[$Q =$ 3,768 t]
2) 100 cm	2 mm	40 kg	[$Q =$ 125,6 t]
3) 120 cm	1 cm	200 kg	[$Q =$ 150,8 t]

2. Berechne die Kraft P für eine **Schraube ohne Ende:**

Hebel $R =$	Welle $r =$	Zähne $z =$	Last $Q =$	[Antwort]
1) 50 cm	5 cm	100	1000 kg	[$P =$ 1 kg]
2) 40 cm	8 cm	50	1000 kg	[$P =$ 4 kg]
3) 40 cm	4 cm	80	1600 kg	[$P =$ 2 kg]

Verhalten der Flüssigkeiten.

---

§ 32. Grundeigenschaften der Flüssigkeiten.

1. Eine ruhende Flüssigkeit zeigt einen waagrechten Flüssigkeitsspiegel. Wird er gestört, z. B. durch einen Luftstoß, so stellt sich die waagrechte Fläche sofort wieder her.

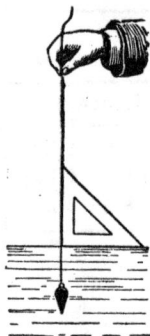

Grund: Die Flüssigkeitsteilchen folgen den geringsten Schubkräften. In einer ruhenden Flüssigkeit gibt es **keine Schubspannungen.**

Erste Grundeigenschaft der Flüssigkeiten.

Auf der Erdoberfläche steht deshalb eine Flüssigkeitsoberfläche senkrecht zur Schwerkraft.

Man halte ein **Lot** (Senkblei) in ruhendes Wasser! Es steht auf der Wasserfläche senkrecht. Die Richtung des Lotes heißt auch **vertikal,** die Richtung der ruhenden Flüssigkeitsfläche heißt **horizontal** oder **waagerecht** (Abb. 114).

Abb. 114. Lot.

Bei kleinen Gefäßen erscheint die Oberfläche der Flüssigkeit **eben.** Bei Seen und Meeren merkt man, daß sie der **Erdform** angepaßt ist (Abb. 17). Sie heißt deswegen auch **Niveaufläche** (Fläche gleicher Höhenlage).

2. Wie prüft man, ob eine Tischfläche waagerecht ist? Man stellt darauf eine **Wasserwaage** (oder Libelle). Die Röhrenlibelle enthält ein — bis auf eine Luftblase — mit Alkohol gefülltes, schwach gekrümmtes Rohr. Die Luftblase sucht jeweils die höchste Lage einzunehmen. Spielt sie auf

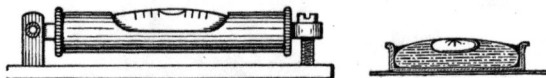

Abb. 115. Röhren- und Dosenlibelle.

eine bestimmte Marke ein, so ist die untere Fläche der Wasserwaage waagerecht.

Eine Ebene ist waagrecht, wenn 2 in ihr liegende sich schneidende Gerade waagrecht sind. Man muß also mit der Röhrenlibelle nach 2 Rich-

tungen ausrichten. Die Dosenlibelle läßt sofort erkennen, ob die Fläche
waagrecht ist. — Die Wasserwaage wird in geeigneter Fassung auch zur
Feststellung der Lotrechten verwendet (Maurerwaage).

**3. Eine Flüssigkeit füllt einen bestimm-
ten Raum aus.** Zweite Grundeigenschaft
der Flüssigkeiten.

Läßt man auf eine eingeschlossene Flüssigkeit z. B. in einer verkorkten Flasche eine
starke Kraft wirken (Abb. 116), so wird sie
nur ganz wenig — praktisch vernachlässig-
bar — zusammengedrückt.

Die Volumänderungen einer Flüssigkeit durch
Pressung gehen nach Entspannung sofort und voll-
ständig zurück. Flüssigkeiten haben vollkommene
Druckelastizität.

Anwendung: Ausmessen von Gefäßen mit einer
Flüssigkeit (§ 3. 2a).

Abb. 116. Druck auf
eine Flüssigkeit.

§ 33. Druckausbreitung.

1. Übt man auf eine allseits eingeschlossene **Flüssigkeit** an einer Stelle einen Druck aus, so pflanzt sich dieser nach
allen Seiten hin gleichmäßig fort (Abb. 116). **Merke:**

> Eine gepreßte **Flüssigkeit** steht unter einer gleichmäßigen
> elastischen **Spannung.**
> Der **Druck** auf jedes cm² ist überall gleich und steht auf
> jedem Flächenstück senkrecht.

Für die Flasche in Abb. 116 ist es so, als ob jede Wandfläche, die so
groß wie der Kork ist, denselben Schlag erhielte; sie wird zertrümmert.

2. Berechnung der Druckfortpflanzung. a) Übt man auf
die Fläche 1 cm² den Druck p aus, so steht **augenblicklich
jedes beliebige cm² der Wandung unter derselben
Pressung** p.

Die Pressung von 1 kg auf 1 cm² heißt 1 Atmosphäre (at).

b) Auf eine **Fläche** F cm² trifft der Druck $P = p \cdot F$

$$1 \text{ at} = 1 \text{ kg/cm}^2; \quad P = p \cdot F \text{ kg}$$

In at mißt man auch die Pressung eines gespannten Gases oder
Dampfes. Steht ein **Dampfkessel** unter einem Druck von 12 at und ist

die Kesseloberfläche 6 m² groß, so ist der ganze auf ihr lastende Dampfdruck 6 · 100 · 100 · 12 = 720 000 kg.

3. Wie mißt man praktisch den Flüssigkeitsdruck? Den
Druck in Wasser- oder Dampfkesseln mißt man technisch mit
einem **Federmanometer** (Abb. 117).

Einrichtung: Das Federmanometer ist eine gebogene Metallröhre
von flachem Querschnitt, die sich durch inneren Überdruck etwas aufbiegt.
Die kleine Verbiegung wirkt, durch Hebel vergrößert, auf einen Zeiger,
der an einer in at geeichten Teilung die Pressung angibt.

Abb. 117.
Röhrenfeder-Manometer.

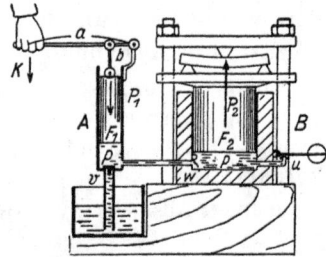

Abb. 118. Hydraulische Presse.
(v = Saugventil, w = Druckventil,
u = Sicherheitsventil, A = Arbeits-
zylinder, B = Druckzylinder.)

4. Die hydraulische Presse (Abb. 118) verwertet die Druck-
vermehrung durch Flüssigkeiten.

a) **Einrichtung.** Sie besteht aus **2 Zylindern A** und **B,**
einem engen und einem weiten, die unten durch ein **Querrohr**
verbunden sind. Dieses Gefäß wird vor dem Gebrauch mit
luftfreiem Wasser oder Öl angefüllt und jeder Zylinder durch
einen beweglichen Stempel verschlossen.

Durch einen Hebel wird auf den kleinen Kolben ein Druck
ausgeübt, der in der Flüssigkeit die Pressung p hervorruft.
Diese wirkt auf den großen Kolben.

Ventile: Am Boden des kleinen Zylinders ist ein **Saugventil v** angebracht, durch das beim Emporziehen des kleinen Stempels Wasser
aus einem Behälter angesaugt wird. Das **Druckventil w** verhindert dabei
das Zurückfließen des Wassers aus dem großen Zylinder. **u** ist ein **Sicherheitsventil,** das sich bei zu großem Druck öffnet.

b) **Berechnung:** Druck am kleinen Kolben $\dfrac{a}{b} \cdot K$.

$$\text{Pressung in der Flüssigkeit } p = \frac{a}{b} \cdot \frac{K}{F}.$$

Druck am großen Kolben $\dfrac{a}{b} \cdot \dfrac{F_2}{F_1} \cdot K$.

Bei einem Wirkungsgrad η erhält man als nutzbare Kraft $\eta \cdot \dfrac{a}{b} \cdot \dfrac{F_2}{F_1} \cdot K$.

$$\boxed{\text{Enddruck } P = \left(\dfrac{a}{b}\right) \cdot \left(\dfrac{F_2}{F_1}\right) \cdot K \cdot \eta}$$

wobei η der Wirkungsgrad (meist 0,8 bis 0,9) ist.

c) **Anwendung** überall da, wo große Drucke erforderlich.

1. Zum **Hub** schwerer Lasten; Hebeböcke für Kraft- und Eisenbahn-wagen, Lastwagenkipper. 2. Zur **Prüfung der Festigkeit** (von Baumaterialien, Ketten, Dampfkesseln). 3. Zum **Pressen** von Stahl-Formstücken, zum **Schmieden** großer Stahlwellen. 4. Zum **Auspressen** von Pflanzen (Oliven, Weintrauben). 5. Zum **Zusammenpressen** lockerer Gegenstände (Baum-wolle, Heu, Papier; Herstellung der Preßkohlen, von Brikett aus losem Eisenschrott).

Aufgaben.

1. **Welcher Druck P** ist durch folgende hydraulische Pressen zu erzielen ($\eta = 0{,}8$)?

$b =$	$a =$	$F_1 =$	$F_2 =$	Kraft $K =$	[Antwort]
1) 7 cm	49 cm	2 cm²	180 cm²	2 kg	[$P = 1008$ kg]
2) 9 cm	36 cm	5 cm²	500 cm²	10 kg	[$P = 3200$ kg]
3) 6 cm	72 cm	$d_1 = 1{,}8$ cm	$d_2 = 36$ cm	50 kg	[$P = 192$ t]
4) 8 cm	72 cm	$d_1 = 1$ cm	$d_2 = 20$ cm	12 kg	[$P = 34560$ kg]

2. In der Technik läßt man zuweilen die ganze Pumpvorrichtung (linker Teil der Abb. 118) weg und schließt das Querrohr an die **Wasser-leitung** an. Wenn diese 4 at Druck zeigt, welchen Druck P kann man damit erzeugen, wenn die Kolbenfläche $F = 200$ cm² groß ist? [Ant-wort: 800 kg.]

§ 34. Druck durch die eigene Schwere.

Vorübung. Öffne den Wasserhahn (Abb. 119) und versuche, das Abflußrohr mit dem Daumen zu verschließen! [Ergebnis: Das Wasser übt (durch sein Gewicht) einen Druck aus.]

1. **Bodendruck** ($\downarrow$) ist der Druck, den eine Flüssigkeit durch ihre Schwere auf den Boden ausübt. Eine h cm

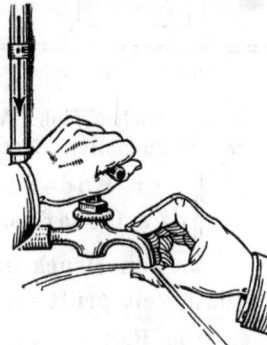

Abb. 119. Wasserdruck.

hohe Säule vom spez. Gewicht γ über 1 cm² Grundfläche wiegt $h \cdot \gamma$ Gramm.

> **Bodendruck ($\downarrow$) auf 1 cm² $= h \cdot \gamma$ Gramm.**

Ein Flächenstück von der Fläche F cm² steht unter dem Gesamtdruck $P = F \cdot h \cdot \gamma$ (F in cm²; h in cm; γ in g/cm³; P in g).

Von besonderer Bedeutung ist der Bodendruck bei Wasser.

> **1 kg/cm² $= 1$ at $= 1000$ cm $= 10$ m Wassersäule (W.S.)**

Für ein **beliebig geformtes Gefäß** fand **Pascal** 1643 den Satz: Der Bodendruck auf eine Fläche F ist so groß, als wenn das Gefäß über F zylindrisch und bis zur gleichen Höhe mit derselben Flüssigkeit gefüllt wäre.

Der Nachweis erfolgt mit dem Pascalschen Apparat (Abb. 120).

Dieser gestattet 3 verschieden geformte Gefäße **A**, **B**, **C** von gleicher Bodenfläche F in einen Halter einzuschrauben und eine Platte **T** als Boden durch einen **Hebel** daranzupressen. — Man muß in alle drei

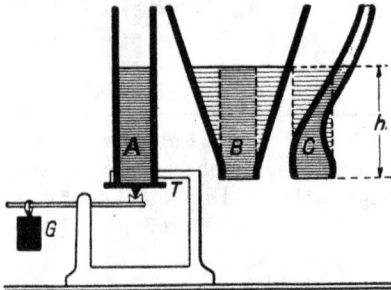

Abb. 120. Pascalscher Apparat.   Abb. 121. Hartlsche Druckdose.

bis zur gleichen Höhe Wasser eingießen, um dem Gegengewicht **G** Gleichgewicht zu halten. **Merke:**

‖ Der Bodendruck ist unabhängig von der Form
‖ des Gefäßes.

2. Den Druck gegen eine schiefe Fläche (Abb. 121) in der Flüssigkeit prüft man mit der Hartlschen Druckdose.

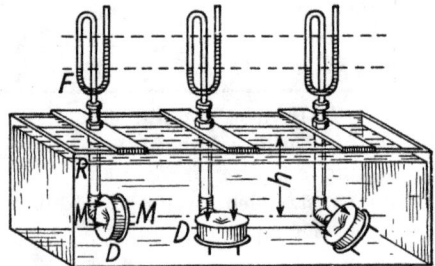

Die **Hartlsche Druckdose D** ist eine Blechbüchse, die auf beiden Seiten durch eine elastische Haut abgeschlossen und mit einem Steigerohr **R** versehen ist. Der Luftinhalt ist oben durch eine Sperrflüssigkeit **F** abgeschlossen.

Versuche: a) Taucht man die Dose in eine Flüssigkeit, so kommt der Flüssigkeitsdruck gegen **M** zur Geltung. Luft wird von **M** nach **R** getrieben; infolgedessen steigt **F**. b) Taucht man **tiefer** ein, so steigt **F** noch höher. c) Führt man die Dose in derselben Höhe hin und her oder dreht man die Dose beliebig in derselben Höhenlage, so ändert sich der Stand der Sperrflüssigkeit nicht. — d) Stelle sie waagrecht! Ergebnis:

‖ Der Druck gegen eine schiefe Fläche ist so groß wie
‖ der **Bodendruck** in gleicher Höhe.

3. Ein **Sonderfall** des schiefen Druckes ist der **Seitendruck** ($\rightarrow$), d. i. der Druck auf ein Stück der seitlichen Gefäßwand.

Ein **Taucher,** der 10, 20, 30 m unter dem Meeresspiegel arbeitet, steht unter einem allseitigen Druck von 1, 2, 3 Atmosphären (Abb. 122). — Am Boden des 4000 m tiefen Weltmeeres beträgt die Pressung auf die dort befindlichen Gegenstände schon 400 at!

‖ Der **Seitendruck** wächst mit der **Ein-**
‖ tauchtiefe.

Abb. 122. Taucher
in 20 m Tiefe.
200 kg/dm²

4. Will man den **Seitendruck auf ein größeres Wandstück** berechnen, so muß man seinen Flächeninhalt mit der Höhe des Flüssigkeitsspiegels über seinem Schwerpunkt vermehren.

Beispiel: Eine Spundwand, 5 m lang, 4 m hoch dämmt eine Baugrube ab. Außerhalb steht das Wasser 20 cm unter der Oberkante der Spundwand. Wie groß ist der Wasserdruck? **Lösung:** Schwerpunkt der wasserberührten Wandfläche 1,9 m unter dem Wasserspiegel. $P = 500$ · 380 cm² · 190 cm · 1 g/cm³ = 36 100 kg oder $p = 1,9/10 = 0,19$ kg/cm²; $P = 190\,000 \cdot 0,19 = 36\,100$ **kg.**

Aufgaben.

1. Im Erdgeschoß eines Hauses werden an einem Hahn der **Wasserleitung** 4,20 at Druck gemessen. Wie groß ist der Druck im 2. Obergeschoß bei einer Geschoßhöhe von 3,6 m an einem Hahn, der 20 cm höher über dem Fußboden liegt als der im Erdgeschoß? [Antwort: 3,66 at.]

2. Das Manometer am Kessel einer **Warmwasserheizung** ist in m W.S. geeicht. Welche Pressung entspricht der Angabe 8,5 m W.S.? Wie groß ist der ganze Innendruck auf **1 m²** der Kesselfläche? [Antwort: 0,85 kg/cm², 8500 kg.]

§ 35. Der Auftrieb (↑).

1. Erfahrung. Taucht man eine leere Flasche in Wasser unter und läßt sie dann los, so schnellt sie sofort wieder in die Höhe (Abb. 123). Wir schließen daraus:

> Die Flasche erfährt beim Eintauchen in Wasser einen **Auftrieb** (= Druck nach oben ↑).

2. Archimedes (222 v. Chr.) beschäftigte sich zuerst mit der **Frage,** wie groß dieser Auftrieb zahlenmäßig ist.

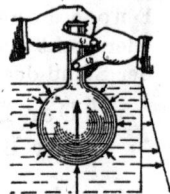
Abb. 123.
Auftrieb.

Versuch (Abb. 124). Man hänge (z. B.) an eine Schnellwaage ein bereits nach cm³ geeichtes Zink- oder Eisenstäbchen und lese sein Gewicht ab! Man tauche es 1 cm³, 2 cm³, 3 cm³ ... in Wasser! [Erg.: Es verliert genau 1 g, 2 g, 3 g ... an Gewicht.] — Tauche es 1 cm³, 2 cm³, 3 cm³ ... tief in Petroleum!

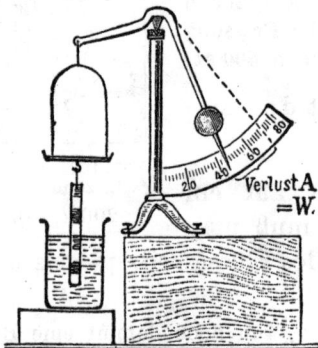

Abb. 124. Größe des Auftriebs.

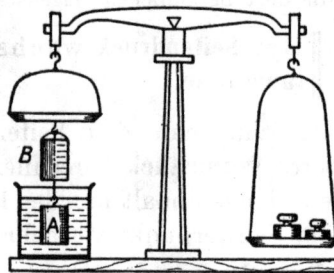

Abb. 125. Auftrieb von
A = Füllung von B.

[Ergebnis: Es verliert 1 × 0,8 g, 2 × 0,8 g, 3 × 0,8 g ... an Gewicht.] — Der Auftrieb eines Körpers ist also groß, wenn er tief eintaucht; klein, wenn er wenig eintaucht.

Damit ergibt sich der **Archimedische Satz. Merke:**

> Der **Auftrieb (Gewichtsverlust)** ist gleich dem Gewichte der verdrängten Flüssigkeitsmenge.

Nachweis mit einem Vollzylinder A, der genau in einen **Hohlzylinder B** paßt (Abb. 125). Man bringe beide zusammen auf die Schale einer Waage und stelle das Gleichgewicht her. Dieses wird gestört, sobald man A in eine Flüssigkeit tauchen läßt; es wird wiederhergestellt, sobald man B vollständig mit derselben Flüssigkeit füllt.

3. Um den Auftrieb wird der eingetauchte Körper leichter.
Aber nach dem Satz »Wirkung = Gegenwirkung« wird die
Flüssigkeit, in die der Körper taucht, um gleichviel **schwerer.**
(Probe mit einer Tafelwaage.)

4. Geschichtliches. Archimedes soll aus Zufall beim Baden
zu seinem Gesetz gekommen sein.

Er sollte im Auftrag seines Vetters, des Königs **Hiero,** dessen Krone
untersuchen, ob sie ganz aus Gold sei. Darüber nachdenkend nahm er
sein gewöhntes Bad. Als er dabei die **Wasserverdrängung** seines Körpers
beobachtete, soll er aufgesprungen sein und sein berühmtes εὕρηκα (ich
hab's gefunden) gerufen haben. Er nahm nun ein der Krone gleiches
Gewicht Gold und Silber und verglich die Wasserverdrängung dieser
drei Körper. Die **Krone** und **ein gleiches Gewicht Gold** müßten als raum-
gleich gleiche Wasserverdrängung haben. Wäre die Krone aus **Silber,** so
nähme sie fast den doppelten Raum ein und hätte die doppelte Wasserverdrängung wie das gleichschwere Goldstück. — Erkläre den im **Deutschen
Museum** in München dargestellten Versuch der Abb. 126!

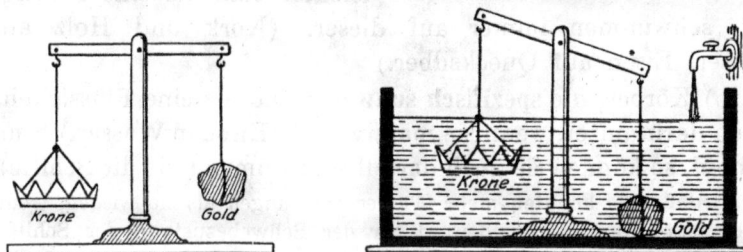

Abb. 126. Archimedes Versuch mit der Krone des Hiero.

5. Wann gibt der Auftrieb das Volumen des Körpers an?
Wenn man den Körper ganz unter Wasser taucht.

‖ Jedem **Gramm Auftrieb (in Wasser) entspricht
1 cm³ Volumen.**

Dient zur raschen Bestimmung des spezifischen Gewichts.

Beispiel: Ein eiserner Schlüssel wiegt in Luft 36 g, in Wasser 31 g.
Wie groß ist sein **spez. Gewicht? Lösung:** Auftrieb 5 g, also hat das
Eisenstück das Volumen **5 cm³.** Daher wiegt **1 cm³** Eisen 36 : 5 = **7,2 g.**
Allgemein:

$$\text{Spez. Gewicht} = \frac{\text{Gewicht des Körpers}}{\text{Gewichtsverlust i. W.}}.$$

§ 36. Schwimmen (↓↑) und Schweben.

1. Man sieht einen Balken schwimmen. Was hat man dabei zu denken? Daß der **Auftrieb** (↑), der ihn trägt, so groß ist wie seine **Schwere** (↓), die ihn nach abwärts zieht. (Schwebezustand!)

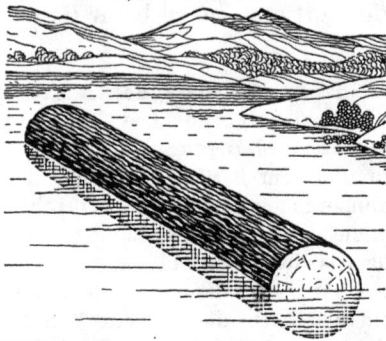

Taucht man ihn tiefer ein, so wird seine Wasserverdrängung und damit sein Auftrieb größer. Daher steigt er beim Loslassen wieder empor bis zur alten Wasserverdrängung. Gleichgewicht herrscht nur, wenn das Gewicht des schwimmenden Körpers gleich ist dem Gewicht der verdrängten Flüssigkeit.

Gewicht (↓) = Auftrieb (↑)

Abb. 127. Beim Schwimmen achte auf die verdrängte Wassermenge!

a) Körper, die **spezifisch leichter** sind als eine Flüssigkeit, schwimmen immer auf dieser. (Kork und Holz auf Wasser, Eisen auf Quecksilber.)

b) Körper, die **spezifisch schwerer** sind als eine Flüssigkeit, gehen darin unter, wenn sie massiv sind. (Eisen in Wasser.) Sind sie hohl, so können sie auch darauf schwimmen (wie die Schiffe).

Grund. Sie könnten mehr Wasser verdrängen als sie wiegen, wenn sie bis zum Rand eintauchen; daher der Schwebezustand der Schiffe.

c) Belastet man ein Schiff mit 1, 2, 3 ... 100 t Last, so sinkt es tiefer ein, und zwar so, daß es nunmehr 1, 2, 3, 100 t Wasser mehr verdrängt.

Beispiel: Ein Schiff hat einen **Deckraum** von 50 m × 16 m. Soll es um 1 dm tiefer ins Wasser sinken, so muß es 50 m × 16 m × 0,1 m = 80 m³ Wasser verdrängen, d. i. um **80 t** = 80 000 kg schwerer werden (= Gewicht von rund **1000 Personen**).

2. In Spiritus sinkt ein Schwimmkörper tiefer ein als in Wasser. (Abb. 128.) Sein Eintauchvolumen ist G/γ, d. h. man teile

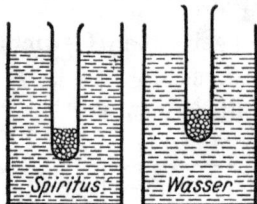

Abb. 128. Eintauchtiefe.

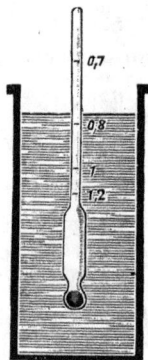

Abb. 129. Senkspindel.

sein Gewicht durch das spezifische Gewicht der Flüssigkeit. (So viele cm³ verdrängt er.)

Wiegt in Abb. 128 das Gläschen 20 g, so verdrängt es beim Schwimmen 20:1 = **20 cm³ Wasser**, 20 : 0,8 = **25 cm³ Spiritus**; denn 20 cm³ Wasser wiegen so viel wie 25 cm³ Spiritus und beide je so viel wie das Gläschen.

Darauf beruht das **Aräometer (Senkspindel**, Abb. 129), mit dem man rasch die Dichte von Flüssigkeiten bestimmen kann. Es ist dies ein zylindrisch geformter **Schwimmer aus Glas**, der unten mit etwas Quecksilber belastet ist, damit er lotrecht in den Flüssigkeiten schwimmt. Im Hals des Senkglases ist eine nach Dichte (= 1 für Wasser bei 4⁰) geeichte Teilung angebracht.

Gebrauch. Sinkt die Spindel in einer Flüssigkeit bis zur Marke 0,79 ein, so hat die untersuchte Flüssigkeit die Dichte 0,79. — Die großen Dichten stehen unten! [Warum?]

Aufgaben.

1. Das aus wasserdichtem Beton hergestellte **Untergeschoß** eines Hauses von 8 m · 10 m Grundfläche steht 1,3 m tief im Grundwasser. Welchen Auftrieb erfährt es? Wieviel m³ Beton (spez. Gew. 2,2 t/m³) werden durch den Auftrieb getragen? [Antwort: 104 t; 47,3 m³.]

2. Was wiegt ein **eisernes kg-Stück** (spez. Gew. 7,2 kg/dm³), das ganz in Wasser untertaucht? [Antwort: 861 g.]

3. Ein 71,5 kg schwerer **Mann** sinkt in Wasser eben ein. Wieviel dm³ verdrängt er? Wie groß ist der Überschuß des Auftriebes über das Gewicht in Meerwasser vom spez. Gew. 1,03 kg/dm³? [Antwort: 71,5 dm³, 2,1 kg.]

4. Ein mit Sand beschwertes **Probierrohr** von 2 cm² Querschnitt wiegt 16 g und ragt in Wasser schwimmend 6 cm aus dem Wasser heraus. In einer anderen Flüssigkeit sinkt es 2 cm tiefer ein. Wie groß ist deren spez. Gew.? [Antwort: 0,8 g/cm³.]

§ 37. Verbundene (kommunizierende) Gefäße.

1. Verbundene Gefäße sind Gefäße oder Röhren, die durch ein **Querrohr** verbunden sind.

‖ Die **Flüssigkeit** steht in den verbundenen Gefäßen ‖ (Schenkeln) **gleich hoch.**

Beispiele und Anwendungen: Kannen mit angesetztem Ausflußrohr. Wasserstandsglas (Abb. 130). Geruchverschluß (Syphon, Abb. 131).

Abb. 130.
Wasserstands-
glas.

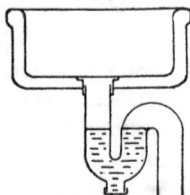

Abb. 131.
Geruchverschluß.

2. Was geschieht, wenn man in die Schenkel zweier kommunizierender Röhren zweierlei Flüssigkeiten einfüllt? Versuch: Man gieße zunächst Wasser ein, dann im einen Schenkel Petroleum nach (Abb. 132). Ergebnis: Das Petroleum steht höher als das Wasser.

Man lege durch die Berührstelle der beiden Flüssigkeiten eine Waagerechte **AB**. Die darunterliegende Flüssigkeit wirkt als Waage. Sie trägt links über 1 cm² eine Flüssigkeitssäule vom Gewicht $h_1 \cdot \gamma_1$, rechts eine Flüssigkeitssäule vom Gewicht $h_2 \cdot \gamma_2$. — Im Gleichgewicht müssen beide Drucke gleich sein, d. h. $h_1 \cdot \gamma_1 = h_2 \cdot \gamma_2$ oder

$h_1 : h_2$	$=$	$\gamma_2 : \gamma_1$
Druckhöhen		spez. Gewichte

d. h. die **Druckhöhen** (gerechnet von der Berührungsstelle) verhalten sich **umgekehrt** wie die spez. Gewichte.

Anwendung: Bei der **Mammutpumpe** (Abb. 133) wird Druckluft von unten her in ein Rohr getrieben, das in der zu hebenden Flüssigkeit steht.

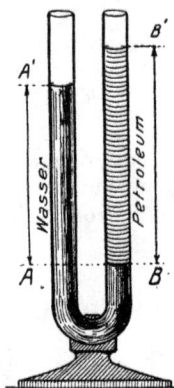

Abb. 132.
Zwei Flüssigkeiten.

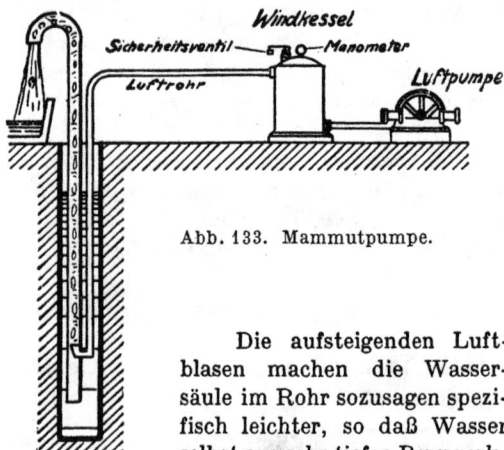

Abb. 133. Mammutpumpe.

Die aufsteigenden Luftblasen machen die Wassersäule im Rohr sozusagen spezifisch leichter, so daß Wasser selbst aus sehr tiefen Bergwerkschächten leicht zutage gefördert werden kann.

Vorteil: Da Ventile fehlen, kann auch schlammiges Wasser gefördert werden, z. B. bei Entwässerung von Baugruben.

§ 38. Oberflächenerscheinungen.

1. Adhäsion. Taucht man ein Fließblatt in Wasser, so haftet beim Herausziehen Wasser daran. Man nennt die **Kraft, mit der Teilchen verschiedener Stoffe aneinander haften, Adhäsion.**

Weitere Versuche. Eine mit Wasser benetzte **Glasplatte** bleibt an einer andern haften (Abb. 134). — Legt man einen **Kupferpfennig** in Quecksilber, so wird er weiß und behält seinen Quecksilberüberzug.

Abb. 134.
Adhäsionsplatten.

a) Der Mörtelbewurf haftet an der Wand. Das Tünchen, Leimen, Malen, Schreiben, Löten beruht auf der Adhäsion.

b) An Teerjacken, Ölpapier, Stearinkerzen läuft das Wasser ab. [Nichtbenetzer.] Eisen nimmt das Quecksilber nicht an.

c) Berührt eine Flüssigkeit einen festen Körper, so breitet sie sich entweder auf ihm aus, sie benetzt, oder der Körper stößt die Flüssigkeit ab, sie benetzt nicht.

2. Eine Flüssigkeitsoberfläche ist nicht durchaus eben. An der Wand eines Glasgefäßes (Abb. 135) zieht sich Wasser in die Höhe, Quecksilber wird abgestoßen. Man erklärt dies dadurch, daß die Kraft des Zusammenhaltes (Kohäsion) größer (abstoßen, nicht benetzen) oder kleiner (aufziehen, benetzen) ist, als die Adhäsion zwischen Wand und Flüssigkeit.

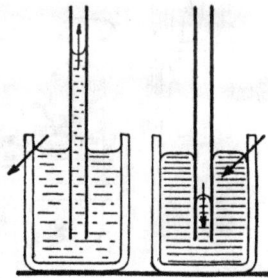

Abb. 135. Rand- und Haarröhrchenwirkung.

3. Haarröhrchenerscheinung. Taucht man ein sehr dünnes Röhrchen a) in Wasser, b) in Quecksilber, so steigt Wasser darin etwas empor (↑), Quecksilber weicht darin etwas zurück (↓) (Abb. 135).

Das Gesetz der verbundenen Gefäße gilt also nicht für enge Röhren.

‖ Das **Emporsteigen** ist um so stärker, je **enger** das ‖ Röhrchen ist.

6*

Auf der Haarröhrchenanziehung beruht das **Aufsteigen des Grundwassers** in den Mauern, was den gefürchteten Mauerschwamm zur Folge hat. (Schutzmaßnahme: Absägen feuchter Gebäude unter Zwischenlegung von Bleiplatten. Abdichten von Grundmauern bei Neubauten durch Asphaltbelag.)

Weitere Beispiele. Man halte den Zipfel des Taschentuches in Wasser! Das Wasser steigt darin auf. — Aufsteigen des Petroleums im Lampendocht; des Pflanzensaftes in den Bäumen.

Bewegte Flüssigkeit.

§ 39. Ausfluß- und Strömungsgeschwindigkeit.

1. Die Geschwindigkeit in Flußläufen oder offenen Gerinnen in verschiedenen Tiefen mißt man mit dem **Woltmannschen Flügel** (Abb. 136).

Dieser ist ein Flügelrad, das mit einem einrückbaren Zählwerk verbunden ist. Mittels einer Stange kann es verschieden tief in einen Fluß gebracht werden.

Die Angabe des Zählwerkes wird mit einem vom Hersteller angegebenen Beiwert auf m/s umgerechnet.

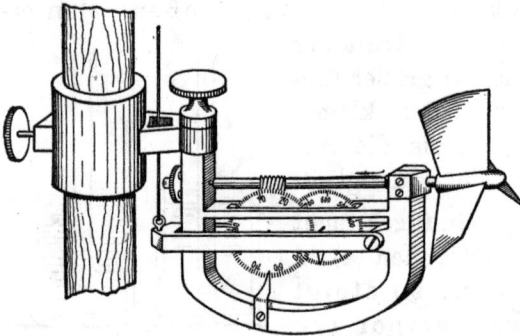

Abb. 136. Woltmannscher Flügel.   Abb. 137. Ausflußgefäß.

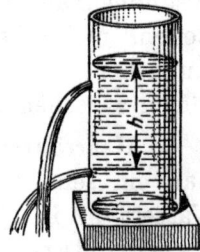

2. Die Ausflußgeschwindigkeit aus einer Gefäßöffnung berechnete als Erster *Torricelli* (1643). Er fand, daß die Ausflußgeschwindigkeit v so groß ist, als ob die Wasserteilchen die Höhe der Flüssigkeitssäule h frei durchfallen hätten. Also

$$v = \sqrt{2gh}.$$

a) Die Richtigkeit des Satzes kann man mit dem Ausflußgefäß Abb. 137 prüfen, indem man die Bahn des Wasserstrahls ausmißt (siehe Beispiel § 20, 2).

b) Bei einem **Springbrunnen** sollte das Wasser theoretisch bis zum Spiegel des Wassers im Wasserbehälter emporsteigen.

Reibung im Rohr, in der Luft und Rückschlag der fallenden Teilchen vermindern aber diese Steighöhe beträchtlich.

3. Die Ausflußmenge aus einer Öffnung vom Querschnitt F sollte $v \cdot F$ cm³/s sein. In Wirklichkeit strömt aus einer Öffnung in dünner Wand nur etwa $2/3$ davon aus, da infolge des Beharrungsvermögens an dem scharfen Rand der Öffnung eine Einschnürung des Strahles auftritt.

|| **Ausflußmenge** $V = 0{,}66 \cdot F \cdot v$.

Für den Ausfluß aus Rohrstutzen und Düsen gilt der Beiwert 0,66 nicht.

4. Beim Durchfluß durch Röhren wird ein Teil der Pressung (h_1 in Abb. 139) zur Überwindung eines Reibungswiderstandes verbraucht.

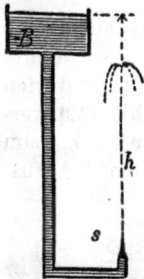

Abb. 138.
Springbrunnen.

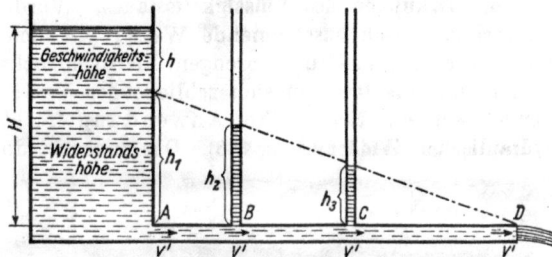

Abb. 139. Strömen in Röhren.

Bei gleichmäßigem, geradem Rohr wächst der Druckabfall verhältnisgleich mit der Länge. Der verbleibende Rest der Pressung (h) bestimmt die Ausflußgeschwindigkeit $v = \sqrt{2gh}$ (Abb. 139).

§ 40. Stoßkraft (Bewegungsenergie) des Wassers.

1. Rückstoß. Läßt man nach Öffnen des Wasserhahnes Wasser durch den Apparat Abb. 140 ausfließen, so übt das unter Beschleunigung ausfließende Wasser nach dem Satz von Wirkung und Gegenwirkung einen Rückstoß aus und das

drehbar gelagerte Rohr
weicht zurück.

Verwendet beim **Seg-
nerschen Wasserrad** (Abb.
141) · und beim Rasen-
sprenger.

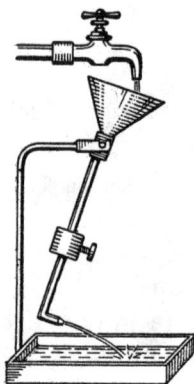
Abb. 140.
Rückstoß.

Abb. 141.
Segnersches Wasserrad.

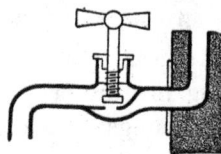
Abb. 142.
Ventilhahn.

2. Staudruck. a) Wird bewegtes Wasser plötzlich auf-
gestaut, so wird seine Bewegungsenergie aufgehoben und
verwandelt sich in eine andere Energieform. Diese besteht
hier in einem erhöhten Druck (Staudruck).

b) **Wirkungen des Flüssigkeitsstaues.** Würde man das aus einem
Wasserhahn rasch ausströmende Wasser plötzlich absperren, so könnte
der Staudruck die Leitung sprengen. In Hochdruckwasserleitungen dürfen
deshalb nur die langsam sich schließenden Ventilhähne (Abb. 142) verwendet werden. Nützliche Anwendung findet der Staudruck beim
hydraulischen Widder (Abb. 143). Das zunächst durch das Ventil A aus-

Abb. 143. Hydraulischer Widder.

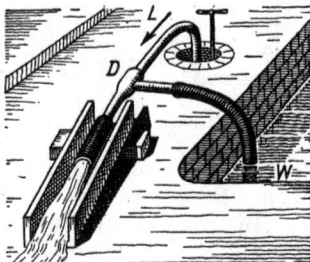
Abb. 144. Saugwirkung.

fließende und in lebhafte Strömung geratende Wasser reißt das Ventil mit
und schließt es plötzlich. Die Bewegungsenergie des gebremsten Wassers
setzt sich in Staudruck um, der das Ventil V öffnet und das Wasser auf
größere Höhe treibt.

3. Saugwirkung (Sog) tritt umgekehrt in einer Flüssigkeit
auf, wenn sie aus einer mit hoher Geschwindigkeit durchlaufenen

Verengung unter Geschwindigkeitsverminderung in einen
größeren Querschnitt übertritt.

Merke: Es gehört zu

Hoher Geschwindigkeit — kleiner Druck.
Geringer Geschwindigkeit — großer Druck.

Verwendet, um Wasser aus einer Baugrube abzusaugen
(Abb. 144) oder um Luft aus einem Raum abzusaugen (Abb. 177).

§ 41. Wasserversorgung.

1. Grundwasser. a) Das in
durchlässigen Bodenschichten
versickernde Niederschlagswasser
bildet über einer undurchlässigen Schicht das Grundwasser. Es fließt dem Gefälle
entsprechend langsam ab und

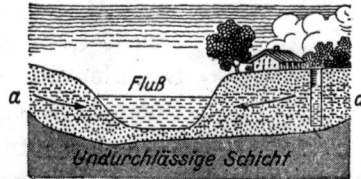

Abb. 145. Grundwasser.

tritt schließlich als **Quelle** oder **Fluß** zutage (Abb. 145).

b) **Artesische (= natürliche) Springbrunnen** (Abb. 146) treten zuweilen auf, wenn man im Erdboden eine Wasserader anbohrt, die zwischen

Abb. 146. Artesischer Brunnen.

zwei **undurchlässigen** Bodenschichten liegt und die von einem höher ge-
legenen Wasserlager (Fluß, See) gespeist wird.

c) **In Gebirgsgegenden** kann das Sickerwasser durch Stollen gesammelt werden. Aus diesen oder aus gefaßten Quellen leitet man es
einem Hochbehälter zu.

2. Vom Hochbehälter aus verzweigt sich das Wasser nach
dem Gesetz der verbundenen Rohre in die Hauptstränge der
Wasserleitung und gelangt in die Haussteigleitungen und
in die letzten Abzweigungen.

Hierbei entspricht einem lotrechten **Aufsteigen um 10 m** eine Druck-
abnahme um **1 at.**. Die Rohrweite hat bei ruhendem Wasser keinen Einfluß.
Wird aber dem Leitungsnetz Wasser entnommen, so
entsteht aus dem Strömungswiderstand ein Druckverlust.

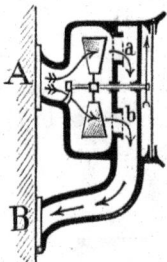

Abb. 147.
Wassermesser.

Der Wassermesser mißt den Wasserver-
brauch in einer Wasserleitung (Abb. 147).

Das durchströmende Wasser bewegt ein kleines
Flügelrad, das mit einem Zählwerk verbunden ist. —
Der Messer ist in m³ geeicht.

3. Erlaubt die Gegend nicht die Anlage
eines Hochbehälters, so wird ein **Wasserturm**
errichtet, in den das dem Grundwasser, einem
See oder einem Fluß entnommene Wasser durch
Pumpen gehoben wird.

4. Einzelverbraucher entnehmen Wasser einem vom Grundwasser gespeisten Brunnenschacht mit einem Pumpbrunnen.
Bei größeren Anlagen (Gutshöfe) werden elektrisch betriebene
Pumpen eingesetzt; der kostspielige Wasserturm wird durch
einen **Windkessel** (Abb. 169) ersetzt.

§ 42. Ausnutzung der Wasserkräfte.

1. Dazu dienen die **Wasserräder** und **Turbinen.**

a) Beim oberschlächtigen Wasserrad (Abb. 148) fließt das
vorher gestaute Wasser von oben in die Zellenschaufeln des Rades.

b) Beim **unterschlächtigen** Wasserrad
(Abb. 149) stößt das Wasser unten an die
Schaufeln des Rades.

Abb. 148. Ober-
schlächtiges Wasserrad.

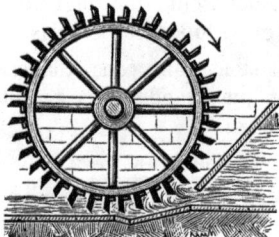

Abb. 149. Unter-
schlächtiges Wasserrad.

Abb. 150. Turbine.

c) Bei der **Vollturbine** (Abb. 150) wird das zuströmende Wasser durch ein feststehendes **Leitrad** gerichtet, und tritt dann in die Kanäle zwischen den Schaufeln des **Laufrades** ein. In diesen wird der Wasserstrom umgelenkt, so daß er aus dem umlaufenden Rad fast ohne Geschwindigkeit austritt und seine Bewegungsenergie an das Laufrad abgegeben hat.

d) Bei der **Francis-Spiralturbine** (Abb. 151) wird das Wasser tangential dem **Laufrad** zugeführt und in diesem so umgelenkt, daß es fast ohne Geschwindigkeit seitlich (in Abb. 151 nach rückwärts) austritt.

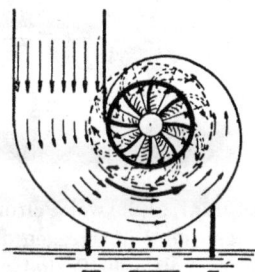

Abb. 151. Francis-Spiralturbine.

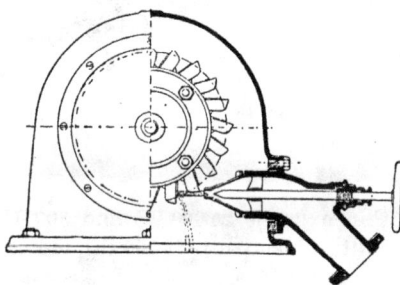

Abb. 152. Pelton-Strahlturbine.

e) Bei der **Pelton-Strahlturbine** (Abb. 152) wird das Wasser durch eine Düse, deren Weite verstellbar ist, gegen ein Rad mit Hohlschaufeln (von 3er-förmigem Querschnitt) gespritzt.

2. Die Leistung eines Wasserrades ist gleich dem Gewicht der **Wassermenge G,** die sekundlich hindurchfließt, mal der **Gefällhöhe h.** (Will man Pferdestärken, so teile man noch durch 75.)

$$\text{Indizierte } \textbf{Pferdestärken } N = \frac{\text{Gewicht } G \times \text{Fallhöhe } h}{75}.$$

Wirkungsgrad $\eta = 0,8$ bis $0,95$; also sehr günstig.

3. Fassung der Wasserkraft im Wasserschloß. Das Wasser eines Flusses wird zunächst vielleicht viele 100 m lang gestaut und von dem am Ende des Stauwerks befindlichen Wasserschloß aus (Abb. 153) durch eine Reihe von Wasserrohrsträngen in die vorgelagerten Turbinen geleitet.

Das **Walchenseewerk** nutzt die 200 m hohe Gefällstufe zwischen Kochel- und Walchensee in Oberbayern aus. Sechs Druckrohre von 2 m Durchmesser, 430 m lang, führen schräg bergab. Vier Francisspiral-

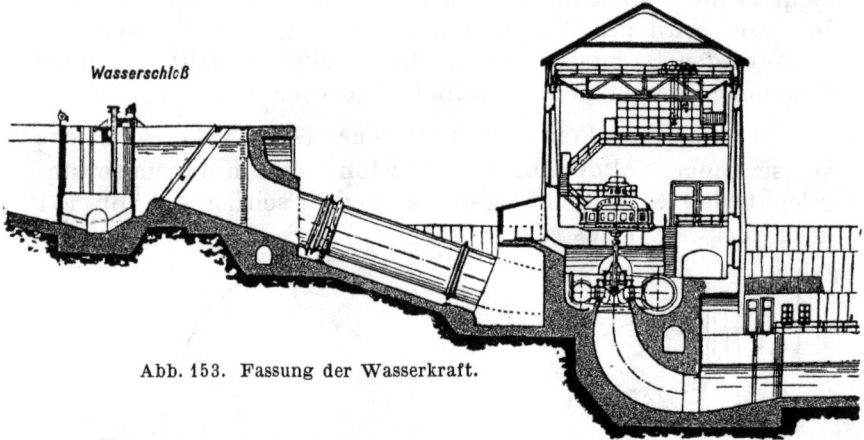

Wasserschloß

Abb. 153. Fassung der Wasserkraft.

turbinen (zu je 24 000 PS und 500 Umdrehungen/min) und zwei Peltonstrahlturbinen (zu je 18 000 PS und 250 Umdrehungen/min) übertragen die gewonnene Energie auf Drehstromerzeuger (6000 Volt, 50 Perioden). Höchstleistung 160 000 PS; größte Betriebswassermenge 60 m³/s.

Verhalten der Gase.

§ 43. Luftgewicht (↓). Gasdruck (⇄).

1. Die Luft nimmt einen Raum ein. Dieses zeigt sich, wenn man ein Becherglas verkehrt in Wasser taucht (Abb. 154). [Ergebnis: Es dringt fast kein Wasser ein.]

Verwendet bei der **Taucherglocke** (Abb. 155), die u. a. dazu dient, Fundamente unter Wasser herauszumauern.

Abb. 154. Raum-erfüllung der Luft.

Während aber feste und flüssige Körper einen bestimmten Raum erfüllen, kann eine Gasmenge jeden Raum in gleichmäßiger Verteilung einnehmen. Der Rauminhalt ist kein eindeutiges Maß für eine Gasmenge.

2. Die Luft hat ein Gewicht (↓).

Versuch. Abb. 156 zeigt, wie man das Gewicht von **2 dm³ Luft** feststellen kann. Man tariere die luftleere Flasche; dann lasse man durch Öffnen des Hahnes Luft einströmen. [Ergebnis: Die Flasche erscheint schwerer (um rund 2,6 g)].

Das Gewicht allein kann als Maß einer Gasmenge dienen. Da aber die Raummessung bequemer

Abb. 155. Taucherglocke.

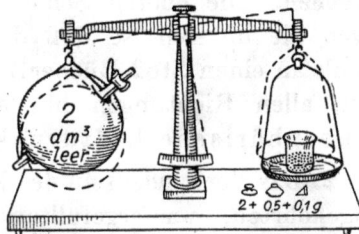

Abb. 156. Gewicht der Luft.

ist, hat man zur Ausmessung von Gasmengen ein **Normal-volumen** eingeführt. **Merke:**

‖ **1 normaler m³ wird gemessen bei 0⁰ und 1,033 kg/cm² Druck.**

3. Als normales spez. Gewicht bezeichnet man das Gewicht von 1 normalem cm³ in g, in der Technik meist von 1 Nm³ in kg (Zahlentafel S. 8).

Beispiel: Was wiegt die **Luft in einem Schulzimmer**, das 9 m lang, 6 m breit, 4 m hoch ist? **Lösung:** 9 · 6 · 4 · 1,3 kg = **280,8 kg** = ~ 6 Zentner.

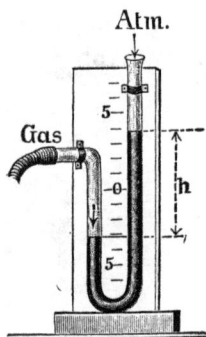

Abb. 157.
Offenes Manometer.

4. Ein abgeschlossenes Gas drückt auf jedes Wandstück gleicher Größe gleich stark. Der Druck steht auf der Wand überall senkrecht. Gaspressungen werden in kg/cm² mit dem Federmanometer gemessen.

Einen kleinen Gasdruck mißt man mit dem **offenen Manometer** (Abb. 157). Dies ist ein **U-förmig gebogenes Rohr**, das in der Biegung Wasser oder Quecksilber enthält.

5. Druck und Gewicht. Die Gase üben durch ihr Gewicht einen Druck aus gleich dem Bodendruck der Flüssigkeiten, nur dem geringeren Gewicht entsprechend kleiner.

Der Gesamtdruck eines eingeschlossenen Gases auf die Wand darf nicht mit dem Gewicht der Gasmenge verwechselt werden.

Beispiel: Eine Sauerstofflasche mit 10,5 dm³ Wasserinhalt enthält bei 150 at Pressung 2 kg Sauerstoff. Der gesamte Innendruck auf die Zylinderfläche beträgt 450000 kg.

§ 44. Luftdruck. Barometer.

1. Die Erde ist von einem Luftmeer (der Atmosphäre) umgeben. Die oberen Schichten drücken durch ihr Gewicht gegen die unteren, so daß der Druck nach unten zunimmt. (Denk an einen Stoß Bücher!) Dieser Druck breitet sich dabei nach allen Richtungen hin aus (⇄). So entsteht der atmosphärische Luftdruck.

2. Das Vorhandensein des Luftdruckes zeigt man mit einem umgekehrten, wassergefüllten Becherglas oder Maßzylinder (Abb. 158).

Versuch. Man fülle diesen mit Wasser, lege zum Abschluß ein Blatt Papier darauf und kehre den Zylinder frei um. [Ergebnis: Das Wasser läuft nicht aus.] Man schließt daraus, daß der Wasserdruck ↓ geringer ist als der von unten her wirkende Luftdruck ↑.

3. Wie mißt man den Luftdruck? a) Der Magdeburger Bürgermeister *Otto von Guericke* benutzte der Reihe nach immer längere Rohre, um den vorigen Versuch auszuführen. Er fand, daß das Wasser erst ausfloß, wenn das Rohr über 10 m hoch war. (Er stellte dabei das Rohr in einen Kübel mit Wasser.)

Abb. 158.
Luftdruck.

Der **Luftdruck** ist gleich dem Druck einer ∼ 10 m hohen Wassersäule, also rund 1 kg/cm².

b) Der Italiener *Torricelli* brauchte (1643) nur eine etwa 80 cm lange Röhre, da er zur Füllung das 13,6 mal so schwere Quecksilber benutzte.

Man füllt die ∼ **80 cm** lange, unten geschlossene Glasröhre mit Quecksilber vollständig an, legt oben den Finger darauf, kehrt sie dann um und stülpt sie verkehrt in eine Schale mit Quecksilber so tief, daß Finger und Mündung von letzterem bedeckt sind.

Nach Entfernung des Fingers sieht man, daß das Quecksilber im Rohr nur wenig sinkt und daß es schließlich **72—76 cm** höher steht als im offenen Gefäße.

Man schließt daraus, daß außen auf das Quecksilber eine Kraft einwirkt, die das Quecksilber im Rohr emportreibt. Dies ist nun der Luftdruck. Die Höhe der Quecksilbersäule mißt den Luftdruck.

Die **Höhe der Quecksilbersäule** nennt man den **Barometerstand,** die Vorrichtung selbst ein **Gefäßbarometer.**

Abb. 159.
Gefäßbarometer.

c) Der **normale Barometerstand (am Meere)** ist **76 cm QS,** d. h. die Luft drückt dort auf jedes cm² so stark wie eine 76 cm hohe Quecksilbersäule. Aus dieser lassen sich 76 cm³ herausschneiden, wovon jedes 13,6 g wiegt. **Merke:**

‖ **Normaler Luftdruck** $= 76 \cdot 13,6\,\mathrm{g} = 1,033\,\mathrm{kg/cm^2}$.

Diesen Druck bezeichnet man als **1 Atm.** Er gilt in der Physik als Einheit der Pressung.

‖ **1 kg/cm²** $= 1\,\mathrm{at}$ entspricht **73,55 cm** Quecksilbersäule **(QS).**

Bei dem geringen Unterschied zwischen 1 Atm. und 1 at können beide oft einander gleichgesetzt werden.

d) Der **Raum über dem Quecksilber** im Barometer ist **luftleer;** er wird Torricellische Leere oder Vakuum genannt.

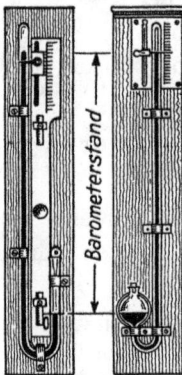

Prüfung des Vakuums. Neigt man die Röhre rasch seitwärts, so hört man das Quecksilber oben **laut** anschlagen. (Ein Luftinhalt würde als Polster wirken und den Schall dämpfen.)

4. Eine andere Form des Quecksilberbarometers ist das **Heberbarometer** (Abb. 160).

Dieses ist eine etwa 1 m hohe, oben zugeschmolzene, unten U-förmig umgebogene Röhre, die mit reinem Quecksilber gefüllt ist.

Abb. 160.
Heberbarometer.

Der Abstand zwischen dem unteren und oberen Quecksilberspiegel gibt den **Barometerstand** an. Er wird meist mit einem verschiebbaren Maßstab gemessen.

5. Metallbarometer können ähnlich wie Federmanometer (Abb. 117) eingerichtet werden. Die verbreitetste Form enthält eine luftleere, aus dünnem Wellblech zusammengelötete Dose **D** (Abb. 161).

Vorgang: Damit die Dose nicht vom Luftdruck zerquetscht wird, ist sie an einer starken Feder **F** befestigt. Bei steigendem Luftdruck wird die Feder zusammengebogen und diese Biegung vergrößert auf den Zeiger **Z** übertragen. Eichung durch Vergleich mit einem Quecksilberbarometer. Eine im Laufe der Zeit mögliche fehlerhafte Angabe wird durch die Schraube **S** berichtigt.

6. Zur selbsttätigen Aufzeichnung des Barometerstandes in **Wetterwarten** benutzt man die sog. **Barographen** (Abb. 162).

Dieses sind Metallbarometer mit mehreren übereinander geschichteten Dosen **D**, die einen hebelartigen Zeiger **Z** bewegen, dessen

Schreibstift S die Höhe des Barometerstandes auf einer Trommel aufzeichnet.

7. Verwendung des Barometers. a) Zur Höhenmessung.
Ursache des atmosphärischen Luftdrucks ist das gewaltige

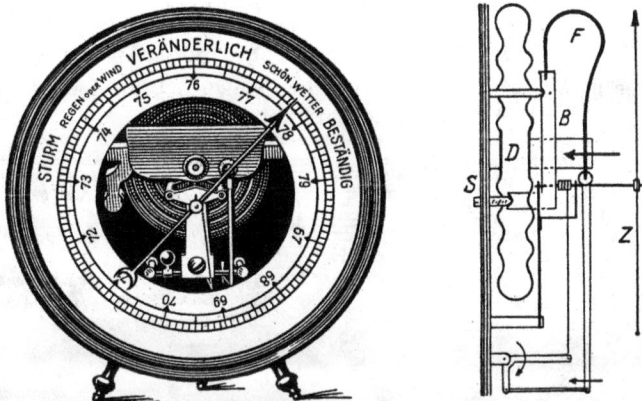

Abb. 161. Metallbarometer.

Gewicht des Luftmeeres, das über uns lastet. (Über jedem cm² ~ 1 kg Gewicht.)

Auf dem Erdboden lastet in **München,** das 520 m über dem Meere liegt, eine um 520 m weniger hohe Luftsäule als am Meere. Daher ist in München der Luftdruck geringer als am Meere. — Am Meerespiegel ist eine ~ 10 m hohe **Luftsäule** so schwer wie eine 1 mm hohe **Quecksilbersäule.**

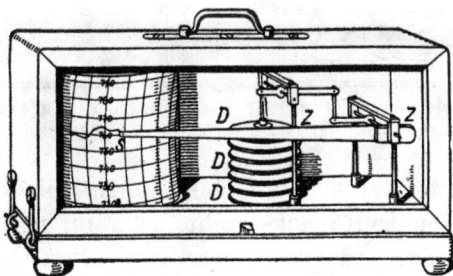

Abb. 162. Barograph.

Abb. 163. Höhenstufe.

In der dünnen Luft in größerer Höhe wird diese Stufe größer; in 3000 m Höhe beträgt sie 15 m. — Höhenmessung ist für die **Luftfahrt** von größter Bedeutung beim Blind- und Nachtflug und bei der Luftbildmessung.

b) Zur **Wettervorhersage**. Dazu werden täglich durch den Wetterdienst die Wetterkarten hergestellt.

In diesen sind jeweils alle Orte, die gleich hohen Barometerstand aufweisen, durch eine Linie verbunden (sog. Isobare = Gleichdrucklinie). Der Luftdruck wird dabei nicht in mm QS, sondern in Millibar (= 10^3 dyn/cm²) gemessen:

76 cm QS = 1013 Millibar (mb); 0,75 mm QS = 1 mb.

Zeige in Abb. 164 die **Isobare** 1010. Welchen Wind haben die Orte, die darauf liegen? **Westwind** schlecht; **Ostwind** gut!

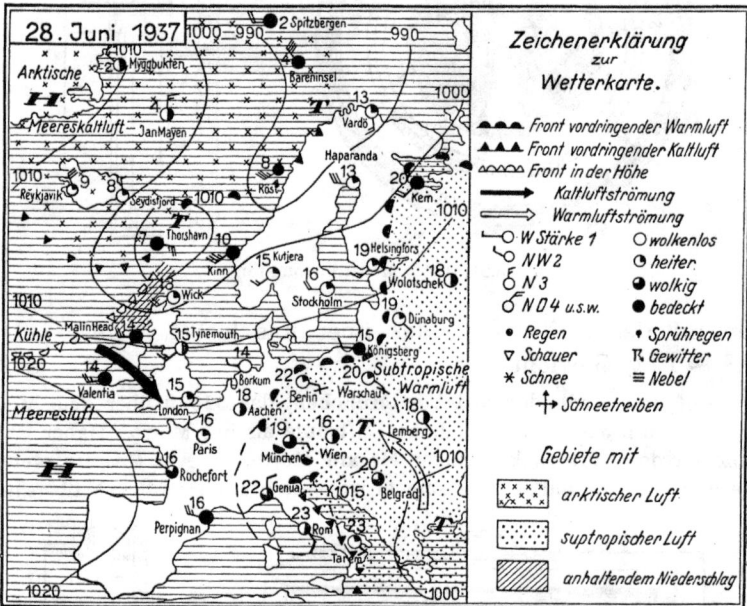

Abb. 164 zeigt die Wetterkarte vom 28. Juni 1937. Der Luftdruck ist nicht in mm Quecksilber, sondern in Millibar (1 mb = ³/₄ mm QS) gegeben.

Da man weiß, daß der **Wind** vom Gebiet hohen Luftdrucks gegen das Gebiet tieferen Luftdrucks weht, so kann man die kommende Windrichtung und Bewölkung voraussagen.

Fallender Barometerstand bringt uns meist Westwind, der sich über dem nahen Atlantischen Ozean reichlich mit Wasserdampf sättigen kann. Bei steigendem Barometerstand hofft man auf trockenen Ostwind und gutes Wetter.

§ 45. Druck eines abgeschlossenen Gases.

**1. Welche Kraft braucht man zum Aufpumpen eines Fahr-
rades?** Zur Lösung dieser Frage benutzt man einen Verdichter
(Kompressor, Abb. 165), d. i. ein Zy-
linder, in dem ein luftdicht schließen-
der Stempel verschoben werden kann.
**Beim Vorschieben des Stempels
steigt der Gasdruck.** Diesen mißt
man mit einem Manometer.

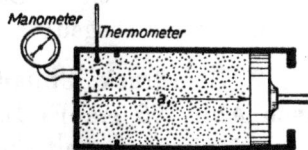

Abb. 165. Verdichter.

Zu jedem Volumen V schreibt man den am Manometer abzulesenden
Gasdruck p. Ein Versuch ergibt z. B. folgende Zahlenpaare:

Volumen	$V_1 = 80$	$V_2 = 40$	$V_3 = 20$
Druck	$p_1 = 1^{at}$	$p_2 = 2^{at}$	$p_3 = 4^{at}$

Bilde $V \times p$! — Die Gesetzmäßigkeit ist hier leicht festzustellen.

Mariotte veröffentlichte **1670** als Erster das nach ihm
benannte Gesetz. **Merke:**

Druck mal Volumen einer Gasmenge ist bei gleichbleibender Temperatur eine feste Zahl oder

$$V \cdot p = \text{konstant},$$ d. h. $$V_1 \cdot p_1 = V_2 \cdot p_2.$$

Folgerungen:

a) **Preßt** man eine Gasmenge auf ½, ⅓, ¼ ... ihres Anfangs-
volumens zusammen, so **steigt ihr Druck** auf das 2-, 3-, 4 ... fache des
Anfangsdruckes.

b) Dehnt man sie umgekehrt auf das 2-, 3-, 4 ... fache Volumen aus
so sinkt ihr Druck wieder auf ½, ⅓, ¼ ... des Anfangsdruckes.

Das Mariottesche Gesetz ist das Elastizitätsgesetz der Gase.
Es gilt für alle Gase; sie haben alle gleiche und vollkommene Elastizität **(Luftreifen).**

c) Teilt man die **Mariottesche Zahl** $V \cdot p$ durch ein vor-
geschriebenes Volumen V, so erhält man den zugehörigen
Druck p.

Teilt man die **Mariottesche Zahl** $V \cdot p$ durch einen vor-
geschriebenen Druck p, so erhält man das zugehörige
Volumen V.

Beispiel: In einer Windbüchse sind 80 cm³ Gas vom Druck **76** cm QS
abgeschlossen. Die **Mariottesche Zahl** ist hier 80 · 76 = **6080.** — Wird

7 Kleiber, Grundriß.

das Volumen auf 20 cm³ vermindert, so ist der zugehörige Druck **6080** : 20 = 304 cm QS (= 304 · 13,6 g/cm²). — Soll der Gasdruck p = 152 cm QS sein, so ist das zugehörige Volumen V = **6080** : 152 = 40 cm³.

d) Die von einem Gas mit der Pressung p kg/cm² auf eine Fläche F cm² ausgeübte Kraft ist $P = p \cdot F$ kg.

2. Überdruck, Unterdruck. Benützt man zu dem Versuch nach Abb. 165 ein **Federmanometer**, so steht sein Zeiger, wenn der Zylinder mit Luft vom Druck der Atmosphäre (≈ 1 at) gefüllt ist, auf 0. Das Federrohr wird von außen und innen gleich stark gedrückt und biegt sich nicht. Erst wenn der Druck im Zylinder **um 1 at gestiegen** ist, also bei einem wahren Druck von **2 at** zeigt das Manometer **1 at** an. **Merke:**

‖ Manometer geben Überdruck (atü) an; zählt man dazu den äußeren Luftdruck, so erhält man den **wahren Druck (ata)**.

Kommt es nicht auf sehr genaue Messung an, so kann man statt des augenblicklichen Barometerstandes rund 1 at einsetzen.

Ist in einem Gefäß der Gasdruck kleiner als der Luftdruck, so wird beim Öffnen eines Hahnes Luft eingesaugt; in dem Gefäß ist ein **Unterdruck (Vakuum)**. Er wird in cm QS angegeben.

In das Mariottesche Gesetz muß der wahre Druck eingesetzt werden.

Übung: Miß mit einem offenen Manometer den **Druck in der Leuchtgasleitung!** Ist h = 5 cm WS = 3,7 mm QS, so ist der wahre Gasdruck [Barometerstand + 3,7] mm.

Aufgaben.

1. In einem **Behälter** befinden sich augenblicklich 6,5 m³ Luft vom Druck 9,6 ata. Welches ist die **Mariottesche Zahl** für den Kessel? a) Auf welches Volumen muß man verdichten, wenn man 13 ata Druck haben will? [Antw.: 4,8 m³.] b) Auf welches Volumen muß man ausdehnen, wenn der Druck auf 5,2 ata sinken soll? [Antw.: 12 m³.] c) Wie groß wird die Gasspannung, wenn man das Gas auf 8 m³ ausdehnt? [Antw.: 7,8 ata.] d) Wenn man das Gas auf 2,4 m³ zusammenpreßt? [Antw.: 26 ata.]

2. Fertige ein selbstgewähltes Beispiel derselben Art!

3. Im **Windkessel** (vgl. Abb. 169) einer Wasserversorgungsanlage befinden sich über dem Wasser 170 dm³ Luft unter 3,2 at Überdruck. Wie groß ist dieser nach Entnahme von 100 dm³ Wasser? [Antwort: 1,64 atü].

§ 46. Wasserförderung.

1. Die **Handspritze** ist ein kurzes, vorn etwas zugespitztes Rohr, in dem ein dicht anschließender Stempel hin und her bewegt werden kann.

Vorgang: Beim Hochziehen entstünde im Rohr ein **luftverdünnter Raum**; in diesen wird das Wasser durch den **Überdruck** der äußeren Luft hineingetrieben.

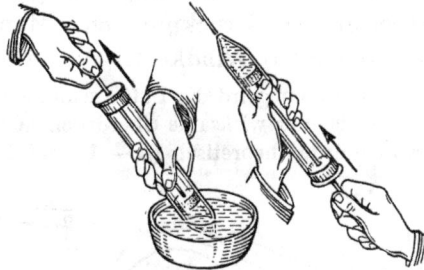

Abb. 166. Handspritze.

2. Bei der **Saugpumpe** (Abb. 167) schafft man durch Emporziehen eines Stempels im **Pumpenstiefel** wieder einen luftverdünnten Raum, in den der äußere Luftdruck unter Hebung des **Saugventils x** Wasser emportreibt.

Einrichtung. Der Kolben ist hier durchbohrt und durch ein Ventil y abgedeckt; Abflußrohr oberhalb des Kolbens.

Vorgang. Beim Niederdrücken des Kolbens schließt sich das Saugventil **x** und es öffnet sich das Kolbenventil **y**. Das im Rohr befindliche Wasser muß nun über den Kolben treten und kommt beim nächsten Hub zum Abfluß.

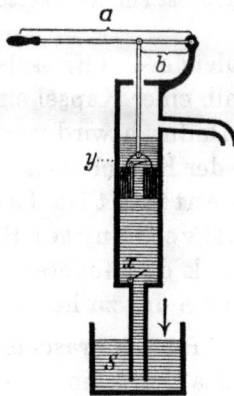

3. Bei der **Druckpumpe** (Abb. 168) ist a) der **Kolben** nicht durchbohrt, b) das Abflußrohr befindet sich **unterhalb** des Kolbens und ist durch ein Druckventil y abgeschlossen.

Abb. 167.
Saugpumpe.

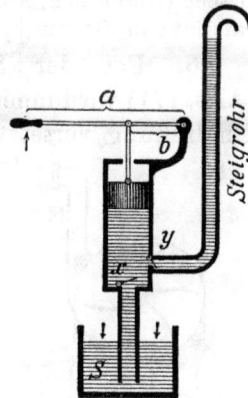

Abb. 168.
Druckpumpe.

Vorgang. a) Beim **Heben** des Kolbens treibt **der Überdruck der äußeren Luft** die Flüssigkeit in den Stiefel unter Hebung des Ventils **x.** b) Beim **Niederpressen** schließt sich das Saug-

7*

ventil **x**; es öffnet sich das Druckventil **y**, und das angesaugte Wasser wird in das Steigrohr gepreßt. c) Beim zweiten Hub schließt sich dagegen das Druckventil **y**, es öffnet sich das Saugventil **x**, und der Vorgang wiederholt sich von Zug zu Zug.

4. Bei der **Feuerspritze** (Abb. 169) stört das stoßweise Arbeiten der Druckpumpen. Man läßt sie deshalb auf einen gemeinsamen Windkessel **W** arbeiten.

In diesem wird die Luft zusammengepreßt. Ist im Kessel der Druck **p** at, so ist der wirksame Überdruck nur noch (p — 1) at und der Wasserstrahl würde theoretisch (p — 1) mal **10 m** hoch getrieben.

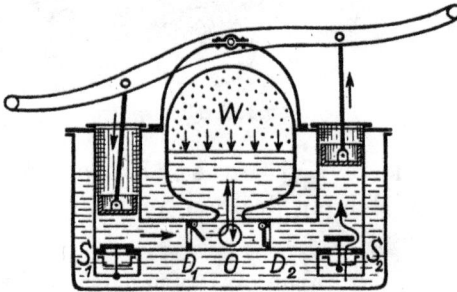

Abb. 169. Feuerspritze.

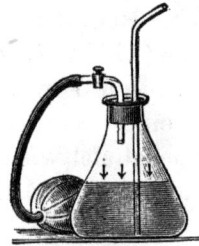

Abb. 170.
Heronsball.

Ein Windkessel findet auch Anwendung beim hydraulischen Widder sowie bei Wasserversorgungsanlagen. — Unter der Bezeichnung Spritzflasche (Heronsball, Abb. 170) ist ein Windkessel kleinster Form im Laboratorium in Gebrauch.

5. Bei der **Schleuder- (Kreisel-, Zentrifugal-)Pumpe** (Abb. 171) wird innerhalb einer Kapsel ein Schaufelrad in rasche Umdrehung versetzt. Dadurch wird vorher eingefülltes Wasser

in der Kapsel nach außen geschleudert, und es entsteht im Innern der Kapsel ein luftverdünnter Raum, in den der Überdruck der äußeren Luft durch das Saugrohr S das zu hebende Wasser treibt.

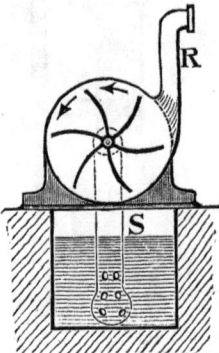

Bei dem raschen Umlauf des Schaufelrades wird in dem Wasser eine hohe Fliehkraft erzeugt, durch die es auf große Höhe gehoben werden kann.

Viel verwendet zum Entwässern von Baugruben bei dauerndem Wasserandrang.

Abb. 171. Kreiselpumpe.

6. a) Der **Stechheber** ist ein **gerades** (unten verengtes) **Rohr,** das man oben mit dem Daumen verschließen kann (Abb. 172.)

Gebrauch. Man tauche den offenen Heber in eine Flüssigkeit ein! [Ergebnis: Sie steigt darin bis zum Flüssigkeitsspiegel empor.] Man schließe nun den Heber oben mit dem Daumen ab und hebe die eingedrungene Flüssigkeitsprobe heraus! [Sie läuft nicht heraus, da von unten her (↑) der äußere Luftdruck entgegenwirkt.]

b) Der **Saugheber** ist ein **Winkelrohr,** das mit dem **kürzeren Schenkel** in eine Flüssigkeit taucht (Abb. 173).

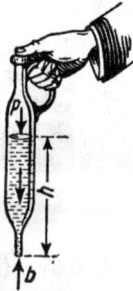

Abb. 172. Stechheber.　　Abb. 173. Saugheber.　　Abb. 174. Spülkasten.

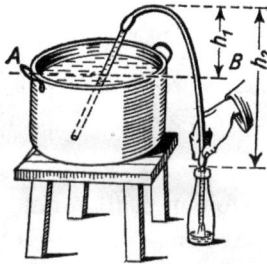

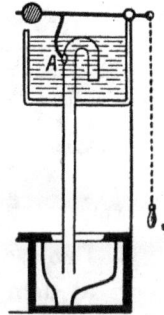

Vorgang: Saugt man am Ende des längeren Schenkels die Flüssigkeit an, so steigt diese, angetrieben durch den Überdruck der äußeren Luft, zunächst empor, überschreitet die Biegung und beginnt dann **dauernd abzufließen,** sobald sie im langen Schenkel außen die Waagrechte **AB** unterschritten hat.

Grund. Die längere Säule h_2 zieht die kürzere h_1 beim Herabfallen nach. Da aber eine Flüssigkeit keine Zugfestigkeit hat, fließt der Heber nur, so lang der Luftdruck die Bildung eines luftleeren Raumes am Knie verhindert (Druck der Säule h_1 kleiner als der Luftdruck).

c) **Die Entleerung der Spülkästen** in Aborten beruht auf der Auslösung einer Heberwirkung (Abb. 174).

Vorgang: Zieh am Griff! Ergebnis: Eine Öffnung A im Fallrohr wird frei; Flüssigkeit stürzt in das Rohr und erzeugt hinter sich durch seine große Fallgeschwindigkeit eine Luftverdünnung, die das Wasser im Spüler über das Heberknie zieht, so daß schließlich der ganze Wasserinhalt des Spülers [auch wenn A schon geschlossen ist] von selbst ablaufen muß.

7. Weitere Vorrichtungen zur Wasserförderung sind die **Mammutpumpe** (S. 74) und die **Wasserstrahlpumpe** (S. 78).

§ 47. Preßluft.

1. Verdichter und Gebläse. Zur Erzeugung eines starken Luftstroms verwendet man Gebläse, zur Erzeugung einer hohen Pressung Verdichter. Sie sind entweder Kolbenmaschinen mit selbsttätigen Ventilen (Abb. 175, erkläre diese!) oder Schleudergebläse.

Abb. 175. Verdichter.

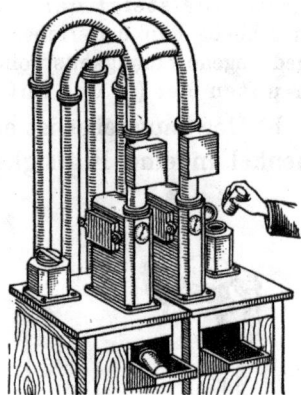

Abb. 176. Rohrpost.

2. Gebläse führen einen Luftstrom zu

    a) dem Hochofen, dem Schmiedefeuer (Feldschmiede),

    b) den Bergwerken (Wetterführung).

        Die Saugwirkung des Gebläses wird verwendet

    c) bei der Staubabsaugung in gewerblichen Betrieben (Holzbearbeitungsmaschinen), beim Staubsauger.

3. Anwendungen der Preßluft. a) bei Preßluftwerkzeugen; im Baufach werden Preßluftmeißel benützt beim Abtragen von Betonbauwerken, im Bergwerk zum Bohren der Sprenglöcher.

    b) Bei der Druckluftbremse zum gleichzeitigen Abbremsen der einzelnen Wagen. Ein Schnellverkehr der Eisen- oder Straßenbahn ist ohne Druckluftbremse nicht durchführbar.

    c) Bei der Beförderung von Briefen, Geschäftspapieren usw. durch Rohrpost (Abb. 176) in großen Betrieben.

§ 48. Die Luftpumpen.

1. Die Wasserluftpumpe (von Bunsen Abb. 177) beruht darauf, daß ein Wasserstrahl, der von einem **engen** Rohr plötzlich in ein **weiteres** Rohr eintritt, eine Saugwirkung ausübt (§ 40, 3) und so in einem mit dem Saugrohr verbundenen Gefäß (genannt **Rezipient**) eine starke Verdünnung der Luft hervorbringt.

Bei Vorhandensein einer Druckwasserleitung viel verwendet, auch im Haushalt zum Absaugen der Luft aus Konservengläsern benützt. Luftverdünnung bis etwa 10 mm QS.

Leitet man das mit Luft beladene Abwasser in einen Behälter, in dem die Luft sich abscheidet, während das Wasser abfließt, so erhält man das **Wassertrommelgebläse,** das wie ein **Blasbalg** wirkt und vielseitige Anwendung findet, z. B. beim Löten.

2. Bei der **Stiefelluftpumpe** (Abb. 178) ist die Luftpumpenglocke (der Rezipient) an den **Pumpenstiefel** angeschlossen, in dem ein luftdicht anschließender Kolben hin und her

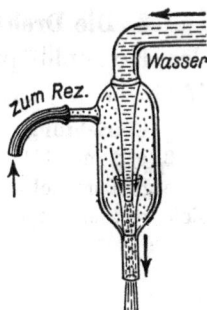

Abb. 177.
Wasserluftpumpe.

geschoben werden kann. Zwischen Rezipient und Stiefel befindet sich ein sog. **Dreiweghahn** mit zwei unabhängigen Bohrungen (einer geraden und einer krummen).

Vorgang. Bei geöffnetem Dreiweghahn (Stellung I) zieht man den Kolben zurück; dann verbreitet sich die Luft im Rezipienten (z. B. 1 dm³) auch noch auf den Stiefel (0,4 dm³), d. h. auf zusammen 1,4 dm³. Verdünnung = 1 : 1,4 = $^5/_7$, d. h. jedes cm³ des Rezipienten enthält nur noch $^5/_7$ der ursprünglichen Luftmenge.

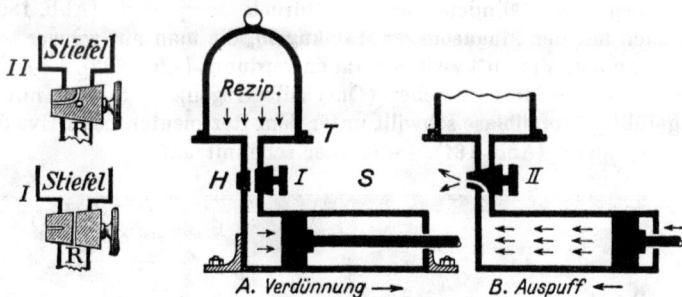

Abb. 178. Hahnluftpumpe.

Durch Drehung des Dreiweghahns um 90⁰ (**Stellung II**) erreicht man zweierlei: a) die verdünnte Luft im Rezipienten wird abgeschlossen, b) Außenluft stürzt durch die krumme Bohrung in den Stiefel, pfeift aber beim Vorschieben des Stempels wieder heraus. Dadurch ist die Anfangsstellung wieder erreicht, und man kann das Pumpen wiederholen, wodurch der Verdünnungsgrad steigt.

3. Die Drehkolben- oder Kapselpumpe ist eine andere Form der Kolbenluftpumpe; sie wird heute am meisten verwendet (Abb. 179).

Einrichtung: In einem Gehäuse dreht sich eine Walze **W,** deren Achse außer dem Mittel liegt. Ein Doppelschieber teilt den Zwischenraum. **a** vergrößert sich bei der Drehung und saugt Luft an, während **c,** später **b** sich verkleinert und dabei die abgesaugte Luft hinausschiebt.

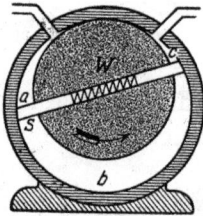

Abb. 179.
Kapselpumpe.

Abb. 180. Die
Gummihaube platzt.

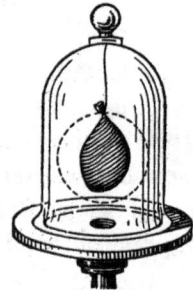

Abb. 181. Die Gummi-
blase schwillt auf.

4. Luftpumpenversuche. Die meisten zeigen die **Gewalt des Luftdrucks** [1 kg auf 1 cm²]:

1. Ein dünnwandiger **Schlauch** wird beim Auspumpen bandförmig zusammengepreßt. — 2. Eine **Gummihaube** auf einem Zylinder wird beim Auspumpen des Zylinders vom Luftdruck zersprengt (Abb. 180). — 3. Versuch mit den **Magdeburger Halbkugeln,** die man nur schwer trennen kann, wenn man die Luft zwischen ihnen verdünnt (Abb. 182). — 4. **Quecksilber** wird durch Holz getrieben (Quecksilberregen). — 5. Eine mit etwas Luft gefüllte **Gummiblase** schwillt unter dem Rezipienten beim Evakuieren (= Pumpen) an (Abb. 181). — 6. Bier schäumt auf.

Abb. 182. Die Magdeburger Halbkugeln auf dem Reichstag zu Regensburg 1654.

5. Geschichtliches. Die Stiefel- oder Hahnluftpumpe wurde vom Magdeburger Bürgermeister *Otto v. Guericke* 1648 erfunden. Seinen berühmten Versuch mit den Magdeburger Halbkugeln, die von 16 Pferden nicht getrennt werden konnten, führte er **1654** auf dem Reichstag zu *Regensburg* vor.

Ursprünglich wollte G. ein Faß leerpumpen; aber unter Pfeifen und Zischen drang Luft hinein. Ein Kupferkessel, den er daraufhin leerpumpen wollte, wurde durch den ungeheuren Luftdruck zerquetscht.

§ 49. Luftauftrieb. Luftschiffahrt.

1. Das **Dasymeter** (Abb. 183) ist eine kleine Waage, die auf der einen Seite einen größeren hohlen Glaskörper G_1, auf der anderen ein kleines Messinggewicht G_2 zur Tarierung aufweist. In der Luft erscheinen beide gleich schwer. Setzt man die Waage unter eine Luftpumpenglocke und entfernt die Luft auch nur teilweise, so erweist sich im Vakuum der Glaskörper als schwerer, da er den größeren **Auftrieb** verliert.

2. Für den Auftrieb in einem Gas gilt der Satz des Archimedes

Auftrieb = Gewicht des verdrängten Gases.

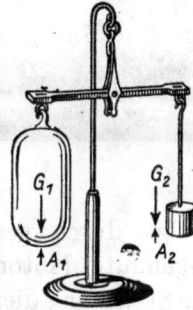

Abb. 183. Dasymeter.

Seifenblasen, gefüllt mit **Leuchtgas**, steigen in Luft empor, weil sie leichter sind als die verdrängte Luft.

3. Der Luftballon wird meist mit Wasserstoffgas gefüllt (dem leichtesten aller Gase). Er ist unten offen, damit sich das Gas bei starker Besonnung ausdehnen kann. (Durch eine Klappe kann man bei Landung auch oben Gas ablassen.) Der Ballon wird getragen vom Auftrieb der Luft (↑).

Beispiel: Ein 1600 m³ großer Ballon verdrängt 1600 · 1,3 kg = 2080 kg Luft (↑). Die 1600 m³ Wasserstoffüllung wiegt nur 1600 · 90 g = 144 kg (↓). Wiegt nun der Ballon samt Gondel **1200 kg**, so verbleibt eine **Steigkraft** von 2080 kg − (144 + 1200) kg

Abb. 184. Kugelballon.

= **736 kg.** Der Ballon kann also gut noch 3—4 Personen samt einigen Ballastsäcken· mit Sand an Bord nehmen.

Die Brüder **Montgolfier,** die 1783 den Luftballon erfanden, benutzten als Füllung erhitzte Luft.

4. Das erste lenkbare Luftschiff wurde 1907 vom Grafen **Zeppelin** erbaut. Die waagerechte Fortbewegung in der Luft

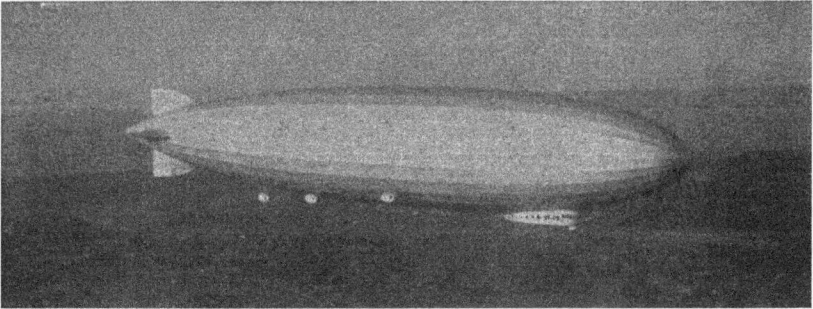

Abb. 185. Das Luftschiff L. Z. 127.

erfolgt durch große Luftschrauben (Propeller), die durch eingebaute Motoren in rasche Umdrehung versetzt werden. Zur Steuerung dienen drehbare Flächen. (Höhen- und Seiten-steuer.)

Das einstige Zeppelin-Luftschiff L.Z. 127 (236 m lang, 30 m breit) trug 60 Personen und 15 t Fracht. Es war in 17 Kammern eingeteilt, die oben das leichte Traggas (H_2), unten das »luftschwere« Triebgas für die 5 Maybachmotoren (je 550 PS) zum Antrieb der Luftschrauben enthielten, die in 5 kleine Gondeln (4 seitwärts, 1 rückwärts) eingebaut waren.

Das Schiff war mit Baumwollstoff bespannt, der zur Reflexion der Sonnenwärme mit glitzerndem Aluminiumpulver überzogen war. Geschw. 110 km/h.

§ 50. Luftfahrt.

1. a) Der Wind übt eine Kraft aus. Das merkt man, wenn man ihm mit aufgespanntem Schirm entgegengeht. Verwertet bei den Segelschiffen und Windrädern (Abb. 186). Winddruck **P** auf **F** m²

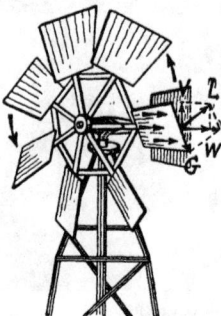

Abb. 186. Windrad.

Fläche $= ^1/_{16} \cdot c \cdot F \cdot v^2$ (kg), wenn v m/s die Windgeschwindigkeit bedeutet. c heißt **Widerstandsbeiwert.**

Es ist gleichgültig, ob sich die Luft gegen die Fläche bewegt oder umgekehrt.

ImBinnenland wurden Winddrucke bis 125 kg/m² beobachtet. Winddruck gegen Dächer und Gerüste.

b) **Die Windgeschwindigkeit** mißt man mit dem **Anemometer** (= Windmesser). Dieses besteht aus dem Robinsonschen Schalenkreuz und einem Zählwerk (Abb. 187).

In den **Wetterkarten** (Abb. 164) gibt man die Windstärke durch gefiederte Pfeile an. Ein Pfeil mit 1, 2, 3, 4, 5 Federn bedeutet Wind von 4, 7, 11, 17, 28 m/s Geschwindigkeit.

Abb. 187. Anemometer.

Tafel 4. **Windstärken** nach Admiral **Beaufort**			
Stärke	1	4	6	9
Geschw. Druck	1—2 m/s 1,6 kg/m²	8 m/s 13,2 kg/m²	12 m/s 30 kg/m²	18 m/s 82 kg/m²
Wirkung	Leichter Zug	Mäßiger W.	Starker W.	Sturm

2. **Bewegung gegen den Wind** verursacht einen Widerstand, dessen Beiwert c davon abhängt, wie der Körper von der Luft umströmt wird.

3. **Stromlinienkörper** ist jene Körperform, die bei der Bewegung keine hemmenden Wirbel nach sich zieht.

Bei dem Stromlinienkörper der Abb. 188 ist zur Berechnung des Widerstandes nicht die Querschnittsfläche Q, sondern nur der „wirksame" (im Windkanal ermittelte) Querschnitt $q = c \cdot Q$ zu verwenden.

4. **Wirbelströmung** entsteht bei der Bewegung eines Körpers, der kein Stromlinienkörper ist (Abb. 189).

Wirbel bedeuten Kraft-(Energie-) Verlust.

Denk an die Kraft, die nötig ist, knatternde Flaggen gegen den Wind zu führen!

Aufgabe.

Wie groß ist der **Winddruck** auf eine Kirchturmkugel von 1 m Durchm. (wirksamer Querschnitt $^1/_3$ des wirklichen) bei einer Windgeschwindigkeit von 15 m/s? [Antwort: 3,67 kg.]

5. Die Druckverteilung in der Luft hängt von der Geschwindigkeitsverteilung ab. Wo die Stromfäden zusammengedrängt werden, muß die Geschwindigkeit wachsen, größere

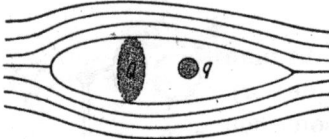

Abb. 188.
Stromlinien.

Abb. 189. Wirbelbildung.

Geschwindigkeit bedeutet aber (wie bei einer strömenden Flüssigkeit, § 40, 3) kleineren Druck, Unterdruck gegenüber der Umgebung, Sog. — **Merke:**

Enge Strömungslinien — Sog, weite Strömungslinien — Stau.

Die Saugwirkung eines Luftstromes zeigt der Versuch mit dem Zerstäuber (Abb. 190). Blase durch **b**! [Ergebnis: Die Flüssigkeit steigt im Rohr **a** hoch.] Die Saugwirkung tritt da auf, wo der Luftstrom am engsten ist, an der Mündung des Rohres **b**.

Abb. 190. Saugwirkung.

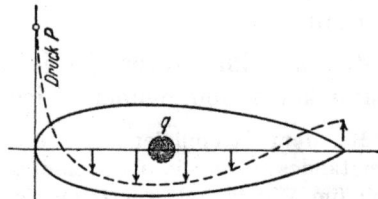

Abb. 191. Stau und Sog.

Die **Feststellung der Strömungs- und Druckverhältnisse** längs der Körperoberfläche ist grundlegend für den Bau von Flugzeugen und schnellen Fahrzeugen. Man baut deshalb große Windkanäle, in denen ganze Flugzeuge Windgeschwindigkeiten von über 100 km/h ausgesetzt werden können. In kleineren Windkanälen verwendet man Modelle. Abb. 191 zeigt den Druckverlauf längs des Stromlinienkörpers der Abb. 188.

Zum Nachweis der Druckverteilung versieht man das betr. Hohlmodell mit verschließbaren Löchern und führt einen Luftstrom dagegen.

Bei Öffnung irgendeiner Stelle entsteht im Innern des Modells Über- oder Unterdruck, den man mit einem Manometer mißt.

6. Der Tragflügel hat im ganzen Stromlinienform. Wird er aber zu steil gegen die Richtung der Vorwärtsbewegung eingestellt, so bilden sich auf der Rückseite Wirbel aus (Abb. 192).

Abb. 192. Wirbel am Tragflügel.

Druck und Sog ergeben sich aus den in Abb. 194 gezeichneten Stromlinien und verteilen sich nach Abb. 193 über den Flügel. Sie liefern die Luftkraft, die nahezu senkrecht am Flügel angreift.

7. Die Kräfte am Flügel halten sich bei gleichmäßigem Geradeausflug das Gleichgewicht.

Die aus der **Luftkraft L** abgeleitete Teilkraft A (**Auftrieb**) trägt das Gewicht des Flugzeuges; gleichzeitig äußert sie sich aber in dem **Widerstand** W, der durch den Vortrieb der Luftschraube überwunden werden muß (Abb. 194).

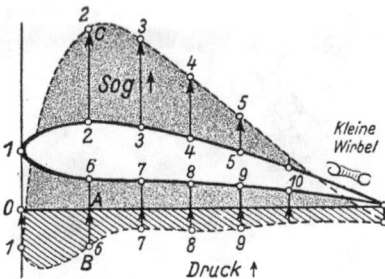

Abb. 193. Verteilung von Druck und Sog.   Abb. 194. Kräfte am Flügel.

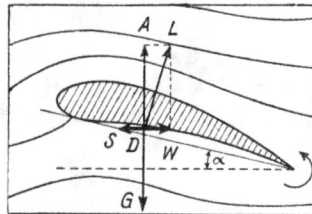

8. Die Kräfteverteilung an der Luftschraube ist der am Flügel ähnlich. Betrachtet man Abb. 194 als Schnitt durch ein Blatt der Luftschraube, so gibt A den von ihr ausgeübten Vortrieb, W ihren Widerstand, der vom Motor überwunden werden muß.

9. Das Flugzeug. Man unterscheidet Eindecker ünd Mehrdecker. Abb. 195 zeigt einen Eindecker.

Abb. 195. Eindecker.

Der schmale fischkörperartige Rumpf birgt den Sitz für den Führer und den Motor, der die Luftschraube bewegt. Mehrmotorige Flugzeuge haben eigene Motorgondeln, die häufig in die Tragflächen eingebaut sind. Auf der Rückseite sind Höhen- und Seitensteuer angebracht.

Diese bilden zusammen das Leitwerk; mit dem Höhensteuer wird der günstigste Anstellwinkel (α in Abb. 194) eingestellt; die Betätigung des Seitensteuers bewirkt den Kurvenflug.

Das Ganze ruht auf einem leichten Fahrgestell.

Wärmelehre.

§ 51. Messung des Wärmegrades.

1. Will man den Wärmegrad in einem Zimmer feststellen, so blickt man auf das Thermometer. Das einfachste ist das **Quecksilberthermometer.** Es besteht aus einem dünnen Rohr [= Thermometerrohr], an das unten ein kleines Gefäß [= Thermometergefäß] angeschmolzen ist. In letzterem befindet sich Quecksilber, das zum Teil auch in das Thermometerrohr hineinragt. Neben dem Thermometerrohr befindet sich die Teilung.

Versuch. Halte das Thermometer in warmes Wasser! [Ergebnis: Das Quecksilber im Rohr steigt!] — Halte es in kaltes Wasser! [Ergebnis: Das Quecksilber geht zurück!]

Quecksilber dehnt sich beim Erwärmen aus, ist also ein gutes Mittel zur Anzeigung des Wärmegrades.

Statt Wärmegrad sagt man auch Temperatur.

2. Wie ist die Teilung des Thermometers gefertigt? Nach zwei ausgezeichneten Wärmegraden: dem Wärmegrad des schmelzenden Eises [= **Eispunkt, E.P.**] und dem Wärmegrad des siedenden Wassers [= **Siedepunkt, S.P.**]. Den ersteren bezeichnen wir mit 0°, den letzteren in der hundertteiligen Skala nach *Celsius* mit 100°. Den Abstand beider Punkte teilt man in 100 gleiche Teile oder Grade ein.

In den englisch sprechenden Ländern ist noch die Teilung nach Fahrenheit in Gebrauch. Umrechnung nach den Angaben der Abb. 196. Die Teilung nach Réaumur ist veraltet.

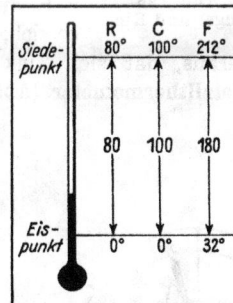

Abb. 196. Thermometer.

Da bei —39° C das Quecksilber gefriert, so benutzt man zur Messung von tieferen Temperaturen Thermometer, die mit Alkohol oder Toluol gefüllt sind.

3. Das Sixthermometer gibt zugleich die höchste und die tiefste Temperatur in einem Zeitraum an. Es ist ein U-förmig umgebogenes Toluolthermometer (A in Abb. 197), dem in der U-Biegung ein Quecksilberfaden **MNP** eingelagert ist. Vor den Enden des Quecksilberfadens befinden sich zwei kleine Stahlstäbchen **a** und **b**.

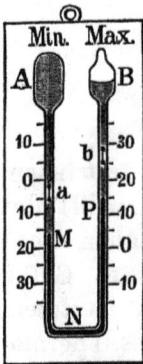

Abb. 197. Six-
Thermometer.

Vorgang: Bei Ausdehnung des Toluols wird **b** vorgeschoben; **a** bleibt liegen. Bei Abkühlung wird **a** verschoben, **b** bleibt liegen. **b** gibt also die höchste, **a** die niedrigste Temperatur an. (Lies diese in Abb. 197 ab!) Durch einen kleinen Magnet bringt man **a** und **b** wieder zum Anschluß an den Quecksilberfaden.

§ 52. Ausdehnung der festen und flüssigen Körper.

1. Wie zeigt man die Ausdehnung fester Körper bei der Erhitzung? Der älteste Versuch ist der mit Kugel und Ring (Abb. 198).

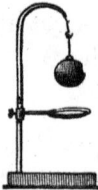

Abb. 198.
Kugel und Ring.

a) **Versuch mit Kugel und Ring** *(Renaldini* 1660*).* Eine Messingkugel, die bei gewöhnlicher Temperatur knapp durch einen Ring geht, vermag dies nicht mehr, wenn man sie genügend erhitzt.

b) **Versuch** mit dem **Doppelstreifen** (Abb. 199). Letzterer besteht aus zwei aufeinandergewalzten Metallstreifen, z. B. aus Zink und Eisen. Erwärmt man ihn, so krümmt er sich, mit dem Zink auf der Außenseite. Man schließt daraus, daß sich Zink stärker ausdehnt als Eisen. — Verwendet beim **Metallthermometer** (Abb. 200); dieses zeigt einen spiralförmigen Doppel-

Abb. 199.
Doppelstreifen.

Abb. 200.
Metallthermometer.

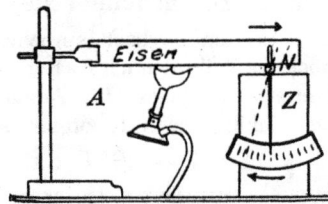

Abb. 201.
Messung der Ausdehnung.

streifen, dessen eines Ende festgemacht ist, indes das freie auf einen Zeiger drückt.

c) **Versuch** mit einem **Eisenstreifen** von ~ 40 cm Länge, der hochkant auf einer Nähnadel N ruht (Abb. 201). Bei Erwärmen dreht sich ein an N befestigter Papierzeiger; aus der Drehung kann man die Ausdehnung messen.

2. Berechnung der Ausdehnung. Merke:

‖ **Ausdehnungszahl α** ist der Bruchteil der Länge eines
‖ Stabes, um den er sich bei 1^0 Erwärmung ausdehnt.

Tafel 5.	Ausdehnungszahlen.
Längenausdehnung	Räumliche Ausdehnung
Glas, Platin 0,000009	Alkohol 0,0011
Eisen 0,000011	Petroleum 0,0010
Kupfer 0,000017	Quecksilber 0,00018
Messing 0,000019	Wasser bei 18^0 . . . 0,00019
Aluminium 0,000024	
Zink, Blei 0,000030	Gase 0,00367

Eine Länge l_1 bei der Temperatur $t^0{}_1$ dehnt sich bei Erwärmung auf $t^0{}_2$, also um $t_2 - t_1$ Grad aus um $\alpha \cdot l_1 \cdot (t_2 - t_1)$ und die neue Länge l_2 wird $l_1 + l_1 \cdot \alpha \cdot (t_2 - t_1)$

Ausdehnungsformel: $l_2 = l_1 \cdot [1 + \alpha \, (t_2 - t_1)]$.

Aufgaben.

1. Um wieviel dehnt sich eine 12 m lange **Eisenbahnschiene** bei einer Temperaturschwankung von 50^0 C aus? (Antwort: Um 6,6 mm.)

2. Der Erdumfang ist 40000 km (Abb. 1). Um wieviel würde sich ein um die Erde gelegter **Messingring** bei 1^0 C Erwärmung ausdehnen? (Antwort: Um 760 m.)

3. Welchen **Spielraum** braucht eine 10 m lange Betonplatte einer Autobahn bei einer Temperaturschwankung zwischen $- 20^0$ und 40^0? (Ausdehnungszahl 0,000012.) (Antwort: 7,2 mm.)

4. Wie groß ist der Ausdehnungsunterschied eines 15 m langen **Zinkblechdaches** (Erwärmung von $- 20^0$ auf 50^0) gegenüber einer Holzunterlage? (Holz Ausdehnungszahl 0,000007, Temperatur zwischen $- 20^0$ und 30^0.) (Antwort: 26,3 mm.)

3. Spannungen treten beim Erwärmen auf, wenn zwei miteinander verbundene Körper mit verschiedener A.-Z. gleich stark oder zwei Körper mit gleicher A.-Z. verschieden stark erwärmt werden. Die Spannungen können so groß werden, daß der Körper oder die Verbindung zerreißt.

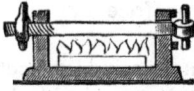

Abb. 202.
Stab und Bolzen.

Versuch mit Stahlstab und Bolzen (Abb. 202). Bei Erwärmung des Stahlstabes kann man die an seinem Ende angebrachte Schraube stärker anziehen (Zeichen der Ausdehnung). Kühlt sich dann der Stab ab, so zersprengt er den vorgelagerten gußeisernen Bolzen.

4. Nutzanwendung im täglichen Leben.

a) Die **Längenänderung** ist zu berücksichtigen beim Bau von eisernen Brücken, beim Legen von Eisenbahnschienen.

b) Die **Biegung von Doppelstreifen** oder die Zeigerbewegung eines Metallthermometers (Abb. 200) kann gut zum Schließen oder Öffnen eines elektrischen Stromes verwendet werden. Anwendungen: selbsttätige Feuermelder, Temperaturregelung, z. B. bei elektrischen Wärmespeichern.

c) Die **große Kraft,** mit der sich erhitzte Körper bei der Abkühlung zusammenziehen, findet vielfach Verwendung. Man zieht Reife glühend um Kanonenrohre, um die Grundbauten der Leuchttürme, um Wagenräder. Man verbolzt glühend gemachte Eisenbalken zwischen Mauern weiter Hallen, die auseinander zu weichen drohen.

Abb. 203.
Ausgleichsbogen.

Andererseits sind Wärmespannungen bei Dampf- und Warmwasserleitungen abzufangen durch federnde Teile (Abb. 203). Solche Rohre können auch bei Durchführungen durch Mauerwerk nicht dauernd fest mit diesem verbunden werden. — Fensterbleche oder Blechdächer aus Zink (A.-Z.!) werfen sich in der Sonnenstrahlung.

5. Wie zeigt man die Ausdehnung von Flüssigkeiten?

Man erwärmt in einem thermometerähnlichen Glasgefäß die Flüssigkeit. Aus der **Erwärmung** und dem **Anstieg der Flüssigkeit** im Rohr kann man dann die Ausdehnung feststellen (Abb. 204).

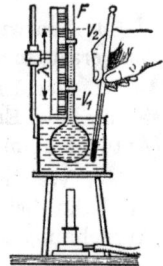

Abb. 204.
Ausdehnung
der Flüssigkeit.

a) Die **Raumausdehnungszahl des Petroleums** ist 1000 Milliontel heißt: 1 dm³ Petroleum dehnt sich bei 1⁰ Erwärmung um 1000 Milliontel dm³ = 1000 mm³ = 1 cm³ aus.

6. Bei der **geringen Zusammendrückbarkeit** der Flüssigkeiten (§ 32, 3) treten in eingeschlossenen Flüssigkeiten bei Erwärmung starke Spannungen auf. Über abgeschlossenen Flüssigkeiten muß deshalb ein nachgiebiger Luftraum gelassen werden. — Bei der Warmwasserheizung ist ein Ausdehnungsgefäß vorzusehen.

7. Das spez. Gewicht einer Flüssigkeit nimmt durch Erwärmen ab.

Erwärmt man ein mit Flüssigkeit vollständig gefülltes und mit einer Spitze versehenes Glasfläschchen (Abb. 205), so fließt ein Teil der Flüssigkeit aus. Da das Volumen des Fläschchens gleich bleibt (abgesehen von einer geringfügigen Ausdehnung), das Gewicht der Flüssigkeit aber kleiner wurde hat sich das spez. Gewicht G/V verringert. — So läßt sich eine genaue Bestimmung der Ausdehnungszahl auf Wägung zurückführen.

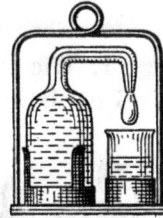
Abb. 205.
Änderung des spez. Gew.

Die Änderung des spez. Gewichtes verursacht **Strömungen** in einer Flüssigkeit in Gefäßen oder Rohren (Warmwasserheizung, Abb. 212, 213; Wasserrohrkessel, Abb. 249; Kühler des Kraftwagens).

8. Die Raumausdehnung des Wassers ist unregelmäßig: Von 0⁰ bis 4⁰ erwärmt, zieht sich das Wasser zusammen; erst von 4⁰ ab dehnt es sich aus. Merke:

Bei 4⁰ C hat Wasser seinen kleinsten Rauminhalt, damit das größte spez. Gewicht. Dieses nimmt man deshalb als Einheit des spez. Gewichtes.

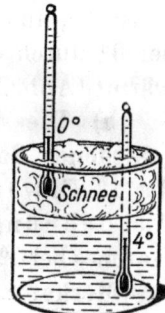
Abb. 206.
Wasser bei 4⁰.

Versuch: Man bringe Schnee auf Wasser (Abb. 206); nach einiger Zeit ist am Boden des Gefäßes Wasser von 4⁰, oben Wasser von 0⁰, ein Zeichen, daß das 4-grädige Wasser spezifisch schwerer als das 0-grädige ist.

Auch oberhalb von 4⁰ ist die Ausdehnung des Wassers ungleichmäßig. Das erkennt man am besten am spez. Gewicht γ; der Rauminhalt für 1 kg ist $1/\gamma$ dm³.

Tafel 6.	Spez. Gewicht des Wassers in kg/dm³.						
bei 4⁰	15⁰	20⁰	25⁰	40⁰	60⁰	80⁰	100⁰
1,0000	0,9991	0,9982	0,9971	0,9929	0,9822	0,9710	0,9566 kg/dm³

Beispiel: Der Wasserinhalt einer kleinen **Warmwasserheizung** ist 500 dm³. Wieviel dm³ muß das Ausdehnungsgefäß haben bei einer Erwärmung von 15⁰ auf 80⁰? **Lösung:** Rauminhalt von 1 kg bei 15⁰ 1:0,9991 = 1,0009 dm³, bei 80⁰ 1:0,9710 = 1,0299 dm³; 500:x = 1,0009:1,0299; x = 514,5 dm³. **Ausdehnung 14,5 dm³.** Die geringe Erweiterung des Kessels usw. bei Erwärmung ist nicht gerechnet.

8*

§ 53. Ausdehnung der Gase.

1. Wie zeigt man die Ausdehnung der Gase? Man erhitze die Luft in einer Flasche (Abb. 206), die mit einem angesetzten Steigrohr in gefärbtes Wasser taucht. [Ergebnis: Luft quirlt aus der Flasche.]

Abb. 207. Aus-dehnung der Luft.

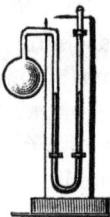

Abb. 208. Thermoskop.

Das **Thermoskop** (Abb. 208) dient zum Nachweis geringer Erwärmungen. Nimmt man die Glaskugel in die warme Hand, so weicht die Flüssigkeit im U-Rohr zurück.

2. a) Die Ausdehnung der Gase kann man messen, wenn man ein Glasrohr, in dem ein Gasraum (gemessen durch seine Länge l) bei 0^0 durch einen Quecksilbertropfen abgeschlossen wurde, erwärmt (Abb. 209).

b) Die Messungen an verschiedenen Gasen haben ergeben: Je 1^0 Erwärmung gibt eine Ausdehnung um $1/_{273}$ des Raumes bei 0^0 (V_0 bei der Länge l_0).

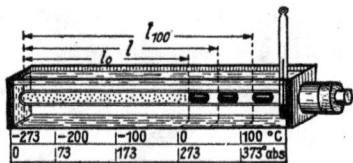

Abb. 209. Gasthermometer.

Merke:

‖ Jedes Gas dehnt sich bei je 1^0 C Erwärmung um $1/_{273}$
‖ $= 0,00366$ seines **Eispunktvolumens** aus.

Eispunktvolumen ist das Volumen bei 0^0 C.

Das Ausdehnungsgesetz erhält die einfachste Form durch eine neue Zählung der Temperatur:

Neue Zählung. Man bezeichnet 0^0 C (E.P.) mit 273^0 **absolut**; 1^0 C mit 274^0 abs.; 2^0 C mit 275^0 abs.; 100^0 C mit 373^0 abs. So erhält man eine neue Temperaturangabe, die man als absolute Temperatur (T) bezeichnet.

Merke:

‖ Die **absolute Temperatur** ergibt sich, wenn man zur
‖ Celsiustemperatur **273** Grad dazuzählt. Die Länge
‖ eines Grades bleibt gleich; S.P. — E.P. $= 100^0$.

3. Gesetz von Gay-Lussac. Betrachten wir die Ausdehnung eines Gases im Gasthermometer, so folgt sofort:

Das Volumen eines Gases ist bei gleichbleibendem
Druck verhältnisgleich der absoluten Temperatur.

$$V_1 : V_2 = T_1 : T_2$$

Man kann also das Gasvolumen bei jeder Temperatur leicht voraus-
berechnen. **Beispiel:** Bei 200° abs. sei das Volumen 800 cm³, wie groß
ist es bei 300° abs.? **Lösung:**

Bei 200° abs. ist das Volumen 800 cm³

» 1° abs. » » » 800 : 200 = 4 cm³

» 300° abs. » » » 300 · 4 = 1200 cm³.

Hierbei muß der Druck auf dem Gas gleich bleiben.

**4. Wie muß man rechnen, wenn wir das Gas nicht nur er-
wärmen, sondern auch seinen Druck verändern?** Wir wenden das
Gay-Lussacsche und das Mariottesche Gesetz nacheinander an:

a) Gegeben sei der Rauminhalt V_1 einer unter dem Druck p_1 abgeschlossenen Gasmenge bei T^0_1 abs.

b) Bei Erwärmung auf T^0_2 und bei gleichem Druck p_1 vergrößert sich
der Rauminhalt auf V'

$$V_1 : V' = T_1 : T_2; \quad V' = V_1 \cdot T_2/T_1.$$

c) Bei T^0_2 und Änderung des Druckes von p_1 in p_2 wird der Rauminhalt V_2;

$$V' : V_2 = p_2 : p_1; \quad V_1 \cdot T_2/T_1 : V_2 = p_2 : p_1; \quad V_2 = p_1 \cdot V_1 \cdot T_2/p_2 \cdot T_1$$

oder allgemein

d) $\boxed{\text{Gasgesetz 1} \quad p_1 V_1 T_2 = p_2 V_2 T_1}$

Damit läßt sich eine der 6 Größen p_1, V_1, T_1, p_2, V_2, T_2 berechnen,
wenn die 5 anderen bekannt sind.

5. Wie berechnet man das Gewicht einer Gasmenge? Dazu
verwendet man das Normalvolumen V_0 von 1 kg des Gases,
also bei $p_0 = 76$ cm QS und $T_0 = 273°$.

a) $p_0 \cdot V_0 \cdot T = p \cdot V \cdot T_0; \quad p \cdot V = \dfrac{p_0 \cdot V_0}{T_0} \cdot T.$

Statt V_0 findet man in den Zahlentafeln gewöhnlich das
normale spez. Gewicht γ_0; es muß in kg/m³ angegeben werden;
den Druck mißt man in kg/m²: 76 cm QS = 1,033 kg/cm²
= 10330 kg/m². Damit erhält man

$$\frac{p_0 \cdot V_0}{T_0} = \frac{10330 \, \text{kg/m}^2}{\gamma_0 \, \text{kg/m}^3 \cdot 273 \, \text{Grad}} = \frac{10330 \, \text{m}}{273 \cdot \gamma_0 \, \text{Grad}} \, .$$

Diese jedem Gas eigentümliche Zahl nennt man die Gaskonstante **R.**

Beispiel: Gaskonstante von Luft, $R = 10330/273 \cdot 1{,}293 = 29{,}26.$ Für andere Gase ist R leicht aus einer Tafel der spez. Gewichte zu berechnen.

Das Gasgesetz erhält damit die Form $p \cdot V = R \cdot T$ für 1 kg oder für G kg

$$\boxed{\text{Gasgesetz 2} \quad \boldsymbol{p \cdot V = G \cdot R \cdot T}} \, .$$

Die Drucke sind immer aus Überdruck oder Unterdruck auf **abs. Druck** umzurechnen! Die Maßeinheiten sind kg/m² für p, m³ für V, kg für G.

Beispiel 1: Bei 27^0 C (= 300^0 abs. T.) und 72 cm Druck habe eine **Gasmenge** das Volumen 900 cm³; wie groß wäre ihr Volumen bei 87^0 C (= 360^0 abs. T.) und 60 cm Druck?

Lösung: $V_2 = p_1 \cdot V_1 \cdot T_2/p_2 \cdot T_1 = 72 \cdot 900 \cdot 360/60 \cdot 300 = $ **1296 cm³.**

Beispiel 2: Wie groß ist das **Normalvolumen** dieser Gasmenge?

Lösung: $V_0 = p \cdot V \cdot T_0/p_0 \cdot T = 72 \cdot 900 \cdot 273/76 \cdot 300 = $ **776 cm³.**

Beispiel 3: In einem **Verdichter** (Abb. 165) befinden sich 6 m³ Luft von 300^0 abs. (= 27^0 C); das Manometer zeige 5 atü Druck.

Man erhitze den Verdichter auf 47^0 C (= 320^0 abs.) und verkleinere die 6 m³ auf 4 m³. Wie groß ist dann der Enddruck p?

Lösung: $p_1 = 5 + 1 = 6$ ata; $V_1 = 6$ m³, $T_1 = 300^0$, $V_2 = 4$ m³, $_2 = 320^0$; $p_2 = 9{,}6$ ata $= 8{,}6$ atü.

Aufgaben.

1. Wieviel kg wiegt die **Luft in einem Saal** von 20 m Länge, 12 m Breite und 8 m Höhe bei 72 cm Barometerstand und 18^0? [Antwort: 2208 kg.]

2. Um wieviel kg ist die **Rauchgassäule** ($\gamma_0 = 1{,}3$ kg/m³) in einem Kamin von 0,12 m² Querschnitt und 15 m Höhe bei einem Druck von 75 cm QS und bei 100^0 leichter als eine gleiche Luftsäule bei gleichem Druck und 25^0? (Antwort: Luftsäule 2,106 kg; Gaskonstante des Rauchgases 29,11; Rauchgassäule 1,691 kg; Unterschied 0,415 kg.)

§ 54. Wärmeströmungen.

1. In Flüssigkeiten und Gasen treten Strömungen ein, wenn man sie **einseitig** erwärmt.

Abb. 210.
Strömungen.

Grund: Die erwärmten Teilchen sind spezifisch leichter als die umgebenden kälteren und steigen demgemäß in die Höhe. Oben kühlen sie sich dann ab und sinken wieder zurück (Kreislauf, Zirkulation).

a) **Wasserströmungen** kann man sichtbar machen, indem man zerriebenes Fließpapier (oder Grieß) in das Wasser bringt (Abb. 210).

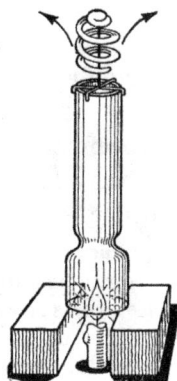

Abb. 211.
Kaminzug.

b) **Luftströmungen** weist man am einfachsten mit der Flamme nach.

Versuch: Man bringe eine Kerzenflamme in den Türspalt! [Unten geht kalte Luft herein, oben warme hinaus.] — Windrädchen in Ventilatoröffnungen. Tanzende Papierspirale (Abb. 211).

2. a) Bei der **Warmwasserheizung** (Abb. 212) steigt das im Heizkessel erhitzte Wasser im Steigrohr bis zum Dachgeschoß auf und gibt in den zwischen Steigrohr und Fallrohr eingebauten Heizkörpern Wärme ab. Dabei wird es spezifisch schwerer und sinkt im Fallrohr wieder in den Kessel zurück. Am höchsten Punkt ist das Ausdehnungsgefäß angebracht.

b) Das Kühlwasser eines Kraftwagenmotors wird durch den Gewichtsunterschied zwischen der warmen und der kalten Wassersäule in Umlauf gebracht. Vgl. Abb. 213.

Beispiel: Das **Ausdehnungsgefäß** der Warmwasserheizung (Aufgabe S. 69) befindet sich 8,5 m über dem

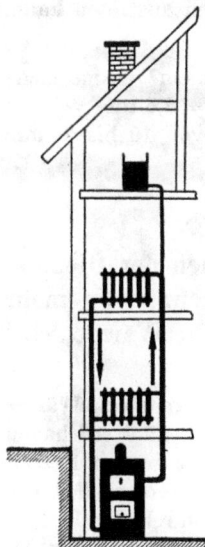

Abb. 212. Warmwasserheizung.

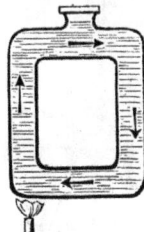

Abb. 213.
Wasserumlauf.

Kessel. Wieviel cm WS beträgt der Druckunterschied der Wassersäulen bei 60° im Steigrohr (p_1) und 25° im Fallrohr (p_2)?

Lösung: $p_1 = \gamma_1 \cdot h = 850\ \text{cm} \cdot 0,9822\ \text{g/cm}^3 = 834,9\ \text{g/cm}^2$; $p_2 = 850 \cdot 0,9971 = 847,5\ \text{g/cm}^2$. **Unterschied 12,6 g/cm² = 126 mm WS.**

3. Welche Bedeutung hat der Kamin? Im Kamin steigen die heißen leichten Verbrennungsgase in die Höhe, so daß von unten her immer neue sauerstoffreiche Luft (die allein das Verbrennen ermöglicht) nachströmen kann. Ein wärmedichter Kamin schützt die aufsteigende warme Luft vor vorzeitiger Abkühlung und dadurch vor Rückfall.

Vorgang: a) Im **Sommer** ist zuweilen der obere Teil des Kamins so warm und die oben enthaltene Luft so dünn, daß die Rauchgase dagegen schwerer erscheinen. Letztere bleiben dann im Kamin stecken; der Kamin zieht nicht, der Ofen qualmt (Rückzug).

b) Ist der **Schornstein sehr kalt,** so sinkt die darin enthaltene schwere Luft bei schwachem Anheizen im Kamin herab, und es entsteht wieder Rückzug. (Zum Behelf zündet man im Kaminrohr Papier an.)

Auch bei **Entlüftungsschächten** in großen Gebäuden kann bei einseitiger Erwärmung (Sonnenbestrahlung) verkehrte Luftbewegung eintreten. (Sicherung durch künstlichen Zug, besonders bei Abzügen für schädliche Gase.)

c) **Gemeinsame Kamine** haben den Nachteil, daß beim Anfeuern im einen Stockwerk Rauch in den anderen Stockwerken austreten kann.

Beispiel: Wieviel mm WS beträgt der Kaminzug in Aufgabe 2 S. 110? **Lösung:** Gew.-Unterschied der Gassäulen bei 1200 cm² Grundfläche 415 g. **Druckunterschied 415 g/1200 cm² = 0,346 g/cm² = 3,5 mm WS.**

Große Kesselheizungen brauchen einen Zug von 10 bis 30 mm WS (hoher Kamin, höhere Rauchgastemperatur).

§ 55. Heizung. Wärmemenge.

1. Zur Heizung der Räume bedient man sich der Öfen, in welchen man z. B. **Kohlen verbrennt.** Je mehr Kohlen man verbrennt, desto mehr Wärme wird erzeugt.

Abb. 214. Begriff der Kalorie.

2. Wie wird die von einer Feuerung gelieferte Wärme gemessen? Die glühenden Kohlen in einem Herd haben dieselbe Temperatur wie die in einer großen Kesselfeuerung. Sie liefern aber eine verschiedene Menge von Wärme. Diese kann also nicht durch die Temperatur angegeben werden. Man kann sie durch die **Erwärmung** einer Wassermenge messen (Abb. 214).

3. Als Wärme-Einheit gilt die Wärmemenge, die 1 kg Wasser um 1° erwärmt.

Diese Wärmeeinheit nennt man eine **Kilo-Kalorie (kcal)**, den tausendsten Teil hievon eine kleine Kalorie (cal). **Merke:**

|| 1 kleine Kalorie erwärmt 1 g Wasser um 1° C (cal)
|| 1 Kilo-   »   »   1 kg   »   » 1° C (kcal).

Beispiele: Erhitzt man 1 kg Wasser um 1° C, so hat es 1 kcal auf-genommen. Erhitzt man es um 25° C, so hat es 25 kcal aufgenommen. — Erhitzt man in einem Dampfkessel 2000 kg Wasser von 21° auf 81°, so hat es 2000 · 60 = 120 000 kcal aufgenommen. — Man gebe selbst solche Beispiele an!

4. Verbrennungswärme verschiedener Stoffe. Verbrennt man von verschiedenen Stoffen je 1 g in einer sog. Verbren-nungsbombe, die in einem Gefäß mit Wasser steht, so nimmt das Wasser die abgegebene Wärme auf und man kann diese berechnen.

Man rechnet bei festen und flüssigen Brennstoffen auf **1 kg,** bei Gasen auf **1 normalen m³** um.

Tafel 7.	Heizwerte.
Steinkohle . . 6000—8000 kcal/kg	Petroleum, Öle . . 10 000 kcal/kg
Braunkohle . 2000—6000 »	Spiritus . . . . . 5800 »
Holz, Torf . . 2000—4000 »	Stadtgas . . . . . 4 000 kcal/m³

5. Welche Wärmemenge erhält man durch einen Ofen? Nur ein Teil der in der Feuerung erzeugten Wärme wird nach außen (an die Zimmerluft, das Kesselwasser) abgegeben. Ein anderer Teil entweicht mit den Abgasen.

Man kann als Wirkungsgrad annehmen bei einem einfachen Eisen-ofen 55—60%, Füllofen 70%, guten Kachelofen 75—80%, einem Heizungs-kessel 75—80%, einem großen Dampfkessel 85—95%, Gasbadeofen über 90%. Ein für Meßzwecke eingerichteter kleiner Durchlauferhitzer, der **alle** vom Heizgas gelieferte **Wärmemenge** an Wasser **abgibt,** dient zur Messung des Heizwertes von Gasen (Junkers-Kalorimeter).

Beim Bunsenbrenner (Abb. 215) und beim Gaskocher wird das Gas durch seitliche Luftlöcher mit Luft gemischt. Dann brennt die Flamme sehr heiß mit schwach bläulicher Färbung. Ist die Luft abgesperrt, so rußt die Flamme und ist hell leuchtend wegen der glühenden un-verbrannten Kohlenteilchen.

6. Die Gasuhr mißt den Gasverbrauch.

a) **Der nasse Gasmesser** (Abb. 216) enthält in einem halb-hoch mit Wasser gefüllten Gehäuse ein 4teiliges Schaufelrad mit Kastenschaufeln.

Abb. 215. Bunsenbrenner.

Abb. 216. Nasser Gasmesser.

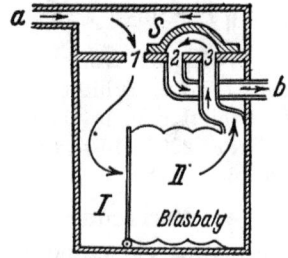

Abb. 217. Trockener Gasmesser.

Vorgang: Das durch **a** einströmende Gas treibt die jeweils darüber-stehende Schaufel hoch; erst wenn diese voll aus dem Wasser taucht, kann ihr Gasinhalt bei **ab** abströmen. Die Umdrehungen der Trommel werden durch ein Zählwerk angegeben.

b) Beim **trockenen Gasmesser** (Abb. 217) wird ein Blas-balg ruckweise mit Gas gefüllt und darauf entleert.

Durch **a** tritt das Gas ein und preßt den gefüllten Blasbalg zu-sammen; dessen Inhalt entleert sich unter dem Schieber S, der die Öff-nungen 2 und 3 überdeckt, gegen **b**. Ist dies geschehen, so stellt sich der Schieber so, daß er die Öffnungen 1 und 2 überdeckt. Dann tritt das Gas durch 3 in den Blasbalg und das Gas im Raum I entleert sich über 1 und 2 gegen **b**.

Die Messung geschieht bei dem Druck (Luftdruck + Überdruck, dieser 60—90 mm WS) und der Temperatur des Raumes, in dem der Gasmesser steht. Man wird ihn nicht an einem besonders warmen Ort aufstellen

Aufgabe.

Was kostet die Herstellung von 250 dm³ **Badewasser** von 32° aus Leitungswasser von 10° mit einem Gasbadeofen, der einen Wirkungsgrad von 94% hat; Stadtgas 0,20 RM/m³? (Antwort: 29,3 Pfg.)

§ 56. Spezifische Wärme.

1. Die spez. **Wärme des Quecksilbers** ist 0,03 heißt: 1 kg Quecksilber braucht zur Erwärmung um 1° C nur 0,03 kcal oder 1 kg Quecksilber wird durch Aufnahme einer ganzen kcal schon um **33° C erhitzt.**

‖ **Merke: Spezifische Wärme** ist die Wärme, die **1 kg** eines Stoffes um **1°** erwärmt.

Tafel 8.	Mittlere spez. Wärme (0°—100°)	kcal/kg · Grad
Eisen, Stahl 0,115	Steine, Sand, Glas,	
Kupfer 0,092	Asche 0,2	
Messing 0,093	Öle . . . . .0,45...0,48	
Quecksilber 0,035	Glyzerin 0,58	
Blei 0,030	Wasser 1,00	

Da die spez. Wärme des Wassers nicht bei allen Temperaturen 1,00 ist, gilt bei genauen Messungen als Einheit der Wärmemenge diejenige, die 1 kg Wasser von $14\frac{1}{2}°$ auf $15\frac{1}{2}°$ erwärmt.

2. Die Verschiedenheit der spezifischen Wärmen zeigt man leicht durch einen Schmelzversuch (Abb. 218).

Versuch: Man setzt drei gleich schwere und gleich hoch (in einem Wasserbad) erhitzte Kugeln aus Eisen, Blei und Messing auf eine dünne Wachsscheibe. Eisen durchschmilzt die Scheibe schnell, die Messingkugel langsamer, die Bleikugel bleibt stecken. Was folgt daraus?

3. Berechnung einer Wärmemenge. Kühlt sich eine eiserne Herdplatte von 63 kg Gewicht um 50° ab, so hat sie abgegeben 63 · 50 · **0,11** kcal = 347 kcal. **Merke:**

Abb. 218.
Spez. Wärme.

‖ **Wärmemenge Q** = Gewicht × Erwärmung × **spez. Wärme.**

Aufgaben.

Welche Wärmemenge (gerechnet über 0°) besitzt:

1. Eine **Wärmeflasche,** die 2 kg Wasser von 50° enthält? (Antwort: 100 kcal.)
2. Ein **Sandsäckchen,** das 1,5 kg Sand von 120° enthält? (Antwort: 36 kcal.)
3. Ein **Dampfkessel,** der 12 m³ Wasser von 144° enthält? (Antwort: 1 728 000 kcal.)

4. Bestimmung der spez. Wärme eines Eisenstücks. Stelle zunächst in einem Kalorimeter (Abb. 219) 100 Gramm **Wasser** von Zimmertemperatur (diese sei **19⁰ C**) bereit. Dann erhitze ein eisernes 100-g-Stück im Dampf siedenden Wassers auf 100⁰. — Bring schließlich das heiße **Eisen** in das Wasser des Kalorimeters (rühre um!) und bestimme die Mischungstemperatur. Diese sei 27⁰ C. Dann ergibt sich folgende Rechnung:

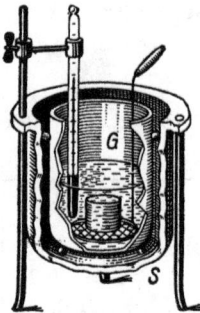

a) Die **100 g Wasser** im Kalorimeter haben sich um 8⁰ erwärmt, also haben sie $100 \cdot 8 = 800$ kleine Kalorien aufgenommen. — b) Diese 800 cal hat das 100 g schwere Eisenstück abgegeben, indem es sich um **73⁰** abkühlte. Auf je 1 g Eisen und je 1⁰ Abkühlung entfällt also die Wärmemenge $800 \text{ cal} : (100 \cdot 73) = 0{,}11$ cal ($\sim \frac{1}{9}$ cal).

Abb. 219.
Kalorimeter.

5. Auch die Luft hat eine spez. Wärme. Für 1 kg beträgt sie 0,241 kcal/kg. Für praktische Rechnung ist die Beziehung auf 1 m³ zweckmäßiger, wobei der m³ meist bei 15⁰ und 1 at gemessen wird. Bei diesem Zustand ist die spez. Wärme 0,286 kcal/m³.

Beispiel: Wieviel kcal sind nötig, um die **Luft des Saales** in der Aufgabe S. 110 von 8⁰ auf 20⁰ zu erwärmen? **Lösung:** Bei annähernder Rechnung kann das dort für 18⁰ berechnete Gewicht der Luft verwendet werden. Dann ist $Q = 1920 \text{ m}^3 \cdot (12 \cdot 0{,}286) \text{ kcal/m}^3 = 6590$ kcal. Mit dem Gewicht von 2208 kg erhält man $Q = 2208 \text{ kg} \cdot (12 \cdot 0{,}241) \text{ kcal/kg} = 6376$ kcal.

6. Wärmespeicherung. a) **Wasser** hat von allen Körpern die größte spez. Wärme. Es eignet sich deshalb besonders zur Wärmespeicherung (Ausnützung von Abwärme, von billigem elektrischem Nachtstrom).

b) Auch Steine (Ziegel, Ofenkacheln) eignen sich als Wärmespeicher (Kachelofen, mit Nachtstrom beheizte elektrische Zimmeröfen).

c) **Das Wasser der Meere wirkt als Wärmespeicher.** Tagsüber erwärmt sich das Land schneller als das Meer. (Es hat nur $\frac{1}{5}$ der spez. Wärme des Wassers.) Daher entsteht über dem Land ein aufsteigender Luftstrom (Abb. 220), der von der See her ersetzt wird **(Seewind).** Nachts weht der Wind umgekehrt

(Landwind), da sich das Land rascher abkühlt als das Meer. (Küstenklima, mild, feucht, luftbewegt.)

Infolge der Wärmespeicherung des Wassers haben Länder am Meer niemals einen schroffen Wechsel von kalt und warm bei Tag und Nacht, sondern ein mildes, luftbewegtes feuchtes Klima (**Seeklima**) im Gegensatz zu Orten, die mitten in einem Kon-

Abb. 220. Seewind.

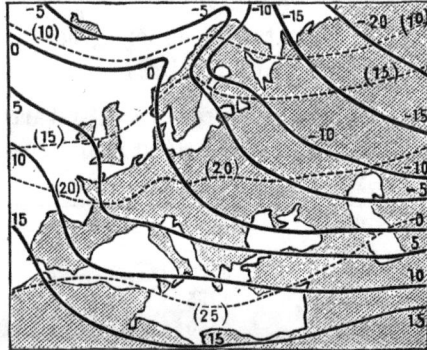

Abb. 221. Sommer- und Wintertemperatur.

tinent liegen (**Kontinentalklima:** nach Einbruch der Nacht plötzlich kalt, Sommer drückend heiß, Winter sehr kalt). — Den schroffen Temperaturwechsel im Kontinent zeigt uns auch die Karte (Abb. 221) der mittleren **Sommer-** (dünne Linien) und **Wintertemperaturen** (dicke Linien).

§ 57. Schmelzen, Schmelzwärme.

1. Versuch: Man setze ein 80° C heißes eisernes kg-Stück auf einen Eisblock! (Ergebnis: **Es kühlt sich rasch auf 0° ab und gibt dabei** $1000 \cdot 80 \cdot 0{,}11$ cal $= 8800$ cal **ab.**) Man tupfe das gebildete Schmelzwasser mit einem Schwamm ab und bestimme dessen Gewichtszunahme! (Ergebnis: **110 g Schmelzwasser.**) Es sind demnach 110 g Eis geschmolzen; 1 g Eis verbrauchte also beim Schmelzen 8800 cal : 110 = 80 cal. **Merke:**

Abb. 222. Schmelzwärme.

> **Schmelzwärme eines Stoffes** ist die Wärmemenge, die **1 kg** des betreffenden Stoffes schmilzt.
> **1 kg Eis** (von 0°) **braucht zum Schmelzen 80 kcal.**

2. Eis kann nicht über 0° erwärmt werden.

Führt man 1 kg kaltem Eis (spez. W. 0,5 kcal/kg · grd) Wärme zu, so steigt seine Temperatur für je 0,5 kcal um 1° bis zur Höchsttemperatur von 0°. Führt man nun weitere Wärme zu, so schmilzt dafür das Eis, aber seine Temperatur steigt nicht im geringsten; sie bleibt 0°. (Das entstehende Schmelzwasser hat 0°.) **Merke:**

‖ Beim Schmelzen bleibt die Temperatur fest (Schmelz-
‖ punkt).

3. Kühlt man einen geschmolzenen Körper wieder ab, so **erstarrt** er genau beim Schmelzpunkt.

Beim **Gefrieren** (= Erstarren) wird die **Schmelzwärme** wieder abgegeben (Erstarrungswärme).

Tafel 9.	**Schmelz- (= Erstarrungs-) Temperaturen.**	
Wolfram . . . 3400°	Silber . . . . . 960°	Woodsches Metall 67°
Platin . . . . 1755°	Email . . . . . 960°	Kautschuk . . 125°
Porzellan . . . 1550°	Messing . . . . 950°	Wachs . . . . 64°
Eisen, rein . . 1505°	Aluminium . . 657°	Paraffin . . . . 54°
Flußeisen . . . 1470°	Zink . . . . . 419°	Stearin . . . . 50°
Stahl . . . 13—1400°	Blei . . . . . . 327°	Wasser (Eis) 0°
Gußeisen,graues 1200°	Kadmium . . . 321°	Glyzerin . . . .—20°
» weißes 1130°	Wismut . . . . 269°	Quecksilber . —39,4°
Kupfer . . . . 1083°	Zinn . . . . . 232°	Ammoniak . .—75°
Gold . . . . . 1064°	Weichlot . . . 180°	Kohlensäure . .—79°

‖ Erstarrungspunkt = Schmelzpunkt.

4. Der Übergang vom festen in den flüssigen Zustand und umgekehrt ist bei Metallen und kristallinischen Körpern **schroff**; bei anderen Körpern (Harzen, Wachs, Paraffin, Fett) tritt ein teigiger Zwischenzustand ein.

Kohle, Graphit und reiner Ton erweisen sich bis jetzt als unschmelzbar. Aus ihnen verfertigt man daher die Schmelztiegel.

5. Der Schmelzpunkt kann erniedrigt werden. a) Reines **Eisen** schmilzt erst bei 1500°. Durch Aufnahme von Kohlenstoff im Hochofen schmilzt es schon bei 1200°.

b) **Ton** ist unschmelzbar. Durch Zusatz von mehr oder weniger Quarz, Kalk, Feldspat und Metalloxyden (= Flußmitteln) kann man Gemische von sehr verschiedenen Schmelzgraden (600°—1800°) erzielen. Darauf beruhen die Segerkegel.

c) Der Schmelzpunkt des **Quarzes** liegt bei 2000°. Eine Verbindung von Quarz (Kieselsäure) mit Kalzium und Natrium gibt das gewöhnliche leichter schmelzbare **Glas.**

Die **Segerkegel** (Abb. 223) sind eine Reihe von 6 cm hohen Pyramiden aus Glasurgemischen (Feldspat, Quarz, Kaolin, Kalk), die so hergestellt sind, daß jeder folgende bei einer höheren Temperatur schmilzt. Man umfaßt

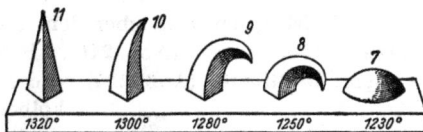

Abb. 223. Segerkegel.

damit Temperaturen von 600° bis 1800° C. (Aluminium- bis Platinschmelze.) Sie dienen zur ungefähren Bestimmung von Temperaturen in technischen Öfen. Die genauer anzeigenden **elektrischen Pyrometer** sind meist Thermoelemente (§ 110).

d) **Legierungen** schmelzen leichter als ihre Bestandteile.

Das **Weichlot** (Blei und Zinn) schmilzt schon bei ∼ 180°. (Zinn erst bei 232°, Blei bei 327°.) Das **Woodsche Metall** (4 Bi + 2 Pb + 1 Sn + 1 Cd) schmilzt schon im heißen Wasser, bei 67°.

6. Eis schmilzt durch Beimengung von **Salz** und erniedrigt dabei seine Temperatur unter 0° (= Kältemischung). Das entstehende Salzwasser hat einen Gefrierpunkt unter Null.

Reinigen gefrorener Fensterscheiben durch Salz; Entfernen des Schnees von Straßenbahngleisen. »Auftauen« eingefrorener Deckel von Hydranten, Versitzgruben im Winter (mit Kochsalz bis —20°, Chlorkalzium oder Chlormagnesium bis — 40°). — Eine Kältemischung aus 3 Teilen gestoßenem Eis + 1 Teil Kochsalz gibt — 20° C. — Meerwasser von 4% Salzgehalt gefriert erst bei — 10°.

§ 58. Sieden.

1. Was ist der Dampf?

Versuch: Erhitze Wasser in einem Gefäß immer mehr! (Ergebnis: Seine Temperatur steigt auf 100° C und bleibt dann stehen (Siedepunkt), bis kein Wasser mehr im Gefäß ist.) Das verschwindende Wasser hat sich in Dampf verwandelt.

‖ Der **Dampf** ist ein unsichtbarer gasartiger Körper.

An jenen Stellen der Gefäßwand, die zuerst die Temperatur 100° aufweisen, bilden sich in schneller Folge Dampfblasen, die durch ihr Aufsteigen im Wasser das Brodeln veranlassen. — **Dampfblasen** sind Hohlräume, gefüllt mit Dampf.

2. Man halte einen kalten Deckel in den Dampf! Er be-schlägt sich mit Wassertröpfchen. Diese Rückverwandlung des Dampfes in Flüssigkeit nennt man **Kondensation.**

Der **Nebel,** den man über dem Dampfgefäß sieht, ist bereits wieder kondensiertes Wasser (Abb. 210). Behauche eine kalte Fensterscheibe! — Beim **Destillieren** (Abb. 224) wird eine Flüssigkeit in einem Destillier-kolben verdampft, der Dampf in ein zweites Gefäß geleitet, das stark gekühlt wird. In letzterem kondensiert sich der Dampf wieder. Durch dieses Verfahren kann eine Flüssigkeit von Verunreinigungen (Salz, Zucker, Kalk) getrennt werden. Petroleum oder Naturöl wird dadurch in seine verschieden hoch siedenden Bestandteile zerlegt, daß man es zunächst bei niedriger Temperatur (50°) destilliert, den verbleibenden Rückstand bei höherer (100°) usw. Dieser Vorgang heißt **fraktionierte Destillation.**

Abb. 224. Destillation.

3. Der Siedepunkt des Wassers ist auf Bergen geringer als 100° C; auf dem Mont Blanc (in 4800 m Höhe) nur 84° C. Der **Siedepunkt** hängt also vom **Luftdruck** ab. Merke:

‖ Normaler Siedepunkt ist der bei 76 cm Druck.

Tafel 10.	Normale Siedepunkte.		
Wasserstoff . — 252°	Alkohol . . . 78°	Quecksilber . 357°
Sauerstoff . . — 182°	Benzol. . . . 80°	Zink . . . . . 907°
Ammoniak . — 33°	Wasser . . 100°	Blei . . . 1690°
Äther . . . . 34°	Glyzerin . . . 290°	Eisen . . . . 3000°

4. Da das Thermometer beim Sieden nicht mehr steigt, dient die zugeführte Wärmemenge offenbar dazu, das Wasser von 100° in Dampf von 100° zu verwandeln.

Versuch: Braucht man 3 Min., um etwas Wasser in einen Becher von 0° bis 100° zu erwärmen und weiterhin 16 Min., um das Wasser voll zu verdampfen, so ist zum Verdampfen $16/3 = 5\frac{1}{3}$ mal soviel Wärme erforderlich als zum Erwärmen von 0° bis 100°, d. h. $5\frac{1}{3} \cdot 100 = 533$ Kalorien.

Merke:

‖ Verdampfungswärme ist die Wärmemenge, die 1 kg
‖ Flüssigkeit bei ihrem S.P. in Dampf verwandelt.

5. Bei der Kondensation wird die Verdampfungswärme wieder frei.

‖ Kondensationswärme = Verdampfungswärme.

Hierauf gründet sich die genauere Messung der Verdampfungswärme (Abb. 225). Man leitet Dampf in eine abgewogene Wassermenge und bestimmt ihre Erwärmung und Gewichtszunahme.

Versuch: a) Waren im Gefäß **W** 200 g Wasser von 20° C und haben sie sich um 29,5° erwärmt, auf 49,5° also, so haben sie 200 · 29,5 = 5900 cal aufgenommen. b) Wurde das Gefäß **W** um 10 g schwerer, so haben sich 10 g Dampf kondensiert; 1 g Dampf gab also ab 5900 : 10 = **590 cal.**

Die abgegebenen 590 cal sind aber nicht die reine Verdampfungswärme, da sich das bei 100° gebildete Kondenswasser auf 49,5°, also um ~50° abgekühlt und dabei für 1 g 50 cal geliefert hat. Als Verdampfungswärme bleiben 540 cal für 1 g oder

‖ **1 kg Dampf** gibt durch Kondensation bei 100° **540 kcal** ab.

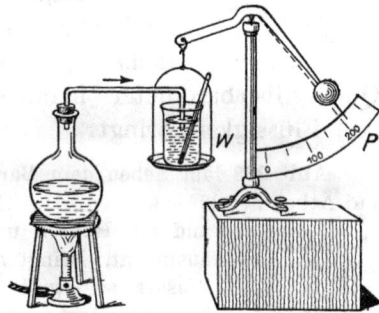

Abb. 225. Verdampfungswärme.

Ebenso groß ist die zum Verdampfen nötige Wärmemenge.

Durch seine große Kondensationswärme eignet sich Wasserdampf ganz besonders zur Übertragung von Wärme aus einer großen Kesselanlage an einzelne Verbrauchsstellen. Dampfheizung, Fernheizwerke, Kochen mit Dampf.

Aufgabe.

Der **Wärmebedarf** eines Gebäudes mit 7200 m³ umbautem Raum wird zu 40 kcal für 1 m³ in einer Stunde angenommen. Wieviel kg Wasser müssen stündlich im Kessel einer Niederdruck-Dampfheizung (100°) verdampft werden? Temperatur des Kondenswassers 30°. (Antwort: 472 kg.)

§ 59. Dampfdruck. Sieden im geschlossenen Raum.

1. Dampf im geschlossenen Raum. Dampfdruck. Entfernt man aus dem (aufrecht stehenden) Glaskolben der Abb. 226 alle Luft durch längeres Sieden, verschließt ihn, nimmt ihn von der Flamme und kehrt ihn um, so steht das Wasser

Kleiber, Grundriß.

nicht mehr unter dem Luftdruck. Dagegen bildet sich über dem Wasser **Dampf**, der einen bestimmten **Druck** ausübt. Das gleiche gilt für einen längere Zeit in Betrieb stehenden Dampfkessel, Abb. 227, aus dem der ausströmende Dampf die Luft mitgerissen hat.

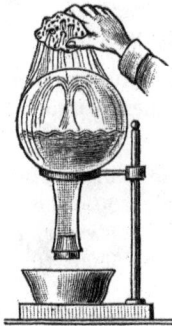

Abb. 226.
Sieden unter 100°.

Abb. 227.
Sieden über 100'

2. Den Dampfdruck unter 1 Atm. mißt man am einfachsten, indem man ein Quecksilberbarometer herstellt und in den leeren Raum eine Flüssigkeit bringt.

Abb. 228 läßt neben dem Barometer den Dampfdruck von Wasser und Äther bei 20° erkennen. Die Quecksilbersäulen stehen in den beiden anderen Röhren um soviel tiefer, als der Dampfdruck ausmacht. Bringt man die ganze Vorrichtung in warmes Wasser, so ergibt sich ein Zusammenhang zwischen Temperatur und Dampfdruck, der in einer Zahlentafel niedergelegt wird.

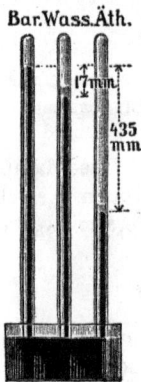

Bar.Wass.Äth.

17mm

435 mm

Abb. 228.
Dampfdruck.

3. Im Dampfkessel (Abb. 227) steigt der Dampfdruck so lange, bis er das einstellbare Ventil hebt. Mit dem Dampfdruck steigt die Wassertemperatur. Diese und der zugehörige Druck (ata) können gemessen werden.

4. Das so erhaltene Dampfdruckgesetz ist für jede Flüssigkeit verschieden und muß durch Versuch ermittelt werden. Bei allen Flüssigkeiten aber nimmt der Dampfdruck mit steigender Temperatur erst wenig, dann wachsend stärker zu.

5. Sieden im geschlossenen Raum. a) Kühlt man den Kolben in Abb. 226 ab, so kondensiert sich der Dampf, und der Druck über dem Wasser sinkt. In diesem Augenblick kocht das Wasser wieder auf. Da zur Dampfbildung Wärme nötig ist, kühlt sich das Wasser ab, siedet aber so lange, bis die Siedetemperatur

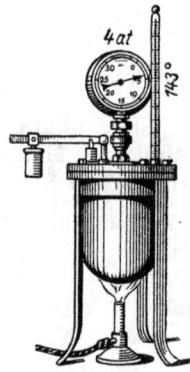

dem Druck des über der Flüssigkeit ruhenden Dampfes
nach dem Dampfdruckgesetz entspricht.

Folgende Zahlentafel gibt die Siedepunkte des Wassers bei Drucken
unter 1 Atm. und zwischen 1 und 11 at.

Tafel 11.					Siedepunkte des Wassers.					
Druck p	4,6	9,2	17,4	31	55	92	149	233	355	525	760 mm
Siedetemp. t	0^0	10^0	20^0	30^0	40^0	50^0	60^0	70^0	80^0	90^0	100^0

Druck p	1at	2at	3at	4at	5at	7at	9at	11at
Siedetemp. t	$99,1^0$	$119,6^0$	$132,8^0$	$142,8^0$	151^0	164^0	174^0	183^0

b) Statt durch Kondensation kann der Dampfdruck auch durch
Absaugen des Dampfes mit einer Luftpumpe erniedrigt und der Siedepunkt
herabgesetzt werden.

Ein Glas **Wasser unter dem Rezipienten** einer Luftpumpe fängt bei
gewisser Luftverdünnung ohne jegliche Erwärmung zu sieden an. —
Ebenso siedet das Wasser im Dampfkessel bei der zum Dampfdruck
gehörenden Temperatur.

§ 60. Gesättigter und ungesättigter Dampf.

Wie ändert sich der Dampfdruck mit dem Rauminhalt?
a) In Abb. 229 kann der vom Dampf eingenommene Raum
durch Verschieben des (rei-
bungslosen) Kolbens verän-
dert werden.

b) Bildet man aus der
Flüssigkeit durch Erwärmen
Dampf, der gerade einen
Druck von 1 at ausübt und
zieht den Kolben hoch (Abb.
229 A), so bleibt der Druck
gleich. Der neue Raum
wird mit neuem Dampf
gesättigt, die Flüssigkeitsmenge wird kleiner.

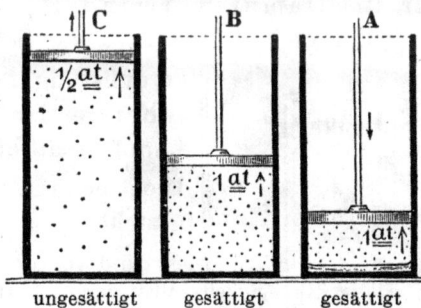

Abb. 229. Dampfzustand (bei $99,1^0$).

ungesättigt   gesättigt   gesättigt

c) Ist bei weiterem Hochziehen alle Flüssigkeit zur Dampfbildung verbraucht (B), so ist der Dampf eben noch gesättigt.

9*

d) Vergrößert man von da an den Dampfraum noch weiter (C), so **sinkt der Druck** nach dem Mariotteschen Gesetz (doppeltes Volumen, halber Druck). Der Dampf ist **ungesättigt.** Bei gleichzeitiger Volumenvergrößerung und Erwärmung gilt **das Gasgesetz.**

e) Preßt man **ungesättigten** Dampf zusammen, so wird er zunächst gesättigt, der Dampfdruck steigt bis zur Sättigung. Versucht man den **gesättigten** Dampf weiter zusammenzupressen, so scheidet er Flüssigkeit ab, ohne seinen Druck zu ändern. **Merke:**

> Dampf, der mit seiner **Stammflüssigkeit** in offener Verbindung steht, ist **gesättigt,** da sich ja der nötige Dampf aus der letzteren jederzeit entwickeln kann. — **Überhitzten Dampf (ungesättigten)** erhält man, indem man sein Volumen vergrößert oder ihn von seiner Stammflüssigkeit trennt und dann erhitzt. Er verhält sich wie ein Gas.

Auch gesättigter Dampf, der durch eine Rohrleitung strömt, läßt sich in dieser überhitzen (verwendet bei der Dampfmaschine).

§ 61. Luftfeuchtigkeit.

1. Wann tritt Verdunstung ein? Eine benetzte Schultafel, aufgehängte feuchte Wäsche, Tintenschrift trocknet. Ergebnis: **Das Wasser hat sich schon bei gewöhnlicher Temperatur in Dampf verwandelt,** der sich der Luft beimengt. In feuchter Luft trocknet die Schultafel nicht. **Merke:**

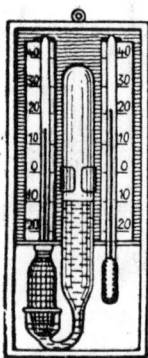

> **Verdunstung** tritt ein, wenn die umgebende Luft **noch nicht** mit Wasserdampf **gesättigt** ist.

> Auch beim Verdunsten wird **Wärme verbraucht.**

Diese wird von der umgebenden Luft und der Flüssigkeit selbst geliefert. Beide kühlen sich dabei ab.

Versuch: Ein Thermometer, dessen Gefäß mit einem feuchten Läppchen umwickelt ist, zeigt eine niedrigere Temperatur als ein trockenes. (Abb. 230.)

2. Wann ist die Luft mit Wasserdampf gesättigt?

Abb. 230.
Psychrometer.

1 m³ Luft kann bei einer bestimmten Temperatur nur eine bestimmte Dampfmenge fassen.

Ist diese darin, so heißt der Raum oder der Dampf gesättigt; ist weniger darin, so heißt der Raum oder der Dampf ungesättigt oder überhitzt.

Die folgende Tabelle gibt an, wieviel **Gramm** Wasserdampf im **m³** enthalten sein muß, damit das **m³** damit gesättigt ist [= **absolute Feuchtigkeit**].

Tafel 12.		Gesättigter Wasserdampf in 1 m³.					
t	G	t	G	t	G	t	G
—10⁰	2,36 g	8⁰	8,22 g	18⁰	15,29 g	28⁰	27,08 g
0⁰	4,82 »	10⁰	9,35 »	20⁰	17,22 »	30⁰	30,20 »
2⁰	5,82 »	12⁰	10,61 »	22⁰	19,32 »		
4⁰	6,32 »	14⁰	11,99 »	24⁰	21,67 »		
6⁰	7,22 »	16⁰	13,56 »	26⁰	24,26 »		

1 m³ Luft kann ebensoviel Wasserdampf aufnehmen wie 1 m³ eines luftfreien Raumes bei gleicher Temperatur.

3. Taupunkt ist jene Temperatur, bei der bei Abkühlung der in der Luft enthaltene Wasserdampf anfängt, sich in kleinen Tautröpfchen niederzuschlagen. (Zeichen der Übersättigung mit Wasserdampf.)

a) Der Taupunkt kann mit dem **Taupunktspiegel** ermittelt werden (Abb. 231).

Dieser ist ein Metallgefäß, das vorn eine polierte Platte aufweist und das etwas Äther enthält.

Gebrauch: Es wird so lange Luft durch den Äther geblasen und dieser durch die Verdunstung abgekühlt, bis sich die polierte Platte mit Tau beschlägt. Das eingesetzte Thermometer gibt den Taupunkt an.

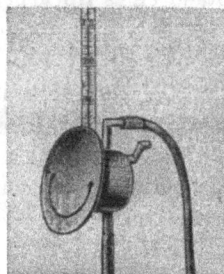

Abb. 231.
Taupunktspiegel.

b) Der Taupunkt liegt um so **tiefer**, je weniger Wasserdampf in einem **m³** Luft ist.

4. Relative Feuchtigkeit f nennt man das Verhältnis der in der Luft vorhandenen Wasserdampfmenge F zu der Sättigungsmenge G bei der Lufttemperatur.

Beispiel: Man beobachtet bei 20^0 den Taupunkt 8^0. Wie groß ist die rel. Feuchtigkeit?

Lösung: a) In 1 m³ Luft sind tatsächlich vorhanden $F = 8{,}22$ g Dampf.

b) In 1 m³ Luft könnten bei 20^0 vorhanden sein $G = 17{,}22$ g Dampf. Daher ist die relative Feuchtigkeit $F/G = 0{,}48 = 48\%$, d. h. die Luft enthält nur 48% der Feuchtigkeit, die sie gelöst enthalten könnte.

5. Hygrometer sind Vorrichtungen zum Messen der **relativen Feuchtigkeit in Prozent**. Sie beruhen auf der Wasseraufnahme gewisser Körper (Haare, Häute, Saiten), die mit einer Quellung (Verlängerung) · verbunden ist.

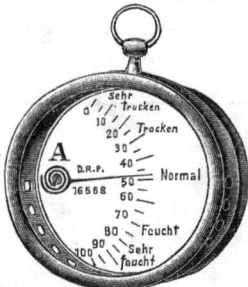

Abb. 232.
Hygrometer von Mithof.

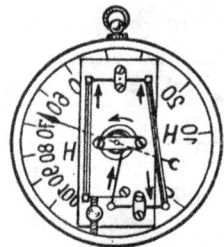

Abb. 233.
Haarhygrometer.

Das Hygrometer (Abb. 232) von **Mithof** enthält eine kleine **Kupferspirale A**, die außen mit einem Streifchen **Eihaut** überzogen ist. Dieses saugt Feuchtigkeit aus der Luft auf, wodurch sich die Spirale stärker krümmt. Bei dem **Haarhygrometer** (Abb. 233) wird die Verlängerung der Haarbündel **H H** auf einen Zeiger übertragen.

6. Bei dem **Psychrometer** wird die relative Feuchtigkeit aus dem Stand eines **trockenen** und eines **feuchten** Thermometers (Abb. 230) nach besonderen Zahlentafeln ermittelt.

7. Nebel und Wolken sind bereits kondensierter Wasserdampf, der sich in mikroskopisch feinsten Tröpfchen an den in der Luft schwebenden Staubteilchen festgesetzt hat.

8. Nachts kühlt sich die Erde meist gegen 4 Uhr morgens **unter den Taupunkt** ab. Dann beschlagen sich alle Gegenstände im Freien mit **Tau**. Liegt der Taupunkt **unter** 0^0, so bildet sich **Reif.**

Bei der Bildung der Niederschläge wird die Kondensationswärme frei und die **Temperatur sinkt nicht weiter**. Bestimmung des Taupunktes am Abend läßt einigermaßen die tiefste Nachttemperatur voraussagen. (Wichtig für den Gärtner und bei frostempfindlichen Arbeiten im Freien.)

Aufgabe.

Frischluft von 6^0 bei 80% rel. Feuchtigkeit wird auf 20^0 erwärmt. Wie groß wird dann ihre rel. Feuchtigkeit? Wo liegt der Taupunkt? Wieviel Wasser muß 1 m³ zugeführt werden, damit die rel. Feuchtigkeit bei 20^0 60% beträgt? (Die Volumenänderung der Luft bei Erwärmen bleibt unberücksichtigt.) (Antwort: 33,5%; 2^0; 4,56 g.)

§ 62. Künstliche Kälte. Gasverflüssigung.

1. Versuch (Abb. 234). Von zwei ineinandersteckenden Reagenzgläsern füllt man in das äußere etwas Wasser, in das innere etwas Äther und saugt aus letzterem durch Anschluß an eine Luftpumpe Ätherdampf ab. Durch die Erniedrigung des Dampfdruckes kühlt sich der Äther ab. Nach kurzer Zeit gefriert das Wasser.

Abb. 234.
Gefrier-
Versuch.

2. Bei der **Eismaschine von Linde** (Abb. 235) wird durch eine Pumpe der Dampfdruck über flüssigem Ammoniak, das sich in den im **Verdampfer** liegenden Rohrschlangen befindet, so vermindert, daß die Ammoniakflüssigkeit nun bei niedriger Temperatur zu lebhaftem Verdampfen kommt.

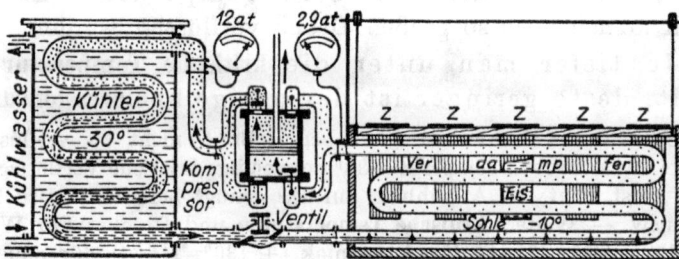

Abb. 235. Eismaschine.

Vorgang: Die Verdampferrohre sind in eine schwer gefrierende Flüssigkeit, z. B. **Salzwasser** (Sole) eingebettet, die sich nach Bedarf abkühlt. Gewöhnliches Wasser, in Blechformen Z darein gebracht, gefriert in kurzer Zeit zu festen Blöcken. Die Pumpe (Kompressor) verdichtet schließlich die Dämpfe wieder, die, durch einen Kühler geleitet, sich verflüssigen und als flüssiges Ammoniak über ein Ventil in die Verdampferschlangen zurückfließen.

3. Klimaanlagen sind Einrichtungen, die in geschlossenen Räumen die Temperatur und die Feuchtigkeit zu regeln gestatten.

Einrichtung: Die Erwärmung der Luft erfolgt durch geregelte Heizung, die Abkühlung durch Übertragung der in einer Kältemaschine erzeugten Kälte mit Salzsole (Gefrierpunkt — 20°) in Rohrleitungen oder durch Einblasen von Kaltluft. Die Luftfeuchtigkeit wird bei steter Erneuerung der verbrauchten Luft durch Trocknung oder Anfeuchtung auf den gewünschten Wert gebracht.

Klimaanlagen bedeuten nicht nur eine Erleichterung in Versammlungs- oder Vergnügungsstätten und in Krankensälen, sondern sie sind für die wirtschaftliche Durchführung bei vielen Erzeugungsvorgängen unentbehrlich, z.B. bei der Behandlung und Lagerung von Lebensmitteln, in der chemischen Industrie (Brauereien, Schokoladefabriken), in der Industrie der Gewebe (Papierfabrik, Spinnerei), in Räumen für genaue Messungen und Prüfungen.

4. Sehr tiefe Temperaturen sind verbunden mit der Verflüssigung von Gasen und mit dem Sieden der erhaltenen Flüssigkeiten. Zur Verflüssigung eines Gases genügt nicht eine Zusammenpressung auf das Volumen einer Flüssigkeit; es muß auch eine bestimmte Temperatur unterschritten werden, die man die **kritische Temperatur** nennt. Sie ist bei vielen Gasen leicht, bei anderen sehr schwer zu erreichen.

Man unterscheidet:

a) **Gas** oberhalb der krit. Temperatur. Es kann durch keinen noch so großen Druck verflüssigt werden.

Je tiefer man unter die kritische Temperatur abkühlt, desto geringer ist der nötige Kompressionsdruck.

So z. B. ist **Kohlensäuregas** über $+ 32^0$ C nicht zu verflüssigen. Der bei der kritischen Temperatur 32^0 notwendige kritische Verflüssigungsdruck p ist **75 at**; bei Abkühlung auf 13^0 genügt bereits ein Druck von 49 at usw. — Weitere **kritische Temperaturen** und Drücke: Für Wasserdampf ($+ 375^0$; 225 at), für Ammoniak ($+ 130^0$; 115 at), für Sauerstoff ($- 118^0$; 60 at); Wasserstoff ($- 241^0$; 20 at); Helium ($- 268^0$; 2,3 at).

b) **Ungesättigten Dampf** unterhalb der krit. Temperatur. Aus ihm bildet sich bei Zusammenpressen Flüssigkeit.

Die Luftverflüssigung wird heute in technischen Ausmaßen durchgeführt nach dem **Gegenstromverfahren von Linde (1895).**

Vorgang: Mittels eines Verdichters wird Luft bei **E** (Abb. 236) angesaugt, die in 2 Stufen auf 200 at verdichtet durch einen Kühler **K** (zum Ausfrieren des Wasserdampfes) in die innerste von 3 in einander liegenden (schlangenförmigen) Röhren gepreßt und dann durch das Ventil V_1 auf 20 at entspannt wird; sie kühlt sich dabei stark ab. Die abge-

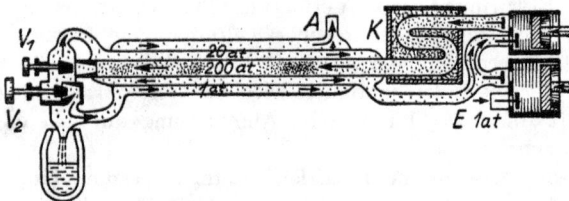

Abb. 236. Apparat zur Luftverflüssigung.

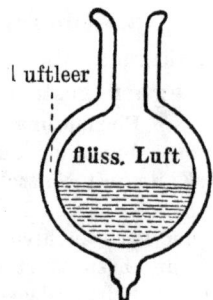

Abb. 237.
Dewarflasche.

kühlte Luft wird wieder durch den Verdichter angesaugt und kühlt im Gegenstrom die eintretende Luft vor. Ein Teil der kalten Luft verflüssigt sich bei Entspannung auf 1 at durch V_2; der Rest entweicht im Gegenstrom durch A.

5. Zur **Aufbewahrung flüssiger Luft** dienen die doppelwandigen *Dewar*schen Flaschen (Abb. 237), die zwischen den Wänden einen luftleeren Raum (als sehr schlechten Wärmeleiter) haben.

6. **Die Verflüssigung des Heliums** (normaler Siedep. — 269⁰) hat die Möglichkeit zur Feststellung gegeben, ob der **abs. Nullpunkt** nur rechnerische Bedeutung hat oder ob er eine physikalische **Grenze der Temperatur** ist. Man muß dies annehmen und konnte sich bisher dieser Grenze bis auf 0,004⁰ nähern. Die genaue Lage des abs. Nullpunktes ist bei — **273,16⁰**.

§ 63. Wärme und Arbeit.

1. **Daß bei jeder mechanischen Arbeit Wärme erzeugt wird,** beweist vielfache tägliche Erfahrung.

a) Reibe die Hände aneinander! — Führe eine Stricknadel zwischen Daumen und Zeigefingerspitze rasch hin und her! (Erg.: Sie wird so heiß, daß man sich die Finger daran verbrennen kann.) — Um Feuer zu machen, setzen die Wilden einen Stab aus Hartholz auf ein trockenes Brett und quirlen ihn rasch hin und her; durch die Reibung entzündet sich der Stab. —

Abb. 238. Feuerreiben.

Feuerschlagen mit Stahl und Stein. — Schnellfeuerzeuge. — Heißlaufen von Wagenachsen. — Die Meteorsteine erhitzen sich bei ihrem Durchgang durch die Luft bis zur Weißglut.

b) Aus der Erwärmung beim Bohren mit einem stumpfen Bohrer hat **Rumford** 1798 den Schluß gezogen, daß mechanische Arbeit in Wärme verwandelt werden kann. Die Entwicklung der Dampfmaschine seit **1700** zeigte, daß auch umgekehrt aus Wärme mechanische Arbeit gewonnen werden kann.

2. **Julius Robert *Meyer*** 1842 führte als erster eine Berechnung über den Umsatz von Arbeit in Wärme aus durch folgende Überlegung:

a) Zur Erwärmung von 1 m³ **freier Luft** unter einem Druck von 1 Atm und bei 0^0 ($= 1,29$ kg) auf 1^0 sind $0,241 \cdot 1,29 = \mathbf{0,311\ kcal}$ nötig.

b) Wenn sie sich bei dieser Erwärmung **ausdehnt**, muß sie den äußeren Druck zurückschieben und dabei eine berechenbare **Arbeit leisten**. Diese wird durch Umwandlung eines Teiles der zugeführten Wärmemenge gedeckt.

c) Demnach muß die spez. Wärme der Luft kleiner sein, wenn sie sich **nicht ausdehnen** kann. Die Messung in diesem Fall ergab in der Tat die spez. Wärme **0,172 kcal/kg** oder **0,222 kcal** für 1 Nm³.

d) Denkt man sich den m³ in einem Zylinder von 1 m² Querschnitt und 1 m Höhe durch einen (reibungslosen) Kolben abgeschlossen, so lasten auf diesem 10330 kg und er wird bei Erwärmung der Luft von 0^0 auf 1^0 um $1/_{273}$ m gehoben. Die dabei geleistete Arbeit ist $10330 \cdot 1/_{273} = \mathbf{37,8\ mkg}$. Da bei a) $0,311 - 0,222 = 0,089$ kcal mehr erforderlich sind als bei c), folgt: **1 kcal entspricht** $37,8 : 0,089 = \mathbf{425\ mkg}$.

3. Man muß also bei Gasen unterscheiden:

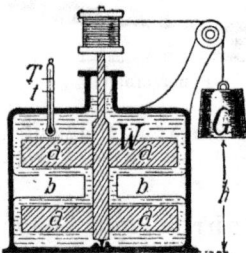

Abb. 239.
Versuch von Joule.

a) Spez. Wärme c_p bei **gleichbleibendem Druck**, z. B. beim Erwärmen von Zimmerluft,

b) spez. Wärme c_v bei **gleichbleibendem Rauminhalt**, z. B. in einem Verbrennungsmotor bei Zündung im Totpunkt.

4. Die genauesten Bestimmungen erhält man durch Messung der bei Reibung erzeugten Wärmemenge.

Der Engländer **Joule** setzte **(1843)** durch ein **fallendes Gewicht G** (Abb. 239) ein Schaufelrad in einem Wasserbad **W** in Umdrehung. Ergebnis: Das Wasser wurde wärmer. Die erzeugte Wärmemenge war leicht zu messen; ebenso die Arbeit

$G \times h$ des fallenden Gewichtes. So konnte er das Verhältnis der aufgewendeten Arbeit zur erzeugten Wärme bestimmen.

5. Nach Joule wurden die **Messungen** mit erhöhter Genauigkeit fortgesetzt. **Merke:**

> **1 kcal** entspricht der Arbeit von **427 mkg**
> 1 kleine Kalorie »   »   » ~ ½ mkg.

Diese Zahl heißt auch das mechanische **Wärmeäquivalent.**

6. Aus der zahlenmäßig genauen **Umsetzung von mech. Arbeit in Wärme** und umgekehrt schließt man, daß Wärme eine besondere Form der Energie ist. Man kann nun die Wärmemenge in den Satz von der Erhaltung der Energie (§ 24, 1) einschließen und sagen:

> **Bei jeder Energieumwandlung bleibt der Gesamtbetrag an Energie gleich.**

§ 64. Wärmeleitung.

1. **Gute Wärmeleiter** sind die Metalle, an der Spitze Silber und Kupfer. Bei der Wärmeleitung pflanzt sich die Wärme von einem Querschnitt zum nächsten in einem Körper fort. Dies zeigt Versuch Abb. 240.

Erkläre diesen! Ergebnis: Die angeklebten Wachskügelchen fallen bei Kupfer rascher ab als bei Eisen. Kupfer leitet daher besser als Eisen.

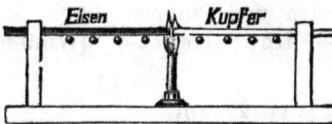

Abb. 240. Wärmeleitung.

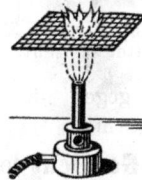

Abb. 241. Drahtnetz.

a) Durch ein **feinmaschiges Drahtgitter** (Abb. 241) brennt eine Gasflamme nicht hindurch.

Das Gitter leitet die Wärme ab, so daß das Gas auf der Gegenseite die Entzündungstemperatur nicht erreicht. Darauf beruht die D a v y s c h e

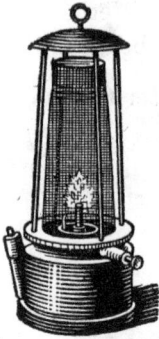

Abb. 242.
Sicherheitslampe.

Sicherheitslampe (Abb. 242), mit der sich die Bergleute gegen die vorzeitige Explosion schlagender Wetter schützen.

2. Schlechte Wärmeleiter nehmen Wärme langsam auf und geben sie langsam ab (wirken als Wärmespeicher). Schlechte Leiter sind fast alle nichtmetallischen Stoffe.

Z. B. Mauern aus Ziegeln, Holzgriffe an Bügeleisen, Korksohlen in Stiefeln, Kachelöfen. Wollepackung von Dampfleitungsröhren.

Auch Wasser leitet sehr schlecht, wenn man es von **oben** her erwärmt, so daß es die Wärme nicht durch Strömung übertragen kann. Dies zeigt der in Abb. 243 dargestellte Versuch.

Oben siedet das Wasser; unten schmilzt das Eis nicht.

3. Besonders schlecht leiten ruhende Luftschichten, wie die Luft in porösen Körpern (wie Torfmull, Sägespäne, Federn, Pelz, Asche, Schnee). Solche poröse Körper heißen Wärme-Isolatoren.

Eis

Abb. 243.
Wasser leitet schlecht.

Beispiele: Hohlmauern gefüllt mit Torfmull· -- Bodeneinlagen mit Sägespänen. — Kühlhäuser und eiserne Geldschränke haben doppelte Wandung mit Ausfüllung des Zwischenraumes durch Torfmull bzw. Holzasche. — Wie stellt man eine Kochkiste her? — Die Luftschichten zwischen den Kleidern halten warm (Winterüberzieher). — Der Pelz schützt die Tiere vor Verkältung. — Die Schneedecke schützt die Wintersaat. — Flaumbetten halten warm. — Schutz von Gartenbeeten und Pumpen durch Strohumhüllung gegen das Einfrieren. — Doppelfenster (Winterfenster) halten warm.

4. Garnicht leitet der luftleere Raum.

In doppelwandigen Gefäßen mit luftleerem Zwischenraum halten sich Speisen tagelang warm bzw. kalt. Dienen auch zum Aufbewahren flüssiger Luft (Abb. 237).

5. Wieviel Wärme geht durch eine Hausmauer von $1^1/_2$ Stein $= 38$ cm Stärke in 1 Stunde durch 1 m² der Wandfläche?

Dies kann berechnet werden mit der **Wärmeleitzahl** 0,35 für trockenes Ziegelmauerwerk. Diese bedeutet, daß zum Durchgang brauchen:

0,35 kcal bei 1 m Dicke ein Temperaturgefälle von **1⁰**,

dann brauchen:

1 kcal bei 1 m Dicke ein Temperaturgefälle von $1/0,35^0$

1 » » 0,38 m » » » » $0,38/0,35 = 1,01^0$.

6. Der Wind nimmt Wärme mit. Damit die Wärme von der Innenluft auf die innere Wandfläche, dann von der äußeren Wandfläche auf die Außenluft übergeht, ist noch auf beiden Seiten ein Temperatursprung zwischen Luft und Mauer nötig.

Die Außenluft sei stürmisch bewegt (Windgeschwindigkeit 15 m/s). Zur Berechnung dient die **Wärmeübergangszahl**; sie ist für 1 m² Fläche

für **ruhende** Luft 2   bei **15 m/s** Geschw. 40,

das bedeutet, es gehen in 1 Stunde über

2 kcal bei 1⁰ Temp.Sprung   40 kcal bei 1⁰ Temp.-Sprung

1 » » 0,5⁰ »   1 » » $^1/_{40}{}^0$ »

Damit **1 kcal in 1 Std.** durch **1 m²** aus dem Innern des Hauses an die Außenluft übergeht (Abb. 244), bedarf es also ein Temperaturgefälle von $(t_1—t_3) + (t_3—t_4) + (t_4—t_2) = t_1—t_2 = 0,5 + 1,01 + 0,025 = $ **1,535⁰.**

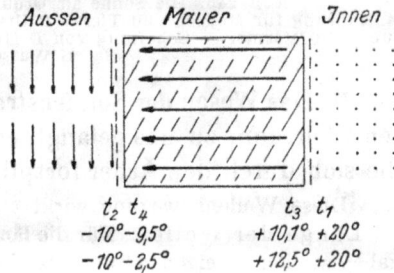

Beträgt der **Unterschied 30⁰**, so verliert die Innenluft an die Außenluft in 1 Std. durch 1 m² Wandfläche 30:1,535 = **19,54 kcal** und es ergibt sich die aus Abb. 244 ersichtliche Temperaturverteilung. Würde die Außenluft ruhen, so wäre der Verlust 15 kcal/Std. und es würde sich die in der 2. Zeile stehende Temperaturverteilung ergeben.

7. In gleicher Weise berechnet man den **Wärmedurchgang** durch Heizflächen usw. mit Hilfe der entsprechenden Zahlenwerte. — Tafel 13.

§ 65. Wärmestrahlung.

1. Die Sonne strahlt uns Wärme zu. Die von der Erde aufgefangene Sonnenstrahlung unterhält alles Leben und setzt alles in Bewegung: Wind und Wasser, Schiffe und Fahrzeuge aller Art.

Strahlung ist eine Form der Energie.

Die im Wärmemaß gemessene Energie der Sonnenstrahlung beträgt auf 1 cm² rund 2 kcal in 1 min an der Grenze der Atmosphäre.

Abb. 245. Die Sonne als Urquell des Lebens und der Kraft.
A Nahrung für Mensch und Tier. *B* Ursache des Wettergeschehens. *C* Speicherung von Wärme. — Schaffung von *D* Muskelkraft, *E* Windkraft, *F* Wärmekraft, *G* Wasserkraft.

2. Das **Wesen der Sonnenstrahlung,** die durch den leeren kalten Weltraum zu uns gelangt, erklärt man als Wellenbewegung, die sich durch den Äther fortpflanzt, der den Weltraum erfüllt.

Diese Wellenbewegung wirkt auf unsere Sinne verschieden je nach der Länge der Wellen. Für die **längeren Wellen** in der Sonnenstrahlung haben wir keinen eigenen Sinn. Da aber beim Auftreffen auf einen undurchlässigen Körper sich die Strahlungsenergie in Wärme verwandelt, nennt man sie **Wärmestrahlen.** — **Kürzere Wellen** empfinden wir als **Licht** (§ 83, 3).

3. Alle warmen Körper strahlen Wärme ab. Denk an die Lampen, die in einem Saal brennen; an einen geheizten eisernen Ofen! (Abwehr der strahlenden Wärme durch einen Ofenschirm; es bleibt dann nur die Luftwärme übrig.)

a) Die **ausgestrahlte Wärmemenge** hängt von der Oberflächenbeschaffenheit der Körper ab. Im allgemeinen strahlen **dunkle** und **rauhe Körper** stärker als helle oder glatte (polierte Metalle).

b) Nach **Stefan-Boltzmann** ist die in 1 Stunde von 1 m² Fläche abgestrahlte Wärmemenge

$$Q = C \cdot (T_1^4 - T_2^4) \cdot 10^{-8} \text{ kcal.}$$

Hierbei ist T_1 die abs. Temp. des strahlenden Körpers, T_2 die der matten Umgebung. C ist die Strahlungszahl.

Tafel 13.	Wärmeausgleichs-Zahlen.	
W.-Leitung	W.-Übergang	W.-Strahlung
kcal in 1 h durch 1 m² bei 1°/m	kcal in 1 h durch 1 m² bei 1°	Stefansche Zahl
Kupfer 330	Ruhende Luft 2	Schwarzer K. . 4,96
Eisen 45	Bew. Luft bis 500	Ruß 4,7
Ziegelm. 38 cm . 0,35	Fl. Wasser bis 3000	Mauerwerk . . . 4,6
Holz 0,15	Dampf bei	Eisen schwarz . 4
Kork 0,05	Kondensation 10000	Poliert. Metall . 0,2

c) **Aus dieser Gleichung berechnet man die Temperatur der Sonnenoberfläche** zu etwa **6000°**.

Die **Sonne** ist ein riesiger feuerflüssiger Ball, umgeben von einer Schicht glühender Dämpfe. Sie liefert ungeheuer viel Wärme durch Strahlung. (Denk an die Hitze im Sommer!)

4. Körper, die Strahlung auffangen, erwärmen sich. Dabei gilt entsprechend der Ausstrahlung: **Schwarze Körper** erhitzen sich beim Auftreffen der Wärmestrahlen stärker als helle.

Abb. 246. Verschiedene Erwärmung.

Scheint die Sonne auf ein Stück **schwarzes Blech,** so wird das Blech heiß.

Versuch mit dem Stanniolschirm, dem ein schwarzer Ring aufgemalt ist (Abb. 246). Die Rückseite des Schirmes zeigt gelben Jodsilber-quecksilberanstrich, der sich bei 40° rötet. Nähert man dem Schirm eine Flamme, so tritt alsbald das Bild des Ringes auf der Rückseite durch **Rötung** hervor.

Abb. 247. Radiometer.

Versuch mit dem Radiometer (Abb. 247). Dies ist ein Rädchen mit vier **einseitig** geschwärzten Glimmerflügeln in einer nahezu luftleeren Glasbirne. Bei Annäherung einer Zündholzflamme setzt sich das Rad in Bewegung. (**Grund:** Die Luft vor den **schwarzen** Glimmerflächen erhitzt sich rascher und übt auf das Rad einen Rückstoß aus.)

5. Körper, die Strahlung hindurchlassen, erwärmen sich nicht.

Luftschiffer finden die Luft in höheren Regionen eiskalt (ihre sonnenbeschienene Seite heiß).

Die Durchlässigkeit ist für verschiedene Wellenlänge verschieden. So sind Glas und Wasser für Licht sehr gut, für Wärmestrahlung wenig durchlässig. Lichtstrahlen gehen durch ein Glasfenster und werden von den Gegenständen dahinter verschluckt. Diese erwärmen sich und senden langwellige Strahlen aus, die nun aber das Fenster nicht durchdringen können; die **Energie bleibt im Raum.**

Beispiele: Zimmer auf der Sonnenseite, Wintergarten. Auch die Érdoberfläche wird durch eine Wolkendecke gegen nächtliche Ausstrahlung geschützt.

§ 66. Wärmekraftmaschinen.

1. Zur **Dampferzeugung** dient der bis rund $^2/_3$ seiner Höhe mit Wasser gefüllte **Dampfkessel** (Abb. 248).

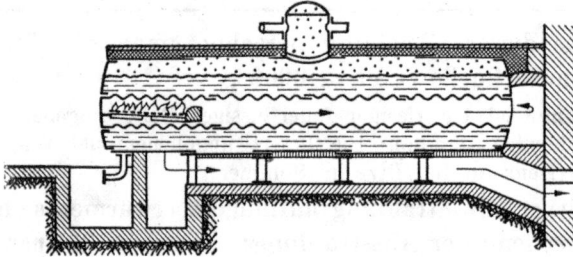

Abb. 248. Flammrohrkessel.

Führen durch das Wasser viele Heizröhren, so hat man einen **Heizröhrenkessel** vor sich, gehen aber durch das Wasser nur eine bzw. zwei mächtige Heizrohre, so heißt der Kessel **Flammrohrkessel** (Abb. 248), — Enthalten aber die (meist schräg gegen den Kessel ansteigenden) Röhren das zu erhitzende Wasser, das von den Heizgasen umspült wird, so heißt der Kessel **Wasserrohrkessel** (Abb. 249).

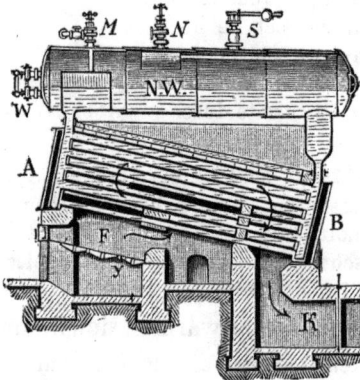

Abb. 249. Wasserrohrkessel.

a) Die Höhe des **Wasserstandes** zeigt das Wasserstandsglas,

b) die Höhe des **Dampfdruckes** ein Manometer an. Ein Sicherheitsventil öffnet sich, wenn der Dampfdruck zu groß wird.

2. Die **Arbeitsleistung des Dampfes** erfolgt im Dampfzylinder, in dem ein Kolben durch den bald von der einen, bald von der anderen Seite einströmenden Dampf hin und her geschoben wird (Abb. 250).

Die Dampfverteilung wird entweder durch den **Muschelschieber** oder durch **Ventile** geregelt.

Vorgang: Bei der **Schiebersteuerung** tritt der Dampf bei der in Abb. 250 wiedergegebenen Stellung des Kolbens durch **E** in den Schieberkasten und wird über den Kolben geleitet, der sich gerade nach abwärts bewegt. Der Dampf unter dem Kolben verläßt den Zylinder durch den Schieber und das Auspuffrohr **A**.

Die Steuerung des Schiebers oder bei einer Ventildampfmaschine der Ventile besorgt der **Exzenter E$_x$**.

Der **Exzenter** ist eine exzentrisch auf der Achse des Schwungrades befestigte Scheibe, um die ein Ring gelegt ist, der durch ein Gestänge den Schieber bewegt.

Die Arbeit des Kolbens wird durch die Kolbenstange, die Pleuelstange und die Kurbel auf ein **Schwungrad** übertragen.

Das Schwungrad hat die Aufgabe, durch seine Trägheit der Maschine über die **toten Punkte** hinwegzuhelfen, die immer dann auftreten, wenn Kolbenstange, Pleuelstange und Kurbel in eine Linie fallen, d. h. wenn der Kolben in seiner Bewegung gerade umkehrt.

3. Zur Ersparung von Dampf läßt man diesen nur auf $\frac{1}{3}$ oder $\frac{1}{4}$ der Zylinderlänge einströmen und sperrt dann ab (Füllungsgrad).

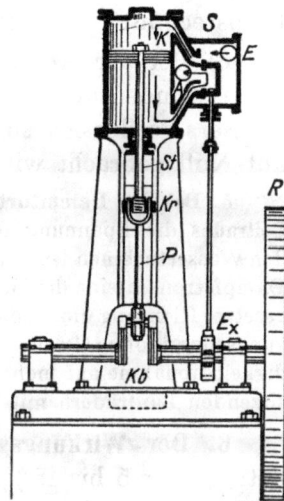

Abb. 250. Stehende Maschine.

Der Kolben bleibt dann nicht stehen, da ihn der Druck des bereits eingeströmten Dampfes antreibt. Bei der Ausdehnung des letzteren sinkt jedoch dieser Druck. Aber die während der Ausdehnung geleistete Arbeit stellt reinen Gewinn vor, da ja dabei kein Dampf zugeführt werden muß.

Die **Umdrehungszahl** wird durch einen Fliehkraftregler (Abb. 60) geregelt, der auf die Steuerung einwirkt. Diese ändert den Füllungsgrad je nach dem Kraftbedarf.

4. Arten der Dampfmaschinen.

a) Bei den **Auspuffmaschinen** (z. B. Lokomotiven) wird der Abdampf ins Freie geleitet.

10 Kleiber, Grundriß.

Man **verliert** dabei 1 at am Druck (da die atm. Luft diesen Gegendruck gegen den Kolben ausübt).

Die **Lokomotive** wird bis jetzt nur als Auspuffmaschine betrieben.

Zur Überwindung der toten Punkte besitzt sie **zwei Dampfzylinder,** deren zugehörige Kurbeln aufeinander **senkrecht** stehen, so daß das größte Drehmoment der einen mit dem toten Punkt der andern zusammenfällt.

b) Bei den **Verbundmaschinen** wird der Abdampf des einen Zylinders noch in weitere geleitet. Hiedurch wird die Ausdehnung des Dampfes auf 2 oder 3 Zylinder verteilt, was betriebstechnische Vorteile hat.

c) Bei der **Kondensationsmaschine** wird der Abdampf in einen Kondensator geleitet und dort durch Einspritzen **kalten** Wassers verflüssigt, so daß sein Rückdruck auf den Kolben fast auf Null gebracht wird.

5. Bei der Dampfturbine setzt sich zunächst in den Kanälen eines **Leitrades** die Spannung des Dampfes in Geschwindigkeit um. Wie bei den Wasserturbinen lenken die gekrümmten Schaufeln eines **Laufrades** den Dampfstrom in eine der Bewegung des rasch umlaufenden Rades entgegengesetzte Richtung um, so daß er dieses schließlich unter Abgabe seiner Bewegungsenergie ohne Geschwindigkeit verläßt. Meist verteilt sich die Geschwindigkeitsabnahme auf mehrere Stufen in hintereinander auf gleicher Achse sitzenden Laufrädern mit zwischengeschalteten feststehenden Leiträdern.

6. Der Wirkungsgrad der Dampfmaschine ist gering; er beträgt nur 5 bis 15% der zugeführten Wärmemenge.

Dies liegt nicht an technischen Mängeln, sondern ist in der Natur der Wärme begründet. Während sich **mechanische Arbeit restlos in Wärme** verwandeln läßt, z. B. durch Reibung, kann bei Erzeugung von **mech. Arbeit aus Wärme** von dieser nur **ein Bruchteil** verwandelt werden; der Rest geht als Abwärme weg. Der Wirkungsgrad wächst mit dem Unterschied zwischen Eintritts- und Austrittstemperatur. Deshalb: Hohe Eintrittstemperatur mit überhitztem Dampf (bis 500⁰ bei 110 atü), niedrige Austrittstemperatur durch Kondensation.

Durch Verwendung der Abwärme, z. B. für Heizzwecke kann der gesamte Wirkungsgrad weiter verbessert werden.

7. a) Beim **Verbrennungsmotor** bringt man im Zylinder ein Gemisch von Luft + Leuchtgas (Gasmotor) oder von Luft + Benzindampf (Benzinmotor) durch Zündung zur Explosion.

Dadurch wird hier der Kolben angetrieben. Meist arbeiten diese Maschinen im Viertakt.

1. Takt. Der Kolben geht vor (anfänglich durch Ankurbelung). Dabei öffnet sich von selbst das Einlaßventil E, und es wird in den Zylinder das brennbare Gasgemisch eingesaugt.

2. Takt. Geht der Kolben nun zurück, so schließt sich E; das angesaugte Gas wird verdichtet, wobei es sich stark erhitzt.

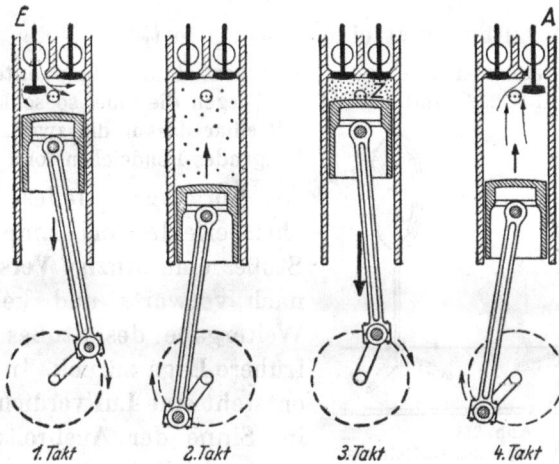

Abb. 251. Viertaktmotor.

3. Takt. Nach 2¼ Takt wird bei Z eine Zündung ausgelöst. Durch die Verbrennung des Gemisches ·entsteht ein hoher Druck, der den Kolben vorwärts treibt.

4. Takt. Das Auspuffventil A wird geöffnet, die Abgase strömen aus. Durch die Trägheit des Schwungrades wird der Kolben zurückgeführt und die Abgase werden vollends ausgetrieben.

b) Beim **Dieselmotor** wird nur Luft angesaugt, diese aber noch stärker verdichtet als beim Gasmotor. Die große hiebei an dem Gas geleistete Arbeit führt zu starker Erhitzung. Kurz nach dem 2. Takt wird durch Z Öl in feinster Verteilung in die durch die Verdichtung stark erhitzte Luft eingespritzt, wodurch das Öl verbrennt. (Keine Fremdzündung.)

Die **Dieselmotoren** geben bis 37% Nutzeffekt.

Wellen und Schall (Akustik).

§ 67. Wellen.

1. Die Luft pflanzt eine Störung fort.

Stehen einander zwei mit elastischen Häuten bespannte Rahmen gegenüber (Abb. 252) und schlägt man gegen die eine, so schleudert unmittelbar darauf die zweite ein daran hängendes Pendelchen fort.

Abb. 252.
Fortpflanzung eines Luftstoßes.

Vorgang: Jedes Luftteilchen erleidet bei Empfang des Stoßes eine **winzige Verschiebung** nach vorwärts und kehrt nach Weitergabe des Stoßes in seine frühere Lage zurück. In der Luft entsteht eine **Luftverdichtung,** die im Sinne der Ausbreitung vorwärtsschreitet.

2. Das Wasser pflanzt eine Störung fort. Fällt ein Steinchen ins Wasser, so entsteht in der vorher ebenen Wasserfläche eine kleine Vertiefung, dafür rundherum eine kleine Erhöhung. Diese Störung des Gleichgewichtes läuft in Gestalt eines oder mehrerer Ringe nach allen Richtungen weiter.

3. Wellen entstehen, wenn durch einen schwingenden Körper eine regelmäßige Folge von Stößen ausgeübt wird.

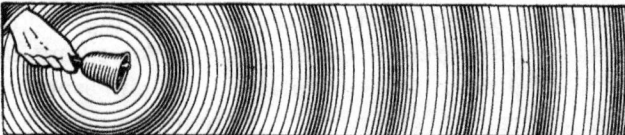

Abb. 253.
Luftwelle.

a) **In der Luft** folgt auf eine Verdichtung eine Verdünnung, dann wieder eine Verdichtung usw. (Abb. 253). Man nennt eine solche Welle eine **Längswelle.** Diese Wellenform ist in festen, flüssigen und gasförmigen Körpern durch deren Druckelastizität möglich.

b) **Im Wasser** folgt einem Wellenberg ein Wellental. Die entstehende Wellenform ist eine **Querwelle.** Solche können immer auftreten, wenn benachbarte Teilchen eines Körpers durch Querkräfte verbunden sind, z. B. durch hydrostatischen Druck bei Wasserwellen, durch Zugspannung in Seilen (Abb. 254), Drähten und Saiten, durch Biegungsspannungen in Stäben oder Platten.

Abb. 254. Seilwelle.

c) **Ein Wellenberg und ein Wellental** bilden zusammen eine **Wellenlänge.** Bei Längswellen reicht eine Wellenlänge von einer Verdichtung bis zur nächsten.

4. Ausbreitung der Wellen. Jede Art von Welle breitet sich mit einer gewissen Geschwindigkeit aus. In der Zeit, in der ein Teilchen des Trägers der Welle **1 Schwingung** macht, schreitet diese um **1 Wellenlänge** fort.

5. Zwei Wellenbewegungen in einem Körper überlagern sich. Dabei ist die Gesamtverschiebung y (Abb. 255a), die ein Teilchen des Körpers erfährt, gleich der Summe der Verschiebungen y_1 und y_2, die es durch jede der beiden Wellen einzeln erfahren würde. Besonders wichtig sind folgende Fälle:

a) **Zwei in gleicher Richtung laufende Wellenzüge** (Abb. 255b) sind so gegeneinander verschoben, daß ein Wellenberg des einen auf ein Wellental des anderen trifft. Dann löschen sich beide Wellenbewegungen aus.

b) **Zwei einander entgegenlaufende Wellen** (Abb. 256), die einzeln um 1 Wellenlänge λ in der Zeit T fortschreiten, wirken zusammen. Aus

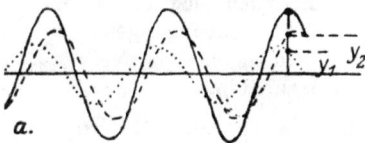

Abb. 255. Überlagerung.

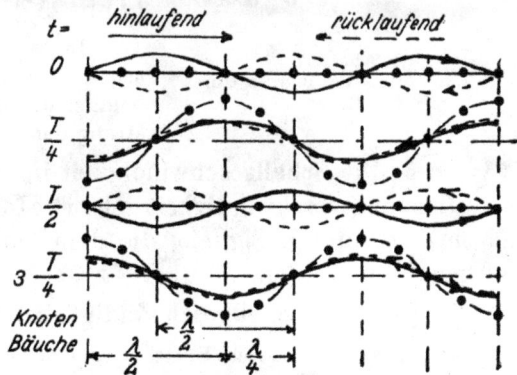

Abb. 256. Entstehung der stehenden Welle.

der Verschiebung der Wellen gegeneinander ergibt sich:

Zur Zeit   0 Auslöschung,
»   » $T/4$ Verstärkung,
»   » $T/2$ Auslöschung,
»   » $3\,T/4$ Verstärkung.

Betrachtet man dabei einen einzelnen Punkt, so kann man feststellen:
1. Es gibt Punkte, die dauernd in Ruhe bleiben — **Knoten.**
2. »   »   » , die die stärksten Bewegungen machen — **Bäuche.**

Diese Wellenform heißt **stehende Welle**; sie stimmt überein mit den Schwingungsformen fester Körper nach § 22.

§ 68. Der Schall.

1. Ein schwingender Körper verursacht Luftwellen. Unregelmäßige Stöße werden vom Ohr als Knall oder Geräusch, regelmäßige Schwingungen als Ton empfunden. Töne sind **hörbar,** wenn die Schwingungszahl zwischen **16** (tief) und etwa **20000** (hoch) in 1 s liegt.

2. Das Ohr besteht äußerlich aus der Ohrmuschel und dem Gehörgang. Dieser ist durch das **Trommelfell** vom inneren Ohr abgeschlossen. Vom Trommelfell werden die ankommenden Schallwellen auf die Gehörknöchelchen und von diesen durch das **ovale Fenster** auf die mit Gehörwasser gefüllte **Gehörschnecke** übertragen (Abb. 257).

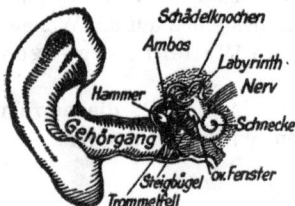

Abb. 257.
Einrichtung des inneren Ohres.

In letzterer befinden sich die **Cortischen Fasern,** die die Schwingungen aufnehmen und durch den zugehörigen Nervenstrang dem Gehirn zuleiten.

3. Die Schallgeschwindigkeit in einem Körper ist die Fortpflanzungsgeschwindigkeit einer elastischen Längswelle; sie kann durch Signale, die dem Ohr vernehmbar sind, leicht gemessen werden. **Merke:**

‖ a) Die Schallgeschwindigkeit in **Luft** beträgt **333 m/s.**

Wird in größerer Entfernung eine Kanone abgeschossen, so sieht man sofort den Blitz und hört erst später den Knall. Braucht der Schall, um z. B. 1000 m zu durchlaufen, 3 Sekunden, so legt er in 1 Sekunde zurück: 1000 m : 3 = 333 m.

‖ b) Die Schallgeschwindigkeit in **Wasser** ist **1435 m/s.**

Sie wurde von *Colladon* und *Sturm* im Genfer See bestimmt (Abb. 258). Dabei wurde eine Glocke unter Wasser angeschlagen und gleichzeitig durch Entzündung von Pulver ein Lichtsignal gegeben.

Abb. 258. Versuch von Colladon und Sturm im Genfer See (1827).

c) Die Schallgeschwindigkeit in **festen Körpern** ist noch größer **(4—5000 m/s).**

Daß Mauerwerk und besonders Eisen (Wasserleitungen) den Schall weiterleiten, ist gut zu beobachten. Aus einer Eisenbahnschiene heraus hört man das Herannahen eines entfernten Zuges besser als durch die Luft.

d) Aus den **Schwingungszahlen** des hörbaren Schalles und aus der Fortpflanzungsgeschwindigkeit folgen **Wellenlängen in Luft** zwischen **20 m** für die tiefsten, **2 cm** für die höchsten Töne.

Fragen. 1. Wie kann man die Entfernung eines Gewitters schätzen? — 2. Was beobachtest du, wenn in großer Ferne Holz gehackt oder ein Teppich geklopft wird in bezug auf die Zeit zwischen Schlag und Schall?

4. Ausbreitung des Schalles. a) Im freien Raum breitet sich der Schall geradlinig aus.

b) **An festen Wänden wird der Schall zurückgeworfen (reflektiert).**

Versuch: Stelle ein Uhrwerk auf eine weiche Unterlage und schirme das Ohr gegen die direkten Schallstrahlen ab. Hält man darüber ein Brettchen

Abb. 259. Reflexion des Schalles.

als Spiegel und dreht ihn langsam zurecht, so kann man leicht eine Stellung für ihn ausfindig machen, bei welcher ein seitlich von ihm befindliches Ohr das Ticken besonders stark vernimmt (Abb. 259).

c) Echo oder Widerhall ist Schall, der von Wäldern, Felswänden oder Mauern zurückgeworfen wurde.

Das Ohr kann in 1 Sekunde ungefähr 10 Silben genau unterscheiden. 1 Silbe erfordert zur Wahrnehmung also $^1/_{10}$ Sekunde. Ein **einsilbiges Echo** kann demnach getrennt vom Urlaut nur dann wahrgenommen werden, wenn es $^1/_{10}$ Sekunde später eintrifft, d. h. wenn es mindestens einen Umweg von 33 m macht (hin und zurück je 16,5 m).

d) Die **geradlinige Ausbreitung** wird **gestört** am Rand eines den Schall aufhaltenden Hindernisses, z. B. an einer Hauskante. Dort werden die Schallwellen um den Rand **herumgebeugt,** so daß der Schall auch hinter dem Hindernis gehört werden kann. Es gibt — im Gegensatz zum Licht — keinen scharfen Schallschatten.

5. Resonanz. Durch die Schallwellen wird sehr leicht Resonanz (§ 22. 3) hervorgerufen in Körpern, deren Eigenschwingungszahl mit der des erregenden Tones übereinstimmt.

Versuche. a) Singt man bei gehobenem Pedal gegen die **Saiten eines Klaviers** irgendeine Note, so klingt die entsprechende Saite mit.

b) Schlägt man eine **Stimmgabel** an, so tönt sie ziemlich schwach; hält man sie aber über einen **Glaszylinder** (Abb. 260) und füllt diesen allmählich mit Wasser, so wird der Ton der Stimmgabel bei einem bestimmten Wasserstand sehr stark; dies kommt daher, daß die Luftsäule jetzt denselben Ton wie die Stimmgabel zu geben vermag.

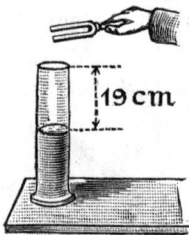
Abb. 260. Resonanz.

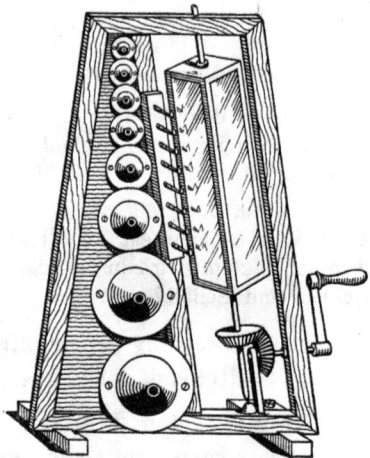
Abb. 261. Resonator.

c) Setzt man die angeschlagene Stimmgabel auf einen gut abgestimmten Holzkasten **(Resonanzkasten),** so tönt sie ganz laut.

Verwendung. Ein Satz kugelförmiger Resonatoren (Abb. 261) dient zur Prüfung, aus welchen Tönen ein Tongemisch besteht.

Praktisch von Bedeutung bei der Bekämpfung des störenden **Lärmes** ist die Feststellung der Töne, die hauptsächlich den Lärm verursachen. Hiezu können Resonatoren verwendet werden.

§ 69. Schallstärke.

1. Die **Schalleistung** (Schallstärke) wird gemessen in **Watt auf 1 cm²**, das von den Schallstrahlen senkrecht getroffen wird. Zur Messung dienen empfindliche Instrumente.

2. Die **Lautstärke** wird vom Ohr empfunden und ist von der Schallstärke durchaus verschieden.

a) Das Ohr ist für **verschiedene Tonhöhen verschieden empfindlich**; die größte Empfindlichkeit liegt bei etwa 2000 Schwingungen in 1 s. Für diesen Ton ist das Ohr 100 000 000 mal so empfindlich wie für den tiefsten oder höchsten Ton. **Lautstärkemessungen** beziehen sich auf einen **Ton von 1000 Schw. in 1 s.**

b) Zu einer Reihe von **Schallstärken**, die aufeinanderfolgend im **gleichen Verhältnis** zunehmen, z. B. R, 10 R, 10 · 10 R = 10^2 R, 10 · 10 · 10 R = 10^3 R . . . gehören **Lautstärken**, die um den **gleichen Betrag** wachsen, z. B. 0,0 + 1 = 1, 1 + 1 = 2, 2 + 1 = 3 . . . In der letzteren Reihe macht man nun alle Zahlen 10 mal so groß und nennt die so erhaltenen Zahlen der Lautstärke **Phon.**

Die 0 entspricht der **Reizschwelle R,** d. h. der unteren Grenze der Hörbarkeit. So erhält man:

Schallstärke	R	10 R	100 R	1000 R
Lautstärke	0	(0 + 1) · 10	(0 + 2) · 10	(0 + 3) · 10
Phon	0	10	20	30

Schallstärken: Blättersäuseln 10. Blätterrauschen 20, mittlerer Straßenlärm 50, Straßenbahnlärm 70, Radiomusik im Zimmer 80, laute Hupe 90, Motorradgeknatter 100, Niethämmer 110, Geschützfeuer 120 Phon.

3. **Mehrere gleich starke Schallquellen** geben zusammen nur eine wenig erhöhte Lautstärke. Verursacht z. B. eine Maschine den Lärm 80 **Phon**, entsprechend der Schallstärke 10^8 R, so geben **10 gleiche Maschinen** die Schallstärke $10^8 · 10 = 10^9$ R und die Lautstärke steigt nur von 80 auf **90 Phon.**

Wichtig für Maßnahmen zur Lärmbekämpfung.

§ 70. Raumwirkung.

1. In einem geschlossenen Raum wird der Schall von allen Wänden zurückgeworfen. Dieser zurückgeworfene Schall ist ein wesentlicher Teil des gesamten an einer Stelle hörbaren Schalles.

Da er häufig stärker ist, als der in gerader Richtung von der Schallquelle an das Ohr gelangte, kann er im Zusammenwirken mit diesem sehr stark stören.

2. Echo kann nur in großen Hallen stören. Nach § 68, 4c muß die Schallquelle mindestens 16,5 m von einer Wand entfernt sein, damit ein Echo zustande kommt.

3. Nachhall. Ist der Schallweg kleiner als **33 m** (hin bzw. zurück 16,5 m), so stört der zurückgeworfene Schall die folgenden Laute oder Töne; man spricht dann vom störenden Nachhall. Dies trifft in Kirchen und leeren Sälen zu.

Nicht zu lange dauernder Nachhall ist aber erwünscht; er macht die Töne voller. In einem Raum ohne Nachhall ist schwer vorzutragen.

4. Stehende Wellen können auftreten, wenn die von einer Wand senkrecht zurückgeworfene Schallwelle der ankommenden entgegenläuft. Daraus ergeben sich für einen bestimmten Ton Stellen guter (Bäuche) und schlechter (Knoten) Hörbarkeit. Bei dem tiefsten Klavierton (27 Schw.) beträgt die Wellenlänge 12,2 m, der Abstand eines Knotens und eines Bauches also etwa 3 m. Bei den für Sprache und Musik wichtigeren höheren Tönen (Obertönen) ist diese Störung wenig merkbar.

5. In Flüstergalerien hört man den an einem Ort **A** geflüsterten Laut deutlich an einem ganz bestimmten unter Umständen weit entfernten Ort **B**.

Grund. Die von **A** auseinandergehenden Schallstrahlen werden mehrfach von den Wänden so zurückgeworfen, daß sie sich in **B** wie in einem Brennpunkt überkreuzen, sammeln, verstärken.

Jedes Zimmer zeigt solche zusammengehörende Punkte (Brennpunkte). — Versuch mit 2 Hohlspiegeln und einer Taschenuhr im Deutschen Museum.

6. Die Schallwirkung eines Raumes hängt also von den Wänden ab. Ist die Akustik in einem Raum schlecht, so ist daran oft nicht mehr viel zu ändern. Räume, bei denen es auf die Schallwirkung ankommt, müssen bereits im Bauplan zweckmäßig bemessen werden. Lage der Wände gegeneinander und ihre Form, auch das Zusammenwirken von Decke mit Wänden und Fußboden ist von Bedeutung. Besonders wichtig ist die Auswahl des Ortes, von dem der Schall ausgehen soll, des Rednerpultes, der Kanzel oder bei einer Übertragungsanlage Zahl und Verteilung der Lautsprecher.

7. a) **Einbauten** im Raum können das Zusammenwirken direkter und zurückgeworfener Schallstrahlen (Nachhall, stehende Wellen, Brennpunkte) wesentlich ändern. Vor allem verringern sie den Nachhall, der im leeren Raum am größten ist.

b) **Die Stärke des Nachhalles** hängt vom Schallreflexionsvermögen der Wände und der Einbauten ab.

Wenn die Wände mit **weichen Stoffen** behängt sind, so wird die Energie des zurückkommenden Schalles sehr gedämpft. Wenn die Wände mit **Profilen** versehen sind, so wird jeder auftreffende Schallstrahl nach allen Richtungen zerstreut, seine Wirkung also auch gedämpft. — Je mehr **Einrichtungsgegenstände** in ein leeres Zimmer kommen, desto mehr verschwindet durch diese Zerstreuung der Nachhall.

Das **Reflexionsvermögen** ist für eine glatte Steinwand 95%, für Holzwände bis 90%, für hängende, faltige Stoffe 20%.

c) **Die Schalldämpfung** kann oft auf geeignete Wandteile beschränkt werden. Durch deren günstige Auswahl sowie durch Form und Anordnung von Einrichtungsgegenständen läßt sich die Akustik eines Raumes oft wesentlich verbessern.

8. **Der Übergang des Schalles** von einem Raum in einen anderen erfolgt durch die Schalleitung fester Gebäudeteile.

Die isolierende (**schalldämpfende**) Wirkung einer Wand wächst nahezu gleichmäßig mit ihrer Masse (Gewicht). Wände aus Holz oder Leichtbaustoffen können durch Hintereinanderschalten mehrerer Schichten (ohne feste Verbindung miteinander) schalldämmend gemacht werden.

Durch eine 24 cm starke Ziegelmauer wird eine Lautstärke von **80 Phon** auf **30 Phon** vermindert.

§ 71. Töne in der Musik.

1. Mit der Lochsirene (Abb. 262) kann man Töne von gewünschter Höhe erzielen. Sie besteht aus einer kreisrunden

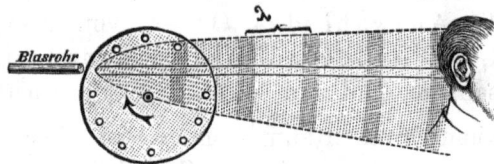

Abb. 262. Die Sirene.

Scheibe, die im Kreise herum eine Anzahl gleichmäßig verteilter Löcher aufweist.

Versuch. Versetze die Scheibe in Drehung und blase gegen die Löcher! (Ergebnis: Der Luftstrom erfährt in 1 Sekunde so viel Stöße als Löcher in 1 Sekunde vorübergehen.) Je **schneller** man dreht, desto mehr Löcher gehen sekundlich vorüber, desto **höher** erscheint der Ton.

2. Dem Pariser Kammerton, dem eingestrichenen $\bar{a}$, dessen Notenbild zwischen der zweiten und dritten Notenzeile liegt (Abb. 265), entsprechen **440** Schwingungen in einer Sekunde.

Stimmgabeln, die diesen Ton geben, werden zum Stimmen der Klaviere benutzt.

3. Als höhere Oktave eines Tones bezeichnet man den Ton, dessen Schwingungszahl **doppelt** so groß ist.

Versuch. Teilt man auf dem **Monochord** (Abb. 263) die Saite in ein kurzes und in ein langes Stück, die sich verhalten wie **1 : 2**, so gibt die kürzere Saite die höhere Oktave des Tones der längeren Saite. (Je kürzer die Saite ist, desto schneller schwingt sie.)

4. Das Intervall zweier Töne gibt stets an, wievielmal höher die Schwingungszahl des zweiten Tons ist gegenüber jener des ersten Tons.

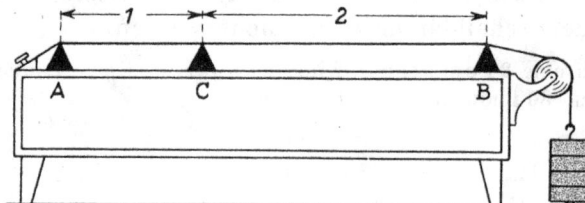

Abb. 263. Monochord.

Das Intervall 2 heißt **Oktave;** $^3/_2$ eine Quint, $^4/_3$ eine Quart; $^5/_4$ eine Terz; $^9/_8$ eine Sekund. $z = {^{16}/_{15}} = 1{,}06$ **heißt ein halber Ton.** (Teile die Saite AB in Abb. 263 entsprechend!)

5. Das Klavier zeigt in der Oktave 12 Töne von ganz gleichmäßigem Anstieg von halbem Ton zu halbem Ton ($z = 1{,}06$). Diesen mathematisch gleichmäßigen Anstieg nennt man die gleichschwebende Temperatur (Abb. 264).

Abb. 264. Klavier.

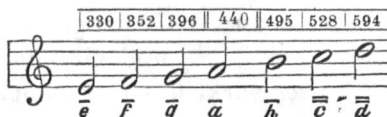

Abb. 265. Diatonische Tonleiter.

6. Die älteste Tonleiter, die sich durch besonderen Wohlklang auszeichnet, ist die **diatonische.** Sie enthält in der Oktave nur 8 **Töne,** genannt **C, D, E, F, G, A, H, C′** (Abb. 265).

24 :	27 :	30 :	32 :	36 :	40 :	45 :	48
C	D	E *	F	G	A	H *	c
Grundton	Sekund	Terz	Quart	Quint	Sext	Septime	Oktave
1	$^9/_8$	$^5/_4$	$^4/_3$	$^3/_2$	$^5/_3$	$^{15}/_8$	**2**
von Ton zu Ton	$^9/_8$	$^{10}/_9$	$^{16}/_{15}$	$^9/_8$	$^{10}/_9$	$^9/_8$	$^{16}/_{15}$

Die letzte Zeile gibt die Intervalle von Ton zu Ton; man erhält hier nicht lauter gleiche Intervalle, sondern bald große ($^9/_8$ = großer, $^{10}/_9$ kleiner ganzer Ton), bald kleine ($^{16}/_{15}$ = 1,06 halber Ton). Durch Zerlegung der großen Intervalle in 2 Teile (Einschaltung der 5 schwarzen Tasten **cis, dis, fis, gis, b** auf dem Klavier) entsteht die angenehm ansteigende **chromatische Tonleiter** (Abb. 264).

§ 72. Sprechmaschine.

Der Phonograph (Abb. 266) ist ein künstlicher Sprechapparat. Er wurde 1875 vom Amerikaner *Edison* erfunden.

Als *Dumoucel* der Pariser Akademie den ersten Phonographen vorführte, rief man ihm zu: Frechheit, Bauchrednerschwindel!

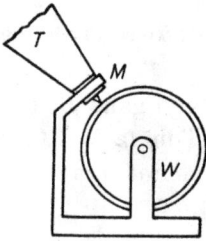

Abb. 266.
Phonograph.

Vorgang. Man spricht durch einen Trichter gegen eine Membran **M**, die sich mittels eines spitzen Stiftes an eine durch Uhrwerk gedrehte Hartwachswalze oder Platte **W** lehnt. Dabei werden mehr oder minder tiefe bzw. dichte Löcher in die Walze eingeritzt. — Läßt man umgekehrt den Stift wieder über das so eingeritzte Phonogramm gleiten, so tönt die Membran und gibt das Hineingesprochene wieder.

Besser wirkt das **Grammophon** von Berliner, bei dem eine Hartgummischeibe das Phonogramm trägt.

Bei der **Stimmaufnahme** spricht man gegen eine mit Wachs überzogene Zinkscheibe; von der besprochenen Platte wird galvanisch ein Abdruck erzeugt und dieser den erweichten Schallplatten aufgepreßt.

Abb. 267 zeigt, wie man das Phonogramm auf einen **Lautsprecher l** fernübertragen kann.

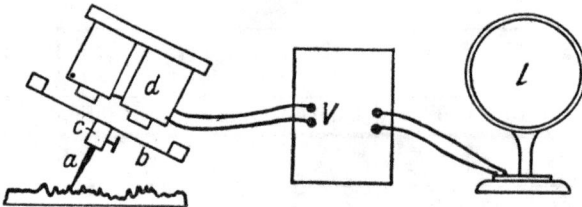

Abb. 267. Übertragung auf den Lautsprecher.

Die vom Stift **a** erschütterte Stahlmembran schwingt in einem Magnetfeld und induziert dadurch in den Windungen des Magnets **d** einen modulierten Wechselstrom, der im Verstärker **V** so verstärkt wird, daß er den Lautsprecher betreiben kann.

Lehre vom Licht (Optik).

§ 73. Geradlinige Ausbreitung.

1. Die Geradlinigkeit der Lichtstrahlen beobachtet man, wenn die Sonne in ein Zimmer scheint, an den Sonnenstäubchen oder mit künstlichem Licht nach Abb. 268.

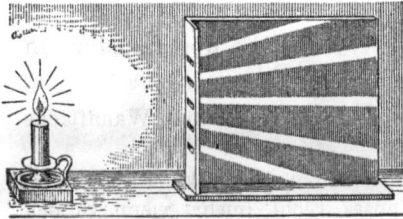

Abb. 268. Ausbreitung des Lichtes.   Abb. 269. Lochkamera.

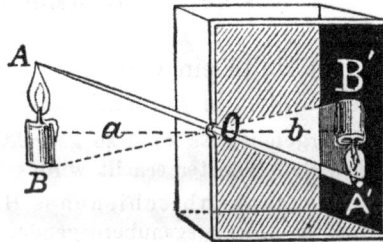

2. Darauf beruht die Entstehung der Bilder in der Lochkamera (Abb. 269). Dies ist ein lichtdicht verschlossener Kasten mit einer kleinen Öffnung in der Vorderwand und einer durchscheinenden Rückwand.

Gebrauch. Halte den Kasten mit der Öffnung gegen einen leuchtenden Gegenstand (z. B. eine Glühlampe)! (Ergebnis: Es entsteht davon auf der Rückwand ein farbentreues **umgekehrtes Bild.**)

Die Kamerabilder sind unscharf (**verschwommen**), da jedem Punkt A des Gegenstandes nicht ein Punkt, sondern ein Fleck entspricht.

3. Wie kann man den Schatten eines Würfels zeichnen? Halte einen Holzwürfel in die Sonnenstrahlen und laß seinen Schatten auf eine waagrechte weiße Fläche fallen! Mache denselben Versuch bei Beleuchtung mit einer starken, nicht mattierten Glühlampe!

Man erhält den Schatten durch Zeichnung (Abb. 270), wenn man den Körper auf die Zeichenfläche mit geraden Strahlen projiziert.

Eine flächenhafte Lichtquelle
(Glühlampe) gibt keinen ganz
scharfen Schatten.

**4. Das Visieren und
Vermessen (§ 80, 7) setzt
die Geradlinigkeit der
Lichtstrahlen voraus.**

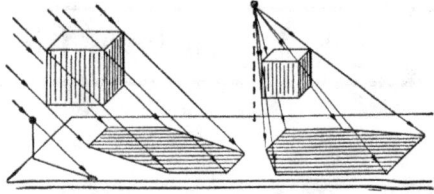

Abb. 270. Schatten.

§ 74. Zurückwerfung (Reflexion).

**1. Was geschieht, wenn ein Lichtstrahl auf eine Fläche
trifft?**

a) Halte ein weißes Blatt in der Nähe des Fensters in
das einfallende Sonnenlicht!

Ergebnis: Es kann so gedreht werden, daß die dunkle Wandfläche
neben dem Fenster erhellt wird.

Ein sonnenbeschienenes Haus sendet in die dunkle Erdgeschoß-
wohnung eines gegenüberliegenden Hauses Licht (mehr, wenn es hell
getüncht ist, oder weniger, wenn es dunkel gestrichen ist). — Es ist nach
allen Richtungen sichtbar.

b) Mache dasselbe mit einem hellfarbigen (roten,
grünen) Blatt!

Ergebnis: Die Aufhellung der Wandfläche hat einen der Farbe des
Blattes entsprechenden Farbton.

c) Wiederhole den Versuch mit einem Stück belegten
Spiegelglases!

Ergebnis: An der Wand zeichnet sich ein heller Lichtfleck in der Form
des Spiegels ab.

Man spricht im Fall a) und b) von zerstreuter (diffuser)
Zurückwerfung (Reflexion) (Abb. 271), im Fall c) von Spiegelung (Abb. 272).

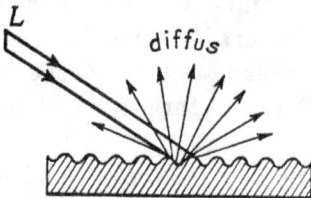

Abb. 271. Diffuse Reflexion.

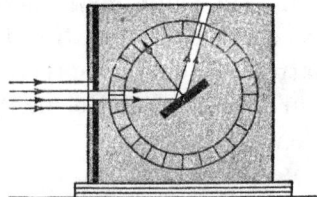

Abb. 272. Spiegelung.

2. Das Spiegelgesetz läßt sich nach Abb. 272 leicht ermitteln. **Merke:**

> Der **einfallende** und der **zurückgeworfene** Strahl bilden mit dem **Spiegellot** gleiche Winkel (Einfallswinkel α = Reflexionswinkel α') und liegen mit dem Lot in derselben Ebene (Abb. 273).

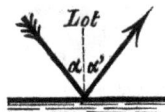

Abb. 273.
Reflexion am
Spiegel.

§ 75. Die Spiegel.

♥1. Grundgesetz vom Spiegelpunkt A' (Abb. 274). **Alle Strahlen,** die von einem **Punkt A** ausgehen, werden von einem ebenen Spiegel so zurückgeworfen, als kämen sie von einem **Punkt A'** her, der ebensoweit hinter dem Spiegel liegt als **A** vor demselben. **A'** heißt das **Spiegelbild von A.**

Dieser Satz ist mathematisch leicht zu beweisen. — Er dient dazu, um rasch zu den gegebenen Strahlen die reflektierten zu zeichnen. (Suche zunächst zu **A** den Punkt **A'** auf und ziehe die Strahlen von **A'** nach **X**!)

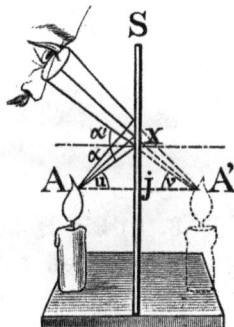

Abb. 274. Spiegelbild.

2. a) Blickt der Beobachter gegen A', so bekommt er zwar nur die von A ausgehenden, am Spiegel **X** umgeknickten Strahlen ins Auge; er glaubt aber diese Strahlen kämen wirklich von **A'** (**A'** ist für ihn Strahlungspunkt). In **A'** sieht er daher das Abbild von **A**. Da nun jedem Punkt **A** vor dem Spiegel ein Punkt **A'** in gleicher Entfernung **hinter** dem Spiegel entspricht, so glaubt das Auge, hinter dem Spiegel einen vor dem Spiegel befindlichen Gegenstand noch einmal, und zwar in gleicher Größe und in gleichem Abstand vom Spiegel zu sehen.

Hinter dem Spiegel ist aber nichts; daher heißen solche eingebildete Bilder **Scheinbilder** (oder virtuelle Bilder).

b) **Große Spiegel,** die eine ganze Wandfläche ausfüllen, täuschen hinter dem Spiegel eine Fortsetzung des Raumes in gleicher Tiefe vor. Schmale, lange Räume erwecken dadurch den Eindruck größerer Räumigkeit (**Spiegelgalerien,** berühmt die im Schloß zu Versailles).

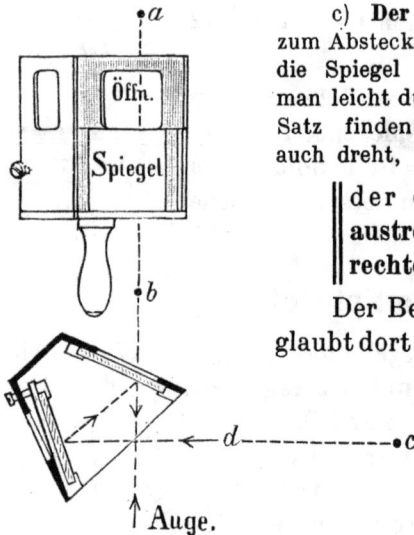

Abb. 275. Winkelspiegel.

c) **Der Winkelspiegel** (Abb. 275) dient zum Abstecken eines rechten Winkels. Bilden die Spiegel einen Winkel von **45⁰**, so kann man leicht durch Zeichnung oder Rechnung den Satz finden: Wie man den Winkelspiegel auch dreht,

> der **einfallende** Strahl und der **austretende** Strahl bilden einen **rechten Winkel.**

Der Beobachter, der gegen **b** blickt, glaubt dort die ursprüngliche Signalstange **c** zu sehen.

Um z. B. zu **cd** eine Linie senkrecht abzustecken, blickt man gegen Bild **b** und winkt eine Stange **a**, die ein Arbeiter hält, so ein, daß sie sich mit **b** beim Visieren deckt. Dann ist der $\sphericalangle$ (**c**, Spiegel, **b**) ein Winkel von 90⁰.

3. a) **Ein Hohlspiegel (Konkavspiegel)** ist eine hohle, meist kugelige, innen polierte Schale, die auf der Innenseite spiegelt.

b) **Versuch.** Man lasse Strahlen parallel zur Spiegelachse (in Abb. 276 von rechts her) darauf fallen! Ergebnis: Sie gehen nach der Zurückwerfung am Spiegel durch einen Punkt F. Dieser wird **Brennpunkt** genannt.

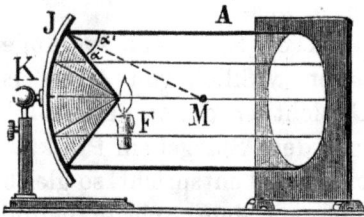

Abb. 276. Brennpunkt.

Laß **Sonnenstrahlen** darauf fallen und suche mit einem Stück Papier den Ort des Brennpunktes auf! Bei großen Spiegeln ist die im Brennpunkt gesammelte Strahlung so stark, daß sich dort Papier entzündet; daher der Name.

Die Entfernung des Brennpunktes vom Spiegel heißt die **Brennweite** des Spiegels. Sie ist gleich der Hälfte des Kugelhalbmessers, $KF = \frac{1}{2} KM$.

c) **Umkehrung.** Man stelle eine Lichtquelle in den Brennpunkt! Ergebnis: Die von ihr ausgehenden Strahlen

werden nach der Reflexion am Hohlspiegel alle zu-
einander parallel.

Der Lichtkreis auf dem Schirm in Abb. 276 ist so groß wie der Spiegel.

Besser als die kugelig geschliffenen wirken die nach einer
Parabel geschliffenen Hohlspiegel.

Abb. 277. Scheinwerfer.

Die **Parabelfläche** zeigt die Form des spitzen Teiles von einem Ei.

Hohlspiegel (meist parabolisch) werden verwendet bei den **Scheinwerfern** der Fahrzeuge (Abb. 277). Die **Heizsonne** (Abb. 440) wirft die
von einer kleinen stark erhitzten Fläche kommenden Wärmestrahlen
in die gewünschte Richtung.

d) **Nähert** man die Lichtquelle dem Spiegel
noch mehr, so gehen die reflektierten Strahlen
auseinander, so, als ob sie vom vergrößerten
Bild der Lichtquelle hinter dem Spiegel her-
kämen (Abb. 278).

e) **Erhabene** oder **Konvexspiegel** geben
von der Umgebung zierliche verkleinerte
Scheinbilder **(Spiegelnde Gartenkugeln).**

Solche Spiegel verwendet man als **Rück-
wärtsspiegel** bei Kraftfahrzeugen.

Abb. 278.
Vergrößertes Bild.

§ 76. Brechung des Lichtstrahles.

1. **Dringt ein Lichtstrahl schräg in Wasser ein, so ändert
er seine Richtung; er wird zum Lot hin gebrochen (Abb. 279).**

Der Winkel α zwischen dem Einfallslot und dem einfallenden Strahl
heißt **Einfallswinkel,** der Winkel β zwischen dem Lot und dem gebrochenen
Strahl heißt **Brechungswinkel.**

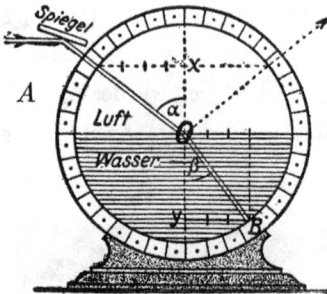

Abb. 279. Brechung im Wasser.

2. Wie findet man den gebrochenen Strahl? Der holländische Ingenieur **Snellius** fand 1626 folgende Konstruktion:

Beschreibt man um den Einfallspunkt O **einen Kreis** und zieht die **Sinuskatheten** A X und BY (kurz Sinusse genannt), so findet man, daß ihr **Verhältnis,** wie groß auch α sein mag, immer denselben Wert (z. B. $^4/_3$ für Wasser) behält.

a) Es ist sonach $\dfrac{AX}{BY}$ oder $\dfrac{\sin \alpha}{\sin \beta} = \dfrac{4}{3}$.

Das Brechungsgesetz lautet allgemein:

$$\frac{\text{sinus des Einfallwinkels } \alpha}{\text{sinus des Brechungswinkels } \beta} = \textbf{Brechungszahl } \boldsymbol{n}$$

b) Einfallsstrahl, Einfallslot und gebrochener Strahl liegen in der gleichen Ebene.

3. Die Brechungszahl n ist für den Übergang Luft in Wasser 4/3, Luft in Kronglas 3/2, Luft in Diamant 5/2.

Den stärker brechenden Stoff nennt man das optisch dichtere Mittel.

‖ **Merke:** Bei dem Übergang in das dichtere Mittel wird der Strahl zum Lot gebrochen.

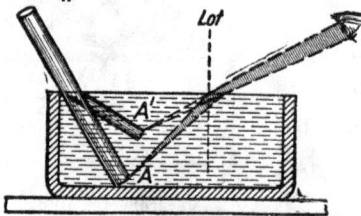

Abb. 280. Der Stab erscheint geknickt, das Ende A gehoben.

4. a) Ein schräg ins Wasser getauchter Stab (Abb. 280) erscheint geknickt, der eintauchende Teil gehoben.

Grund. Die von **A** ausgehenden Strahlen gelangen erst nach einer Brechung vom Lot in das Auge. Da $\beta > \alpha$ ist, so glaubt das Auge den Punkt **A** in der gehobenen Lage A' zu sehen. Der **Boden** des Wasserbeckens erscheint gehoben.

Sieht man einen **Fisch** im Wasser schwimmen, so ist er tiefer als man vermutet. Die Hebung erscheint um so stärker, je schräger man gegen die Wasserfläche blickt (Versuch mit einem eingetauchten **Maßstab**).

b) Durch **eine ungleich dicke Fensterscheibe** erscheint eine gerade Mauerkante oder eine Eisenbahnschiene verzerrt.

5. Kann jeder Strahl aus dem Wasser wieder in Luft austreten? Nein; dieses zeigt Abb. 281. Es gibt hier drei Fälle; diese sind durch die 3 Strahlen I, II, III angedeutet.

1. Fall. Der von A ausgehende Strahl I kann in Luft übertreten. Er wird dabei vom Lot gebrochen ($\beta > \alpha$). Wird α größer, so wird auch β größer. Ist $\sphericalangle \alpha = 48^0$, so ist β schon 90^0 (Fall II).

2. Fall. Strahl II tritt gerade noch streifend aus. Für ihn ist $\alpha = 48^0$, $\beta = 90^0$. Der $\sphericalangle 48^0$ heißt der Grenzwinkel, der Strahl II der Grenzstrahl.

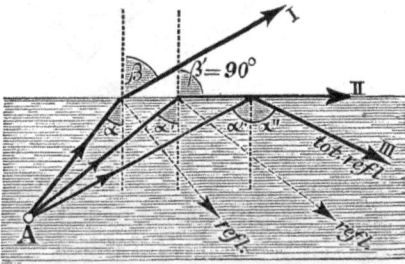

Abb. 281. Totale Reflexion.　　　Abb. 282. Grenzwinkel g.

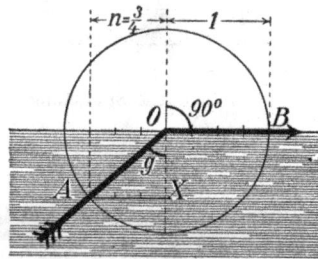

3. Fall. Trifft Strahl III noch schräger auf die Wasserfläche als Strahl II, ist also sein Einfallswinkel $\alpha > 48^0$, so kann er nicht mehr aus dem Wasser heraus; er wird gänzlich (= **total**) reflektiert. (Von den übrigen Strahlen I, II wird jeweils nur ein Teil reflektiert.)

Vollständige Zurückwerfung (zurück ins dichtere Mittel) tritt ein, wenn der Strahl einen Einfallswinkel hat, der **größer** als der **Grenzwinkel** ist.

Der Grenzwinkel g kann entweder durch Zeichnung gefunden werden (erkläre Abb. 282!) oder durch Rechnung. Brechungsgesetz für Strahl II $\sin g : \sin 90^0 = n$ oder kurz **$\sin g = n$.** Ist $n = 3/4 = 0{,}75$, so zeigt die Sinustafel den Winkel $g = 48^0$. Ist $n = 2/3$, so ist $g = 42^0$.

Der Grenzwinkel für Wasser/Luft ist 48^0, für Kronglas/Luft 42^0.

6. Beispiele zur totalen Reflexion sind:

a) Stelle ein leeres **Glasgefäß** schräg in Wasser! (Abb. 283.) (Ergebnis: Der mit Luft gefüllte Teil spiegelt wie Quecksilber.) **Grund:** Seitliches Licht, das in den Luftraum des Gläschens übertreten möchte, geht wegen totaler Reflexion ins dichtere Mittel zurück.

b) Das **Funkeln der Diamanten** beruht auf Totalreflexion des von vorn einfallenden Lichtes an der Rückseite.

c) **Das gleichschenkelig-rechtwinkelige Prisma** (Abb. 284) wirkt für Strahlen, die senkrecht auf die Kathetenflächen fallen, **total reflektierend,** da der Einfallswinkel 45° an der Hypotenusenfläche bereits den Grenzwinkel für Kronglas, der nur 42° ist, überschreitet. Vielfach verwendet bei optischen Instrumenten, z. B. beim **Prismenfernrohr** (Abb. 316).

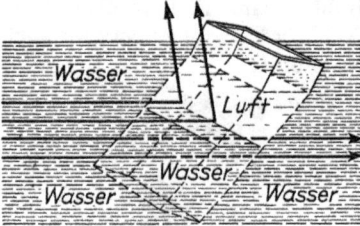

Abb. 283.
Vollkommene Spiegelung.

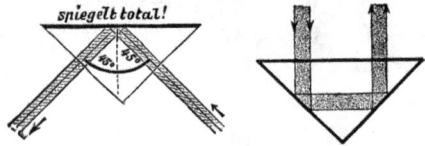

Abb. 284.
Total reflektierendes Prisma.

7. **Ein Prisma ist ein Glaskeil** mit zwei ebenen brechenden Flächen, die einen Winkel bilden (Abb. 285). Dieser Winkel heißt der brechende Winkel, der Schnitt der Ebenen die brechende Kante. S t r a h l e n g a n g : Geht ein Strahl durch ein Prisma, so wird er zweimal gebrochen: beim Eintritt und beim Austritt. **Merke:**

a) D e r **Strahl** w i r d z u m **dickeren Ende** d e s P r i s m a s
     a b g e l e n k t .

b) D e r **Gegenstand** e r s c h e i n t z u r b r e c h e n d e n K a n t e
     v e r s c h o b e n (Abb. 286).

Blicke durch einen Glaskeil gegen ein Kerzenlicht (Abb. 286)! Du findest es nicht sogleich. Wo erblickst du es endlich?

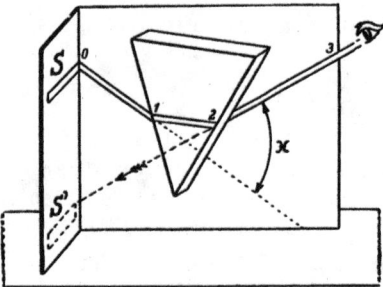

Abb. 285. Umknickung des Strahles.

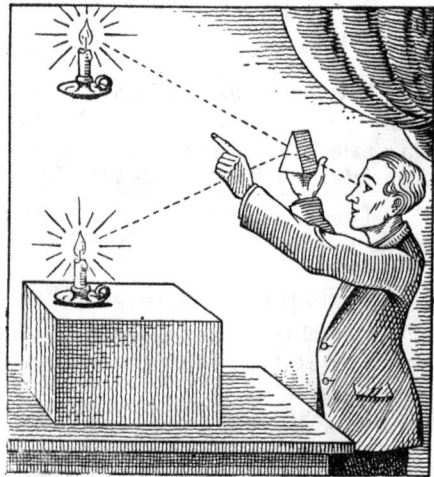

Abb. 286. Die Kerze sieht man gehoben.

8. Eine wichtige technische Form ist das Winkelprisma (Abb. 287), das zum Abstecken von rechten Winkeln dient.

Es ist ein Glasprisma mit einem Winkel von 90⁰ und einem von 45⁰. Die spiegelnden Seitenflächen des Prismas sind versilbert (Abb. 288).

Strahlengang. Man beweist leicht, daß $\sphericalangle \varphi = 90^0$. Dann folgt aus dem Brechungsgesetz, daß auch der eintretende und der austretende Strahl aufeinander senkrecht stehen. Anwendung wie beim Winkelspiegel.

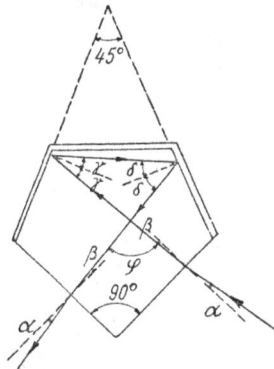

Abb. 287.
Winkelprisma.

Abb. 288. Strahlengang
im Winkelprisma.

§ 77. Die Farben.

1. Farbige Ränder erblickt man an dem Bild einer Fensterscheibe, die man nach Abb. 286 durch ein Prisma betrachtet. Bedeckt man die Fensterscheibe mit einem Blatt schwarzen Papiers, in das ein **schmaler Spalt** geschnitten ist, so verschwindet das Weiß in der Mitte des Spaltbildes und man sieht ein **Farbenband (Farbenzerstreuung,** Dispersion, **Spektrum).** In diesem unterscheidet man 7 Hauptfarben:

Rot, Orange, Gelb, Grün, Blau, Indigo, Violett.

Einer größeren Zahl von Beobachtern zeigt man das Spektrum, indem man einen sehr stark beleuchteten Spalt (Abb. 289) mit einer Linse auf einem Schirm (s) abbildet, dann das Prisma in den Strahlengang schiebt. Das entstehende Farbenband besteht aus aneinander gereihten farbigen Spaltbildern.

2. Der Grund für die verschieden starke Ablenkung ist, daß jede Farbe eine etwas andere Brechungszahl hat. Diese hängt ab

　　a) von dem Stoff, aus dem das Prisma besteht,
　　b) von der Farbe.

3. Wiedervereinigung. Vereinigt man alle Spektralfarben
(durch Einschalten einer Sammellinse in C in Abb. 289) auf eine
Stelle, so erscheint diese wieder weiß.

Beim **Farbenkreisel** sind die Spektralfarben in Sektoren nebeneinander aufgetragen. Dreht sich diese Farbenscheibe, so erscheint ihre
Fläche weißgrau.

Versuch. Schaltet man aus einem Spektrum das Rot aus und vereinigt die übrigen Farben durch eine Sammellinse, so erhält man einen

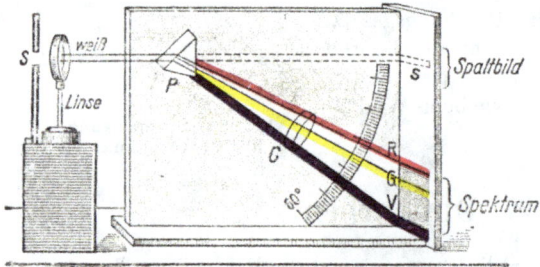

Abb. 289. Entstehung des Spektrums.

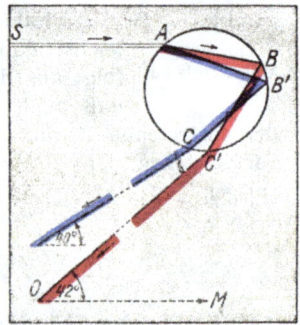

Abb. 292. Regenbogen.

Abb. 290. a) Zusammenhängendes Spektrum.

Abb. 290. b) Linienspektrum.

B C   D   E F   G   H

Abb. 291. Sonnenspektrum mit den Fraunhoferschen Linien.

grünen Fleck. — Schaltet man Grün aus, so ergeben die übrigen Spektralfarben vereinigt einen roten Fleck.

Zwei Spektralfarben, die vereinigt ebenfalls den Eindruck »Weiß« ergeben, heißen **komplementäre** Farben. Solche sind **Rot und Grün; Blau und Gelb** usw.

4. Arten des Spektrums. a) Glühende feste Körper (Bogenlampenkohle) geben ein **zusammenhängendes** Spektrum (Abb. 290a). b) Leuchtende Gase und Dämpfe geben nur eine Serie von **Spektrallinien**, z. B. Wasserstoff (in Geißlerschen Röhren) gibt vier Linien (Abb. 290b).

5. Farben im durchgehenden Licht zeigen Körper, die nur bestimmte Spektralfarben hindurchlassen oder umgekehrt verschlucken.

Solche Körper **(Farbgläser, Farbfilter)** zeigen, wenn man das von ihnen durchgelassene Licht durch ein Prisma zerlegt, für die verschiedenen Farben verschiedene Durchlässigkeit bis zu vollständigem Verschlucken einzelner Farben oder Farbbereiche **(Absorptionsspektrum).**

Fraunhofer entdeckte 1820 im Sonnenspektrum schwarze Linien (Abb. 291); dies ist also ein Absorptionsspektrum. **Grund:** das weiße Licht des Sonnenkerns wird durch die glühende Sonnenatmosphäre strichweise absorbiert.

6. Der Regenbogen entsteht durch Brechung, Dispersion und Reflexion des Sonnenlichts in Wassertröpfchen (Abb. 292). Er erscheint nur einem Beobachter, der die **Sonne im Rücken** hat.

Das farbige Funkeln von Tautröpfchen beruht auf demselben Vorgang.

7. Farben im zurückgeworfenen Licht. Warum erscheint ein Körper schwarz, ein anderer weiß, ein dritter rot, trotzdem dasselbe Tageslicht darauf fällt?

Das Tageslicht streut sozusagen alle 7 Farben über diese Körper; aber der **schwarze** verschluckt (= absorbiert) alle diese Farben und reflektiert keine; der **weiße** reflektiert alle in gleichem Maß, so daß die reflektierte Mischung wieder weiß erscheint; der **rote** Körper reflektiert vorzüglich Rot und verschluckt das komplementäre Grün usw. — Im dunklen Keller ist das farbenprächtigste Gemälde schwarz. Fängt man auf einem roten Schirm ein Spektrum auf, so erscheint das Rot so hell, wie bei einem weißen Schirm; vom Grün an aber bleibt der Schirm schwarz, da er nur ein rotes Licht zurückwerfen kann.

Im Licht von Lichtquellen, die ein **Linienspektrum** liefern (§ 82, 7) und nur eine Farbe aussenden (z. B. die Natriumdampflampe gelb) verschwinden alle Farben; es wird nur mehr oder weniger getrübtes einfarbiges Licht zurückgeworfen. Das Spektrum der Quecksilberdampflampe enthält zwar mehr Linien, doch sind am stärksten die grünen und blauen. Diese Farben werden sehr hell, Rot gar nicht wiedergegeben.

8. Die Farben der **technischen Farbstoffe der Maler** sind keine Spektralfarben, auch keine Mischungen reiner Spektralfarben.

Sie sind nicht wie Spektralfarben gesättigt, sondern mehr oder weniger stumpf. Keine Malerfarbe ist vollständig schwarz.

§ 78. Linsen.

1. Eine **Glaslinse** ist ein Stück Glas, dem zwei Kugelflächen angeschliffen sind. Die Verbindungslinie der Kugelmittelpunkte heißt optische Achse der Linse.

2. Man unterscheidet **zwei Arten** von Linsen:

a) **Sammellinsen.**	b) **Zerstreuungslinsen.**

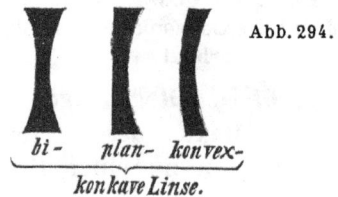

Abb. 293.

Abb. 294.

bi - plan - konkav-
konvexe Linse

bi - plan - konvex-
konkave Linse.

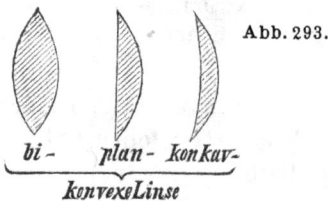

Kennzeichen. Sie sind in der Mitte **dicker** als am Rande, daher genannt erhabene oder **Konvex**linsen.

Kennzeichen. Sie sind in der Mitte **dünner** als am Rande, daher genannt Hohl- oder **Konkav**linsen.

3. Wie verhält sich eine Linse gegen Parallelstrahlen? a) Da nach dem Prismensatz durchgehende Strahlen stets zur **dickeren** Stelle hin gebrochen werden, so sammeln die Sammellinsen eintreffende Parallelstrahlen in einem Punkt (dem **Brennpunkt F** der Linse); Zerstreuungslinsen zerstreuen aber eintreffende Parallelstrahlen von einem gedachten sog. **Zerstreuungspunkt Z** aus. Erkläre Abb. 295 und Abb. 296! **Merke:**

‖ **Parallelstrahlen** vereinigen sich im **Brennpunkt.** Seine ‖ Entfernung von der Linse heißt Brennweite f der Linse.

b) **Jede Linse hat zwei Brennpunkte,** da die Parallel-strahlen entweder von rechts oder von links auf die Linse treffen können. Beide Brennpunkte einer Linse sind von dieser gleichweit entfernt.

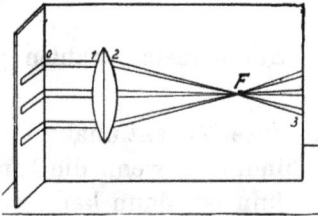

Abb. 295. Sammellinse.

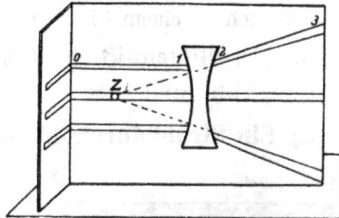

Abb. 296. Zerstreuungslinse.

Laß **Sonnenstrahlen** senkrecht auf eine Sammellinse fallen und suche mit einem Stück Papier den Brennpunkt auf! Im Brennpunkt großer Linsen kann man Papier in Brand setzen; daher der **Name** (Abb. 297).

c) **Halte eine Lichtquelle in den Brennpunkt (Abb. 298)!** Ergebnis: Die austretenden Strahlen werden parallel.

Abb. 297. Brennpunkt.

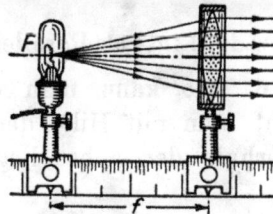

Abb. 298.
Brennstrahlen werden parallel.

4. Alle von einem Punkt A (Abb. 299) eines Gegenstandes ausgehenden Strahlen, die auf die Linse treffen, werden von der Linse in **einem Punkt B** gesammelt. B heißt der Bild-punkt von A. Da jedem Punkt des Gegenstandes ein Punkt

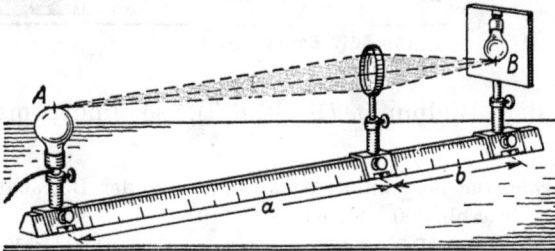

Abb. 299. Aufsuchung des reellen Bildes.

des Bildes entspricht, so haben wir ein **scharfes Bild.** Es kann auf einem Schirm aufgefangen werden **(wirkliches, reelles** Bild, Abb. 299).

Alle Strahlen, die von einem ebenen Gegenstand ausgehen, sammeln sich in einem ebenen Bild.

5. Ein Bildpunkt wird durch ausgezeichnete Strahlen ge-funden (Abb. 300).

a) **Ein Strahl durch die Mitte der Linse (2) geht unabgelenkt hindurch;** wenn die Linse dünn ist, dann kann man sie durch eine brechende Ebene ersetzt denken.

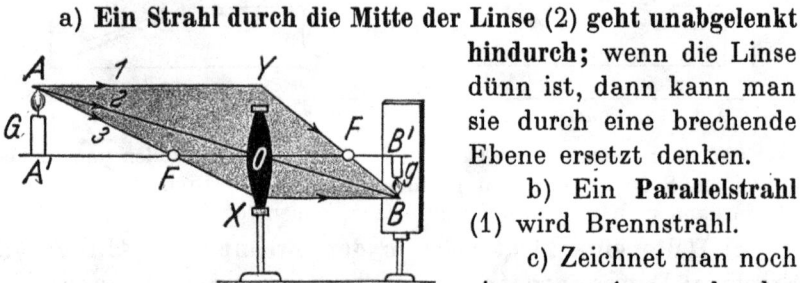

b) Ein **Parallelstrahl** (1) wird Brennstrahl.

c) Zeichnet man noch einen von **A** ausgehenden Brennstrahl (3), so geht er hinter der Linse als Parallelstrahl weiter und muß durch **B** gehen.

Abb. 300. Die drei ausgezeichneten Strahlen.

6. Wie kann man das Bild des Gegenstandes finden? Sucht man mit Hilfe der ausgezeichneten Strahlen zu einem außerhalb der Achse liegenden Gegenstandspunkt (Abb. 301,

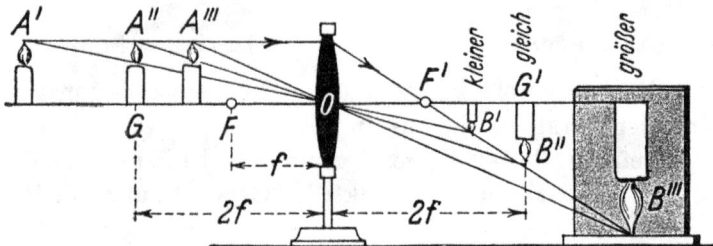

Abb. 301. Bewegungsregel.

A′ A″ A‴) den Bildpunkt (**B′ B″ B‴**), so findet man **Lage** und **Größe** des Bildes.

Eine **Formel zur Berechnung** erhält man aus der Betrachtung ähnlicher Dreiecke in Abb. 300. Es ist

$$\frac{FO}{AY} = \frac{OX}{XY}; \quad \frac{FO}{BX} = \frac{OY}{XY}; \quad \frac{FO}{AY} + \frac{FO}{BX} = \frac{OX + OY}{XY}.$$

Bezeichnet man die Gegenstandsweite AY mit **a**, die Bildweite BX mit **b**, die Brennweite OF mit **f**, so wird

$$\frac{f}{a} + \frac{f}{b} = 1 \quad \text{oder} \quad \boxed{\frac{1}{a} + \frac{1}{b} = \frac{1}{f}.}$$

Die Bildgröße folgt aus $G : g = a : b$.

7. Bewegungsregel. Abb. 301 lehrt folgendes:

a) Rückt der Gegenstand gegen ($\rightarrow$) die Linse herein, so rückt sein Bild von der Linse weg ($\rightarrow$) und wird größer.

Der Parallelstrahl bleibt; der Mittelpunktstrahl wird steiler.

b) Wichtig sind die zwei **Gegenpunkte G, G'**, sie haben den Abstand **2f** von der Linse (doppelte Brennweite).

c) Befindet sich der Gegenstand **im Brennpunkt,** so rückt das Bild in unendliche Ferne; befindet er sich innerhalb der Brennweite, so ist das Bild ein vergrößertes, aufrechtes Scheinbild (Abb. 312).

8. Über die Größe und Lage des Bildes gibt Abb. 301 sofort Aufschluß:

Gegenstand	Bild-Größe	Lage
außerhalb d. Gegenpunktes	verkleinert	zwischen Brennp. u. Gegenp.
im Gegenpunkt	gleich groß	im Gegenpunkt
zwischen Gegenp. u. Brennp.	vergrößert	außerhalb d. Gegenpunktes

Die Bilder sind immer wirklich und verkehrt.

9. Das Bild der Zerstreuungslinse ist immer ein aufrechtes, verkleinertes Scheinbild (Abb. 302).

10. Die Linsenbilder sind mangelhaft. Einfache Linsen geben keine scharfen Bilder. Die Bildfehler können

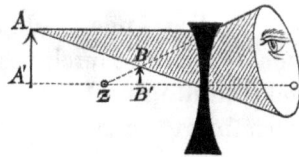

Abb. 302. Scheinbild der Zerstreuungslinse.

aber durch verschiedene Maßnahmen unmerklich klein gemacht werden. Die wichtigsten Linsenfehler sind:

a) Parallelstrahlen, die auf den Rand der Linse treffen (Abb. 303), sammeln sich nicht genau im Brennpunkt F (sphärische Abweichung). Dem wird durch Vorsetzen von Blenden abgeholfen, die die Randstrahlen abhalten.

b) Eine Sammellinse zerlegt wie ein Prisma das weiße Licht in seine farbigen Bestandteile (Abb. 304). Sie hat dabei für Violett eine kürzere Brennweite als für Rot. Eine Zerstreuungslinse umgekehrt (chromatische Abweichung). Dies bedingt störende farbige Ränder des Bildes. Dem wird abgeholfen, indem man statt der einfachen Objektivlinse eine sog. achromatische Linse benutzt.

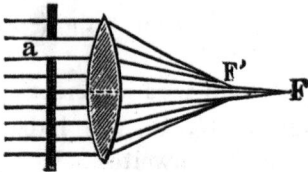

Abb. 303. Sphärische Abweichung. Abb. 304. Chromatische Abweichung.

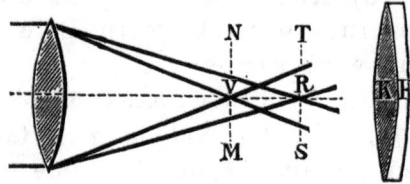

Diese besteht aus einer **Sammellinse** aus Kronglas, an die eine dünnere **Zerstreuungslinse** aus Flintglas mit Kanadabalsam gekittet ist.

c) Ein ebener Gegenstand wird nicht in einer Ebene abgebildet. Ist die Mitte scharf eingestellt, so wird der Rand unscharf.

d) Das Bild ist verzerrt; parallele gerade Linien, z. B. Hauskanten zeigen gegen den Rand zu eine Krümmung.

Die Fehler sind bei den aus mehreren Linsen zusammengesetzten Objektiven praktisch beseitigt.

§ 79. Das Auge.

1. Das Auge (Abb. 305) ist eine äußerlich weiße Kugel von ~ 2,4 cm Durchmesser, die vorn durch die etwas stärker gekrümmte durchsichtige Hornhaut abgeschlossen ist. Im Innern birgt sie die sog. Kristallinse.

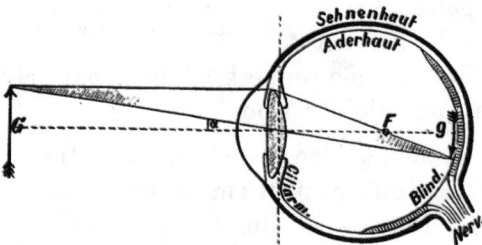

Abb. 305. Das Auge.

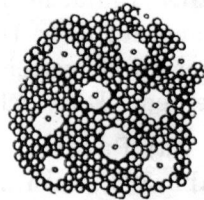

Abb. 306.
Stäbchen- und Zäpfchen-
schicht der Netzhaut.

Diese wird von einem kreisförmigen Rahmen festgehalten, dessen vorderer gefärbter Teil **Regenbogenhaut oder Iris** heißt; diese läßt vor der Linse das Sehloch (= die Pupille) frei. In der Rückseite des Rahmens ist der sehr wichtige **Ciliarmuskel** eingebettet, der die Fähigkeit hat, die Kristallinse mehr oder weniger zusammenzupressen. Die Kristallinse teilt das Auge in **zwei Kammern**, in eine vordere, die wässerige Flüssigkeit enthält und in eine hintere, die mit einer Art Gallerte (dem Glaskörper) erfüllt ist.

Gegenüber der Linse befindet sich auf der Rückwand des Auges die **Netzhaut**. In ihr verzweigt sich der seitlich vom Gehirn kommende Sehnerv in vielen feinen Fasern, den lichtempfindlichen Stäbchen und Zäpfchen (Abb. 306).

‖ Das Bild des Gegenstandes soll **scharf auf der Netzhaut** entstehen.

Dies könnte bei einer starren Linse nur dadurch geschehen, daß sich die Entfernung der Netzhaut von der Linse ändert.

2. **Der Augapfel ändert seine Länge nicht.** Durch den Ciliarmuskel kann aber die Krümmung der Linse und damit ihre Brennweite so geändert werden, daß auf der Netzhaut ein scharfes Bild entsteht. **Merke:**

‖ Die **Fähigkeit** des Ciliarmuskels, das Auge der jeweiligen Entfernung anzupassen, heißt **Akkommodation.**

3. Das **normale Auge** kann ohne schädliche Überanstrengung von Unendlich bis auf **25 cm** Entfernung vom Auge akkommodieren. Kürzeste deutliche Sehentfernung 25 cm. **Kurzsichtige** akkommodieren von ~ 100 cm bis 8 cm, **Weitsichtige** von Unendlich nur bis 40 oder 60 cm.

Die Entfernung des Gegenstandes vom Auge bei feineren Arbeiten soll **25 cm** betragen; diesen Abstand nennt man **deutliche Sehweite.**

4. **Kurzsichtigkeit und Weitsichtigkeit.** Das kurzsichtige Auge ist zu lang, das weitsichtige zu kurz (Abb. 307, 308).

Mit zunehmenden Jahren schrumpft die Akkomodationsfähigkeit ein. Auch Normalsichtige brauchen im Alter für die Nähe eine Brille (**Alterssichtigkeit**).

5. **Mit der richtigen Brille** bewaffnet, wird das nicht normale Auge dem normalen optisch gleichwertig.

Das kurzsichtige Auge bekommt eine Zerstreuungs-, das weitsichtige eine Sammellinse. Dadurch wird der Brennpunkt (**F′** in Abb.
307, 308) der Linsenverbindung (Brille + Augenlinse) so verschoben, daß
das scharfe Bild auf die Netzhaut fällt. Der Akkomodationsbereich
des korrigierten Auges ist derselbe wie der des normalen.

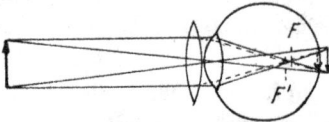

Abb. 307. Weitsichtig. (Auge zu kurz.)   Abb. 308. Kurzsichtig. (Auge zu lang.)

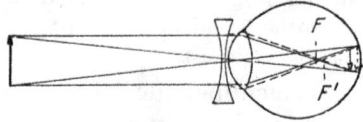

6. Ein Lichteindruck wirkt $^1/_{20}$ Sek. lang im Auge nach.
Man fahre mit einem glimmenden Zündholz im Kreis herum!
(Ergebnis: Man sieht einen glimmenden Kreis.) Darauf
beruht der **Kinematograph.**

Dabei wird eine fortlaufende Reihe von kleinen Photographien
einer bewegten Szene (Film) ruckweise nach je $^1/_{20}$ sek Verdunkelung
projiziert. In diesem Zeitabstand sind die Bilder auch aufgenommen.

7. Dunkle Nachbilder entstehen im Auge, wenn man
gegen einen grell leuchtenden Gegenstand blickt (Sonne!)
und dann das Auge schließt. (Nachbild zunächst dunkel.)

Betrachtet man längere Zeit ein **blaues** Stück Stoff, das
auf **weißem Papier** liegt, und nimmt es dann plötzlich weg,
so erscheint die Stelle, wo der Stoff lag, **komplementär** gelb.

Grund: Das Auge ermüdet für Blau; sendet das Papier nun
weiße Strahlen in das Auge, so werden die blauen Teile darin weniger
empfunden als die komplementären gelben.

8. Sinnestäuschungen. Verschieden schraffierte Parallellinien (Abb. 309) scheinen zusammenzulaufen.

Ein Quadrat, waagerecht schraffiert, erscheint höher. Diese Täu-
schungen sind physiologisch
noch nicht erklärt.

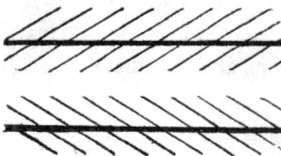

Abb. 309. Parallele Linien.   Abb. 310. Photographenapparat.

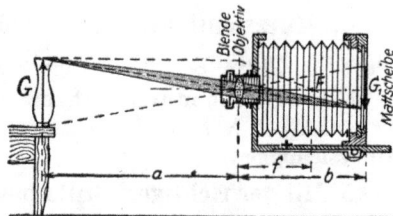

§ 80. Die optischen Instrumente.

1. Der **Photographenapparat** (Abb. 310) ist ein lichtdicht verschlossener Kasten, der vermöge eines Lederbalges ausziehbar ist; in seiner Vorderwand befindet sich eine Sammellinse (genannt Objektiv); die Rückwand wird durch eine Mattscheibe gebildet.

Das meist verkleinerte wirkliche Bild wird auf der lichtempfindlichen Platte aufgefangen.

2. Der **Projektionsapparat** (Bildwerfer, Abb. 311) soll von einem kleinen Glasbild G (Diapositiv) auf einer Wand im verdunkelten Saal ein stark vergrößertes Bild G_1 entwerfen.

Hauptteil des Apparates ist der **Projektionskopf O**, eine Sammellinse von mäßiger Brennweite. Damit diese ein vergrößertes Bild entwirft, ist der Gegenstand G zwischen Gegenpunkt und Brennpunkt aufzustellen. (Warum nicht im Gegenpunkt?)

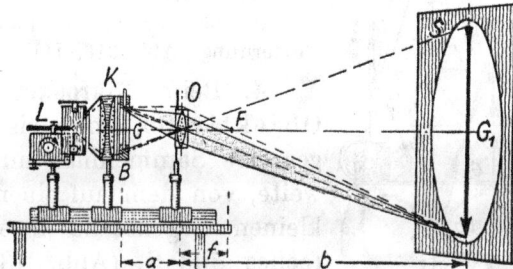

Abb. 311. Projektionsapparat.

Zur Beleuchtung des Glasbildes dient der **Beleuchtungsapparat,** ein lichtdicht geschlossener Blechkasten, der die Lichtquelle birgt. Vorn ist er durch eine Linse K (meist dicke Doppellinse) abgeschlossen, die den Zweck hat, das auseinandergehende Licht der Lichtquelle gesammelt auf das Glasbild zu richten. Daher heißt diese Linse **Kondensor** (Verdichter).

3. Die Lupe (Abb. 312) ist eine kleine Sammellinse von meist 3—4 cm Brennweite.

Gebrauch: Man bringt den Gegenstand nah an den Brennpunkt und verschiebt ihn so, daß man ein scharfes zwischen der deutlichen Sehweite und Unendlich liegendes Bild g sieht. Es ist ein aufrechtes, vergrößertes Scheinbild.

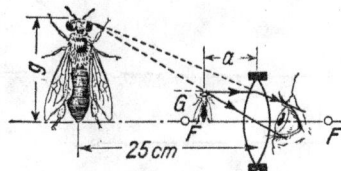

Abb. 312. Einstellung auf 25 cm.

Versuch: Betrachte ein **1 cm** langes Papierstreifchen durch eine Lupe und blicke gleichzeitig gegen einen 25 cm weit entfernten Maßstab! Gib an, wie viele cm dein Papierstreifchen auf dem Maßstab deckt! (Dies gibt die Vergrößerungszahl.)

Die **Vergrößerung** V = deutliche Sehweite : Brennweite.

Ist die Brennweite 3 cm, so ist $V = 25 : 3 \approx 8\,\mathrm{fach}$; ist die Brennweite 2 mm (kleine Glaskügelchen), so ist $V = 25 : 0,2 = 125\,\mathrm{fach}$. Je kleiner die Brennweite, desto stärker die Vergrößerung.

Die **Lupe** wird bei Fernrohren und Mikroskopen zur Vergrößerung von Bildern verwendet, die das **Objektiv** dieser Apparate erzeugt. Statt Lupe gebraucht man hier den Namen **Okular** (Augenglas).

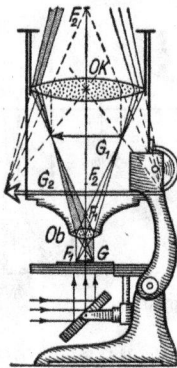

Die Okulare bestehen zur Beseitigung von Linsenfehlern aus zwei meist einfachen Linsen in geringer Entfernung (Abb. 316, III).

4. Beim Mikroskop entwirft das kleine Objektiv **Ob**, eine meist mehrfach zusammengesetzte Sammellinse mit sehr kleiner Brennweite, von dem auf einem Tischchen ruhenden kleinen Gegenstand **G** ein stark vergrößertes reelles Bild G_1 (Abb. 313).

Damit es ein vergrößertes Bild gibt, muß der Gegenstand zwischen Gegenpunkt und Brennpunkt des Objektivs eingestellt werden.

Abb. 313.
Mikroskop.

Betrachtet man nun durch das **Okular OK** das Bild G_1, so wird dieses wie durch eine Lupe noch stärker vergrößert, man erhält ein sehr großes Scheinbild G_2 vom Gegenstand G.

Das Mikroskop zeigt also eine **doppelte** Vergrößerung.

5. Beim astronomischen Fernrohr (erfunden von *Kepler* **1610**) erzeugt das **Objektiv** (eine achromatische Doppellinse)

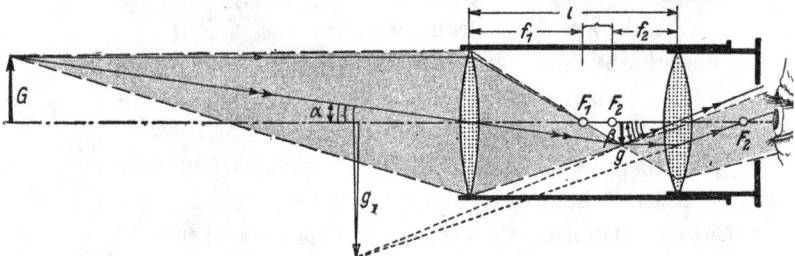

Abb. 314. Strahlengang beim astronomischen Fernrohr.

von dem sehr fernen Gegenstand G ein sehr kleines reelles Bild g sehr nahe an der Brennebene (Abb. 314).

Das **Okular** hat die Aufgabe, von diesem kleinen Bild g ein vergrößertes Scheinbild g_1 in deutlicher Sehweite zu entwerfen. Länge des Fernrohres $L = f_1 + f_2$; Vergrößerung $V = f_1 : f_2$.

Das astronomische Fernrohr hat die **Aufgabe:**

   a) Möglichst viel Licht durch das Objektiv aufzufangen, damit sehr lichtschwache Himmelskörper sichtbar werden. Dazu muß das Objektiv möglichst groß sein (1 m Durchmesser und mehr). Fixsterne erscheinen im größten Fernrohr nur als Punkte.

   b) Nähere Himmelskörper möglichst zu vergrößern; dazu muß das Objektiv große Brennweite haben.

6. Zur Betrachtung von Gegenständen auf der Erde ist das astronomische Fernrohr wenig geeignet.

a) Man sieht die Gegenstände **umgekehrt.** Dem kann abgeholfen werden, indem man Objektiv und Okular weiter auseinanderzieht und zwischen beide eine geeignete Sammellinse als Umkehrglas einsetzt. Dadurch entsteht das **Erdfernrohr.**

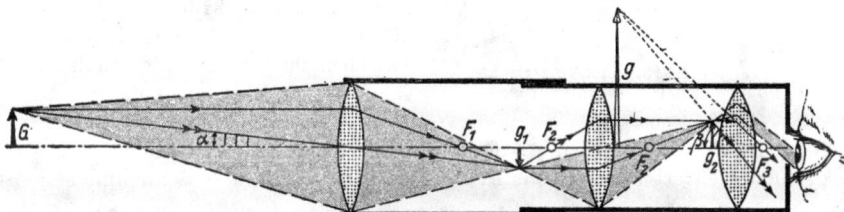

Abb. 315. Erdfernrohr, erfunden von Pater Schyrl 1645.

b) Das Fernrohr ist **sehr lang,** daher unhandlich. Dem ist abzuhelfen, indem man den Strahlengang durch Einschaltung von total reflektierenden Prismen trompetenartig umknickt (Abb. 316; Prismenfernrohr).

Die Prismen richten dabei durch vierfache Spiegelung (Abb. 316, 1 bis 4) das verkehrte Bild auf (kurzes Okular an Stelle des langen terrestrischen).

7. Verwendung des Fernrohrs zur Vermessung. Fernrohre, die zu Meßzwecken dienen, erhalten am Ort, wo das Bild g

12*

entsteht, ein **Fadenkreuz,** um die
Achse des Fernrohres genau in bestimmte Richtung bringen zu
können.

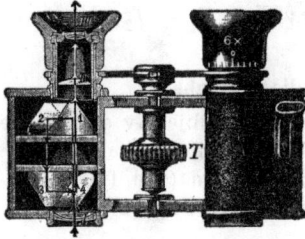

Abb. 316. Prismenfernrohr.

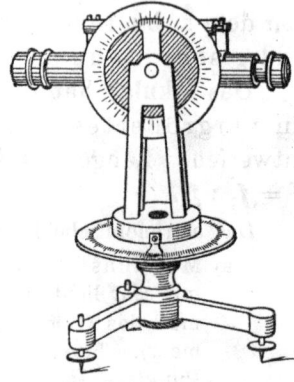

Abb. 317. Theodolit.

a) Der **Theodolit** dient zur Winkelbestimmung bei Ver-
messungen (Abb. 317).

Einrichtung: Er hat einen **waagrechten,** geteilten Kreis für Winkel-
messungen in waagrechter Ebene und einen **Höhenkreis** für Messung von
Erhebungswinkeln. Einstellung
mit einer feinen Wasserwaage.

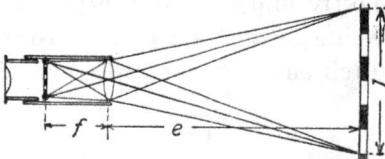

Abb. 318. Tachymetrische
Entfernungsmessung.

Sind statt eines Faden-
kreuzes 2 Fäden im Abstand d
angebracht (Abb. 318) und liest man
ab, wieviel cm (l) einer Meßlatte
zwischen den beiden Fäden zu liegen
scheinen, so kann man daraus die
Entfernung e der Meßlatte berech-
nen. Meist genügt es, die Ablesung l mit einem am Instrument angegebenen Beiwert k zu vermehren: $e = k \cdot l$ (**Tachymeter,** d. h. Schnellmesser).

b) Das **Nivellierinstrument** (Abb. 319) dient zum Messen
von Höhenunterschieden.

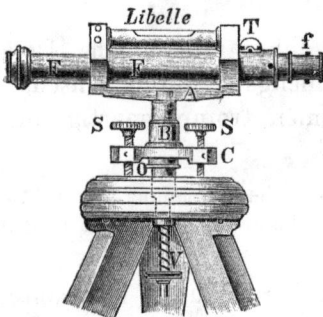

Abb. 319. Nivellierinstrument.

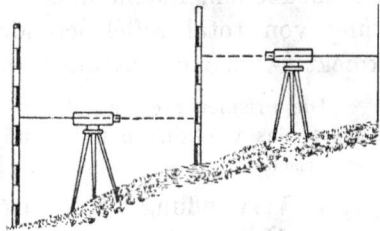

Abb. 320. Nivellieren.

Das **waagrecht** eingestellte Fernrohr ist nur in einer waagrechten Ebene drehbar.

Die Messung eines Höhenunterschiedes erfolgt nach Abb. 320 durch Anzielen der lotrecht gehaltenen Meßlatten.

Auf kurze Entfernung und mit geringerer Genauigkeit kann man nivellieren, indem man sich eine waagrechte Visierlinie verschafft durch Verwendung eines **Lotes** und eines **Winkelprismas** (Abb. 321). Die Richtung des Lotes steht nach § 76, 8 senkrecht auf der Visierlinie; diese ist also waagrecht.

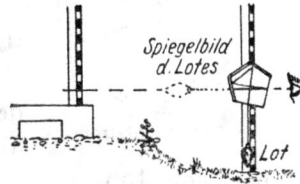

Abb. 321. Nivellieren mit Winkelprisma.

8. Das älteste Fernrohr ist das wegen seiner Kürze als Theaterdoppelglas benutzte holländische oder **Galileische Fernrohr.** Es hat als Okular eine Zerstreuungslinse.

Angeblich aus Zufall erfunden vom Söhnchen des Holländers *Lippershey;* sofort nachgemacht von *Galilei* (1608). *Kepler* erfand sein Fernrohr 1610.

Das Objektiv O_1 sammelt die von einem Punkt A des fernen Gegenstandes unter dem Winkel α einfallenden Strahlen in einem Punkt A' der Brennebene (Abb. 322).

Bevor sich aber die von O_1 gebrochenen Lichtstrahlen vereinigen können, wird die **Zerstreuungslinse** O_2 eingeschaltet. Diese bricht die ankommenden Strahlen so, daß sie parallel ins Auge gelangen, den Gegenstand aber unter einem größeren Gesichtswinkel β erscheinen lassen.

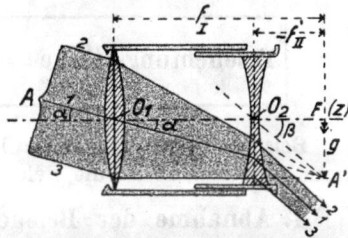

Abb. 322. Holländ. Fernrohr.

Die Länge beträgt nur $f_I - f_{II}$; die Vergrößerung ist f_I/f_{II}.

§ 81. Lichtstärke und Beleuchtung.

1. Als Einheit der Lichtstärke gilt nach zwischenstaatlicher Vereinbarung die „Neue Kerze" **NK**, d. i. der 60. Teil der Lichtstärke von 1 cm² Platin bei seiner Erstarrungstemperatur (1768⁰ C). Vorher war in Deutschland die **Hefnerkerze (HK)** eingeführt; **1 NK = 1,1 HK.**

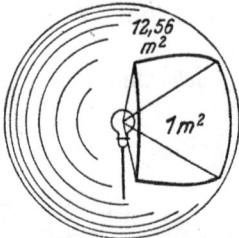

Abb. 323. Lichtstrom.

Dies ist die 40 mm hohe Flamme einer mit Amylazetat gespeisten Lampe (Abb. 327, rechts). — Eine Paraffin- oder Stearinkerzenflamme hat ungefähr die Stärke von 1 Hefnerkerze.

2. Von einer nach allen Seiten gleich-strahlenden Lichtquelle geht ein **Licht-strom** aus. Seine Einheit, 1 Lumen, ist der Lichtstrom, der von 1 Hefnerkerze aus durch einen 1 m² großen Teil einer Kugel von 1 m Halbmesser hindurchgeht (Abb. 323).

Da die Oberfläche dieser Kugel $4 r^2 \pi = 12{,}56$ m² beträgt, sendet 1 HK 12,56 Lumen aus. Der **Lichtstrom** entspricht einer Leistung und ist gleichwertig mit **Watt.**

3. Beleuchtungsstärke ist der auf **1 m²** treffende Lichtstrom. Trifft auf 1 m² der Wand 1 Lumen (wie bei 1 HK im Abstand 1 m), so sagt man, die Beleuchtungsstärke sei **1 Lumen/m²** oder **1 Lux.**

Die Beleuchtungsstärke ergibt sich, indem man den auf eine Fläche treffenden Lichtstrom durch die Fläche teilt:

$$\textbf{Beleuchtungsstärke} = \frac{\textbf{Lichtstrom}}{\textbf{Fläche}}\ ; \ \textbf{Lux} = \frac{\textbf{Lumen}}{\textbf{m}^2}\ .$$

Beispiel: Trifft auf einen Tisch (2 m lang, 0,6 m breit) der Licht-strom 6 Lumen, so ist die Beleuchtungsstärke 6 Lumen : 1,2 m² = **5 Lux.**

4. Abnahme der Beleuchtungsstärke mit der Entfernung (Abb. 324).

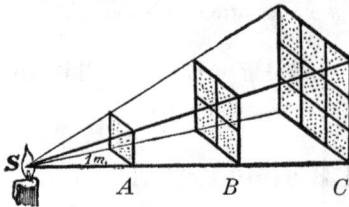

Abb. 324. Lichtpyramide.

Versuch: Laß den Lichtstrom einer Lampe durch einen **1 cm²** großen Ausschnitt einer Postkarte gehen und beobachte das auf der Wand entstehende Lichtviereck! (Ergebnis: Es ist viel größer als 1 cm².)

Der **Lichtstrom,** der im Abstand 1 m von der Lichtquelle auf 1 cm² trifft, verbreitet sich in 2, 3, 4, . . . r Meter Abstand schon auf $2 \cdot 2$, $3 \cdot 3$, $4 \cdot 4$ . . . . $r \cdot r$ cm². Auf je **1 cm²** trifft also in größeren Entfernungen immer weniger Licht. **Merke:**

Die Beleuchtungsstärke nimmt mit dem Quadrate der Entfernung von der Lichtquelle ab. (Also sehr rasch!)

Es gibt **1 NK** in **1 m** Abstand die Beleuchtung   **1 Lux,**

     1 NK » **r m**   »   »   » $1/r^2$ »

     J NK » **r m**   »   »   » J/r^2 » $(= E)$.

Beispiel: Eine Bogenlampe von der Stärke $J = 2000$ NK gibt im Abstand 12 m (= Haushöhe) die Beleuchtung $2000 : (12 \cdot 12) = 14$ **Lux.**

Notwendige Beleuchtung beim Zeichnen ~ 90 **Lux.** Diese gibt z. B. eine 40-Watt-Lampe in ~ 60 cm Höhe über dem Tisch. Für Straßenbeleuchtung genügen 2 Lux, für grobe Arbeit sind mindestens 20, für sehr feine 150 und mehr Lux nötig.

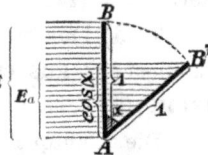

Abb. 325. Neigung der Fläche.

5. Am meisten Licht trifft auf eine Fläche, wenn es senkrecht darauffällt (Abb. 325). Trifft es schräg darauf, so ist der auftreffende Lichtstrom geringer als in Nr. 4 angegeben.

Man muß dann $E = J/r^2$ noch mit einem Bruch (**cos α**) multiplizieren, wobei α die Neigung des einfallenden Strahles zum Flächenlot ist.

$$E_\alpha = \frac{J}{r^2} \cdot cos\ \alpha \qquad \left\{ \begin{array}{l} \text{Vgl. S. 60 die} \\ \text{cos-Tafel!} \end{array} \right.$$

Beispiel: In Abb. 326 ist Winkel $\alpha = 40^0$. Wenn nun die Lampe S die Stärke 50 NK hat und $SA = 4$ m ist; wie groß ist dann die Beleuch-

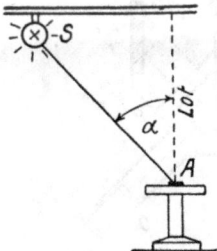

Abb. 326. Beleuchtung.   Abb. 327. Messung der Lichtstärke.

tungsstärke des Tisches bei A? **Lösung:** $E = (50 : 16) \cdot \cos 40^0 = 3,1 \cdot 0,77 = $ **2,39 Lux.**

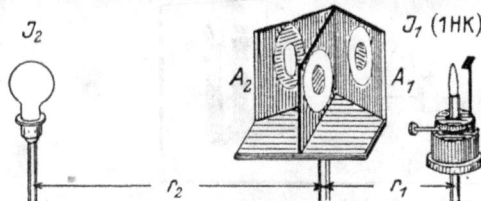

6. Zur Messung der Lichtstärke dienen die **Photometer.** Sie beruhen darauf, daß zwei Lichtquellen J_1 und J_2

(Abb. 327) in den Entfernungen r_1 und r_2 auf zwei Vergleichs-
flächen gleiche Beleuchtungsstärke $E_1 E_2$ erzeugen. Dies
kann man mit dem Auge beurteilen. Die richtige Beleuchtung
wird meist durch Verschieben der Lichtquellen eingestellt. Dann ist:

$$E_1 = J_1/r_1{}^2 = E_2 = J_2/r_2{}^2; \qquad J_2 = J_1 \cdot \left(\frac{r_1}{r_2}\right)^2.$$

Beispiel: Ist nach Einstellen des Photometers der Abstand der Ein-
heitslampe $r_1 = 30$ cm, der der Lichtquelle $r_2 = 140$ cm, so ist deren Lichtstärke $J = (140/30)^2 = 22$ **HK.**

7. a) Das einfachste ist das **Schattenphotometer** (Abb. 328).
Es besteht aus einem Stäbchen vor einer weißen Wand. Miß
damit die Stärke deiner elektrischen Taschenlampe!

Die Lichtquellen sind richtig eingestellt, wenn sich die Schatten
a und **b** berühren und gleich hell sind. Miß dann die Entfernungen
r_1 und r_2 der Lichtquellen von der Wand!

b) Das **Fettfleckphotometer** (von Bunsen, Abb. 327) enthält einen durchscheinenden Fettfleck auf weißem Papier.

Gebrauch: Der Schirm wird von beiden Seiten beleuchtet. Auf der
stärker beleuchteten Seite erscheint der Fleck dunkel, auf der anderen
Seite hell. Man verschiebt nun die eine Lichtquelle so lange, bis die beiden
schräg gestellten Spiegel A_1 und A_2 dasselbe Bild des Schirmes zeigen.

c) Eine verfeinerte Aus-
führung des Fettfleckphoto-
meters ist das **Prismenphotometer** (Abb. 329).

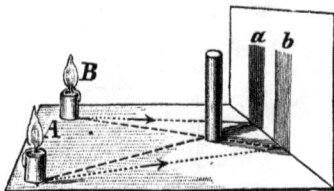

Abb. 328. Schattenphotometer.   Abb. 329. Prismenphotometer.

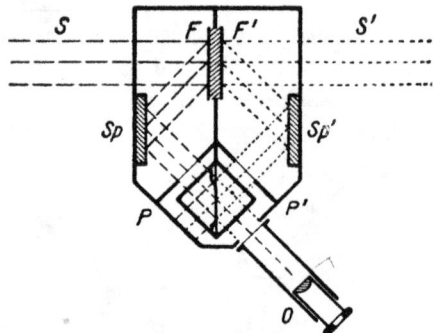

Vorgang. Die Lichtquellen J_1 und J_2 beleuchten die beiden gleichen
mattweißen Flächen **F** und **F'**. Das von **F** ausgehende Licht geht
über den Spiegel **Sp** und durch die Schlifffläche des Prismas **P** nach **O**,
während das von **F'** ausgehende, vom Spiegel **Sp'** zurückgeworfene Licht
an der Hypotenusenfläche des Prismas **P'**, soweit sie nicht an **P** an-

liegt, vollständig zurückgeworfen wird und auch nach O gelangt. So zeigt das Gesichtsfeld in der Mitte einen Fleck mit der Helligkeit von **F**, im übrigen die Helligkeit von **F'**.

' Meßverfahren wie beim Fettfleckphotometer.·

Aufgabe.

Ein 1,2 m langer und 0,9 m breiter **Zeichentisch** soll durch eine 80 cm hoch über seiner Mitte hängende Lampe so beleuchtet werden, daß am Rand noch 100 lx vorhanden sind. Wieviel HK muß die Lampe haben? (Antwort: 125 HK; erforderlich ist eine 100-Watt-Lampe.)

§ 82. Raumbeleuchtung.

1. Das Bestreben der **Leuchttechnik** geht dahin, Tageslicht zur besten Wirkung zu bringen und die künstliche Beleuchtung möglichst der durch Tageslicht anzugleichen.

2. Unsere wichtigste Lichtquelle ist das zerstreute Tageslicht, das in unsere Wohnräume vom freien Himmelsraum her eindringt. Es ist das an den Luft- und den in der Luft schwebenden Staub- und Wasserdampfteilchen zerstreut reflektierte Sonnenlicht.

3. Das Tageslicht kann ausgenutzt und verteilt werden durch einen Wandanstrich von hohem Reflexionsvermögen.

Dieses beträgt bei Anstrich mit Schlemmkreide 76%, mit Ocker hell 66%, mit englisch Rot 50%, bei weißer Tapete 50%, matt glänzend grauer 25%, schwarzem Samt 1%.

4. Um das durch **Oberlichtschächte** einfallende **Tageslicht** in dem darunter liegenden Raum auch nach seitlichen Richtungen hin zu verteilen, dienen die **Luxfer-Prismen**; das sind Glasziegel (10 × 10 cm), die gerippte Flächen haben (Abb. 330).

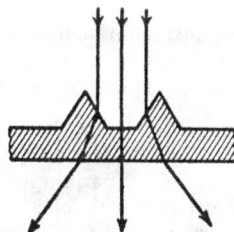

Abb. 330. Luxfer-Prisma.

Beim Durchgang durch diese Prismen werden die Strahlen teils nach der einen, teils nach der andern Seite abgelenkt, immer zur **dickeren** Glasseite (§ 76), teils gehen sie ungebrochen hindurch.

5. Zur künstlichen Raumbeleuchtung verwendet man sehr selten das grelle **direkte** Licht wegen der Gefahr für die Augen;

entweder blendet man es nach unten zu **leicht** durch Mattglas
ab und läßt den nach oben gesendeten Rest von Decken und
Wänden reflektieren **(halb-indirektes Licht)**, oder man blendet
das nach unten gehende Licht **fast ganz** ab und benützt nur
den von Decke und Wänden zurückgeworfenen Rest **(indirekte
Beleuchtung)**.

Im letzteren Fall kann man den beleuchteten Raum fast **schattenfrei**
machen. — Je nach dem **Anstrich** wechselt der Prozentgehalt des zerstreut zurückgeworfenen Lichtes.

6. Die Farbe der künstlichen Lichtquellen weicht von der
des Tageslichtes s t a r k ab; das Licht der hellsten elektrischen
Lampen ist gelblich. Man g l e i c h t d i e s e d e m T a g e s l i c h t
a n, indem man die roten und gelben Strahlen durch ein Blau-
filter schwächt. Damit wird aber der **Wirkungsgrad** der Beleuchtung sehr **vermindert**.

7. Die künstlichen Lichtquellen sind heute fast durchaus
elektrische Lampen.

a) Die am meisten verwendete gasgefüllte **Wolframdrahtlampe** gibt
ein gelbliches Licht; Lichtausbeute je nach Größe **9 bis 25 Lumen** für
1 Watt. Die Leuchtdichte der Drahtwendel ist sehr hoch, Schutz des
Auges durch Mattierung oder indirekte Beleuchtung nötig.

b) Die auf dem Durchgang einer elektrischen Entladung durch Gase
und Dämpfe beruhenden Quecksilber- und die Natrium-**Dampflampen**
geben ein L i n i e n s p e k t r u m. Die Lichtausbeute geht bis **50 Lumen/Watt.**
Die Fälschung der Körperfarben ist im gewöhnlichen Gebrauch unerträg-
lich. Für t e c h n i s c h e Z w e c k e ist die Quecksilberlampe mitunter geeignet; gebräuchlicher ist die Natriumdampflampe. Ihr Licht gibt, mit
Glühlampenlicht gemischt (M i s c h l i c h t) für Fabrikräume u. dgl. e i n e
g e e i g n e t e u n d w i r t s c h a f t l i c h e B e l e u c h t u n g.

c) G l i m m l i c h t l a m p e n mit Neonfüllung liefern ein angenehmes rötliches Licht (Linienspektrum mit vielen Linien). Sie können in jedem Licht-
netz als Sparlampen verwendet werden. Lange Glasröhren, in denen
Körper durch elektr. Entladung zum Leuchten (fluorezeïren) angeregt
werden, sind für Innenbeleuchtung sehr geeignet (Lichtausbeute 34 lm/W).

Weiteres über die künstlichen Lichtquellen siehe § 108 und § 121.

§ 83. Wesen und Wirkungen des Lichtes.

1. Als ***Newton*** eine sehr schwach gekrümmte Linse auf eine ebene Glasplatte setzte, beobachtete er eine Schar schwarzer, von **farbigen Rändern** umsäumter Ringe **(Newtonsche Ringe (Abb. 331)).** **Ähnliche Farben** zeigen sehr **dünne Häutchen** aus Glas, Seifenwasser, Öl. — Blickt man durch **feine Spalten** (Vogelfedern, Augenwimpern) gegen eine kleine helle Lichtquelle, so beobachtet man ebenfalls schöne **Farbenerscheinungen.**

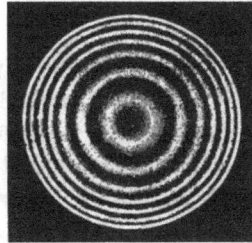

Abb. 331.
Newtonsche Ringe.

Diese Erscheinungen können weder mit den Vorgängen der **Zurückwerfung** und **Brechung** noch mit **Absorption** erklärt werden. Sie entstehen dadurch, **daß aus weißem Licht Farben ausgelöscht wurden.** Fehlen aber im weißen Licht einzelne Farben, so erscheint der Rest als Mischfarbe (§ 77, 3).

2. Licht ist eine Wellenbewegung. Damit findet diese Auslöschung einzelner Farben eine Erklärung, denn Wellenbewegungen können sich durch **Überlagerung** aufheben (§ 67, 5a).

Über die Natur des Lichtes steht fest:

a) Das **Licht** kann als **Querwelle** gedeutet werden. Doch deckt es sich in seinem Verhalten nicht mit einer mechanischen Welle, z. B. einer Wasser- oder Seilwelle. Der eigentliche Vorgang der Lichtaussendung ist noch unklar.

b) **Die Geschwindigkeit des Lichtes** beträgt im freien Raum **300000 km/s.**

Diese Zahl ist für irdische Verhältnisse groß, ungefähr gleich dem $7\frac{1}{2}$fachen Erdumfang, für die Abstände im Weltraum aber klein; so braucht das Licht, um von der Sonne zur Erde zu gelangen, $8\frac{1}{3}$ Minuten; der unserer Sonne nächste Fixstern, der im Süden sichtbare α-Centauri, ist von uns bereits 4,2 Lichtjahre, die Sterne der Milchstraße sind von uns $\sim$ 37000 Lichtjahre entfernt.

Auch für den Äther (§ 65, 2) als Träger der Lichtwelle kann man keine mechanische Deutung geben.

3. Das weiße Licht besteht aus einer Unzahl von Wellenzügen mit verschiedener **Wellenlänge** (oder Schwingungszahl). **Jede Wellenlänge** ruft im Auge einen bestimmten **Farbeindruck** hervor.

Vergleich mit einer Tonleiter. Man merke in runden Zahlen:
400 Bill. Schwing. in 1 Sek. 0,0007 mm Wellenlänge rot,
600 »   »   » 1 » 0,0005 »   »   grün,
800 »   »   » 1 » 0,0004 »   »   violett.

Ein Teil der **Stäbchen** und **Zäpfchen** in der Netzhaut des Auges wird durch das rote, ein anderer durch das gelbe, ein dritter durch das blaue Licht erregt, d. h. chemisch angegriffen.

Ätherwellen mit mehr als 800 und weniger als 400 Billionen Schwingungen in der Sekunde werden vom Auge nicht mehr empfunden **(Ultraviolett, ultrarot).**

4. Die kurzwelligen (ultravioletten) Strahlen haben starke chemische Wirkungen (Photographie) und beeinflussen Lebensvorgänge schädlich durch Zerstören der Zellen. In geeigneter Stärke regen sie aber die Lebenstätigkeit an (Höhensonne). Da gewöhnliches Glas diese Strahlen verschluckt, werden für die Fenster in Heilanstalten besondere Gläser verwendet, die für Ultraviolett durchlässig sind. Gewisse meist in Pulverform oder als Anstrich gebrauchte Körper werden durch UV-Licht zum Selbstleuchten gebracht — **Fluoreszenz** —. Verwendung für Leuchtschirme in der Röntgentechnik und besonders in der Leuchttechnik.

Die **langwelligen (ultraroten)** Strahlen sind physikalisch wenig wirksam. Bei Absorption machen sie sich durch Erwärmung bemerkbar; man nennt sie deshalb auch **Wärmestrahlen** (§ 65).

Magnetismus.

§ 84. Herstellung der Magnete.

1. Was ist ein Magnet?

Versuch. Man lege auf den Tisch ein Holzstäbchen, ein Kreidestück, ein Eisenstäbchen; nähere diesen einen Magnet! (Ergebnis: Nur Eisen wird angezogen.)

‖ **Magnet** ist ein Körper, der Eisenteilchen anzieht
‖ und festhält (ebenso Nickel und Kobalt).

a) **Natürliche Magnete** finden sich in Schweden und im Uralgebirge. Dort gibt es magnetisches Gestein (Magneteisenstein).

b) **Künstliche Magnete** entstehen, wenn man Stahl an einem Magnet abstreicht.

Magnetisiere so dein Taschenmesser! (Es zieht dann eine Stahlfeder an.) Dieses Verfahren ist erst seit 400 Jahren bekannt.

2. Ein Magnetstab (Abb. 332) zeigt **nur an den Enden** starke Anziehung. Diese Stellen stärkster Anziehung heißen **Pole**. Zwischen beiden Polen liegt eine Stelle ohne Wirkung (= **Indifferenzzone**).

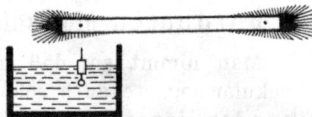

Abb. 332.
Pole eines Magnetstabes.

Nachweis durch Eintauchen in Eisenfeilspäne.

3. Sind die beiden Pole gleicher Art?

Versuch. Man lege auf den Rücken eines Kaffeelöffels eine magnetisierte Stricknadel und lasse sie schwingen! Was merkt man? (Ergebnis: Sie stellt sich immer wieder in der Nord-Südrichtung ein.)

Der eine Pol strebt nach Norden, der andere nach Süden. Man unterscheidet daher an einem Magnet **Nord-** und **Südpol**.

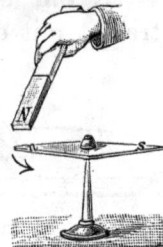

Abb. 333.
Abstoßung.

4. Wie verhalten sich die Pole gegeneinander? Dies zeigt ein einfacher Versuch (Abb. 333). **Merke:**

‖ **Gleichnamige Magnetpole** sto ß en ein ander **ab,** un
‖ gleichnamige ziehen einander an.

5. Die Pole eines Magnets kann man nicht trennen. Zer-
bricht man eine regelrecht magnetisierte Stricknadel, so ist jedes
Stück wieder ein vollkommener Magnet mit Nord- und Südpol (Abb. 334).

a) Die eine Seite der Bruchstelle wird nordpolar, die andere südpolar, doch so, daß jedes Stück einen Nord- und einen Südpol hat.

b) Setzt man die zwei Stücke mit ihren Bruchstellen neuerdings zusammen, so erscheint die Bruchstelle wieder indifferent (unwirksam).

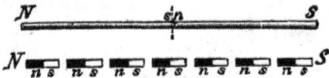

Abb. 334.
Stricknadelversuch.

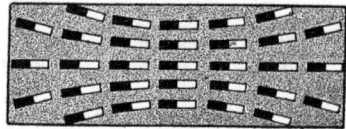

Abb. 335. Gerichtete Molekularmagnete.

6. Ansicht über einen Magnet. Das Zerbrechen der Stricknadel kann man sich fortgesetzt denken bis auf die Moleküle
und kommt so zur Ansicht (Abb. 335):

‖ Jeder Magnet besteht aus einer Schar von ge-
‖ ordneten **Molekularmagneten.**

Man nimmt an, daß im unmagnetischen Eisen oder Stahl diese
Molekularmagnete auch schon vorhanden sind, aber so wirr durcheinander liegen, daß sie in ihrer Gesamtheit nach außen keine Wirkung
haben.

7. Ein Stahlstück kann man also magnetisieren! Man
streicht mit dem Pol eines Magnets der Länge nach über das
Stück (immer im großen Bogen in
der Luft zurückkehrend, Abb. 336).
Dadurch werden die Molekularmagnete des Stahls geordnet.

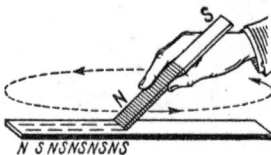

Abb. 336. Magnetisieren.

Magnetisieren = Ordnen.

8. Influenz ist die **Wirkung** eines Magnetpoles **N** auf
ein genähertes Eisen- oder Stahlstück.

Versuch. Bring ein Eisen- oder Stahlstäbchen (unten in Abb. 337) in
die Nähe des Nordpoles N! (Ergebnis: Es wird sofort magnetisch.

zieht Eisenfeilicht an.) Man untersuche die Polarität des unteren
Endes mit einem Taschenkompaß! (Ergebnis: Es ist nordpolar.)

‖ **Dem Nordpol gegenüber entsteht im**
‖ **Eisen ein Südpol.**

a) **Weiches Eisen** verliert seinen Magnetismus
sofort wieder, wenn man es vom influenzierenden
Pol entfernt. b) **Stahl** bleibt dauernd magnetisch
(**Permanenter Magnet**). c) **Mittelweiche Eisensorten** behalten nach der Entfernung vom influenzierenden Pol einen Rest von Magnetismus
bei (**Remanenter Magnetismus**).

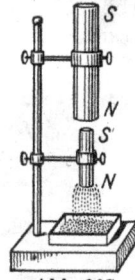

Abb. 337.
Influenz.

9. Entmagnetisierung. Durch Erhitzen über **900° C** verliert ein Magnet seine magnetische Kraft vollkommen.

Versuch mit einer magnetisierten Stricknadel und einem Bunsenbrenner.

§ 85. Das magnetische Feld.

1. Magnetisches Feld heißt das Gebiet, in dem ein Magnet
wirksam ist. Vom Vorhandensein dieses Feldes überzeugt man
sich a) mit einer kleinen Magnetnadel.

Verschiebt man diese im Magnetfeld, so nimmt sie an jedem Orte
des Feldes eine bestimmte Richtung ein (Abb. 340).

b) Das Feld kann man **sichtbar** machen, indem man ein
Blatt Papier in das Feld bringt und mit Eisenfeilicht bestreut.
Erschüttert man dann die Unterlage, so ordnen sich die Eisen-
feilspäne zu schönen Kurven an, die man **Kraftlinien** nennt.

Grund. Die Eisenfeilspänchen werden im Feld durch Influenz gleich-
sam in kleine Magnetnadeln verwandelt und ordnen sich wie diese. Dies
zeigen Abb. 338, 340 und 341.

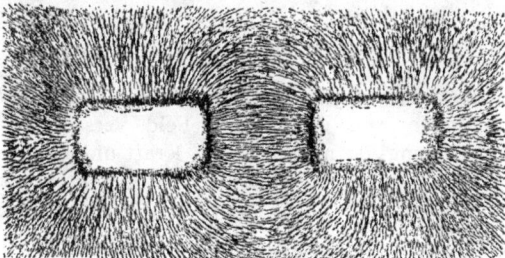

Abb. 338. Ungleichnamige Pole.

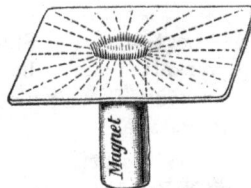

Abb. 339.
Schnitt ⊥ zur Achse.

Beispiele: Abb. 340 zeigt das Kraftlinienbild eines Stabmagnets, Abb. 339 einen Schnitt durch sein Kraftfeld senkrecht zur Achse, Abb. 338 das Kraftfeld für ungleichnamige, Abb. 341 das für gleichnamige Pole.

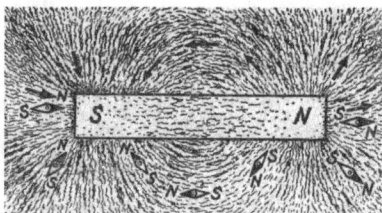

Abb. 340. Kraftlinienbild d. Stabmagnets.

2. Den Kraftlinien schreibt man eine Richtung zu, nämlich jene, die der Nordpol einer in das Feld gebrachten kleinen Magnetnadel weist (Abb. 340).

Bei einem Stabmagnet treten die Kraftlinien beim Nordpol aus und beim Südpol ein.

3. Zug und Druck der Kraftlinien. Die Anziehung ungleichnamiger Pole kann man nach dem Kraftlinienbild (Abb. 338) so deuten, daß die Kraftlinien in ihrer Richtung einen **Zug** ausüben, der die Pole nähert. Das Bild gleichnamiger Pole (Abb. 341) kann so ausgelegt werden, als ob senkrecht zur Richtung der Kraftlinien ein **Druck** vorhanden wäre, der die Pole voneinander abdrängt.

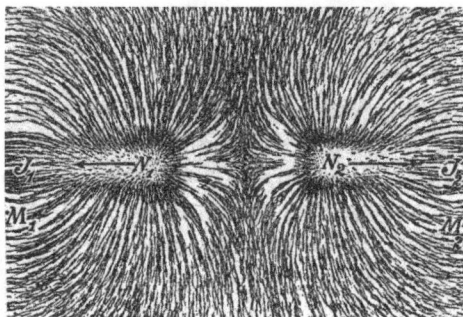

Abb. 341. Gleichnamige Pole.

Legt man zwei Stabmagnete mit ungleichnamigen Polen aufeinander, so verketten sich die Kraftlinien und das äußere Feld verschwindet (Abb. 342). Dies dient zur Erhaltung der magnetischen Kraft unbenützter Magnetstäbe.

Erkläre den in Abb. 342 dargestellten Versuch! (Der Schlüssel, der vom N-Pol festgehalten wurde, fällt ab, wenn man ihm gleichzeitig von oben einen genügend starken Südpol nähert.)

4. Eisen im Feld zieht die Kraftlinien an sich (Abb. 343) und verdichtet sie. Man sagt: **Die magnetischen Kraftlinien gehen lieber durch Eisen als durch Luft.** (Eisen hat den geringeren magnetischen Widerstand.)

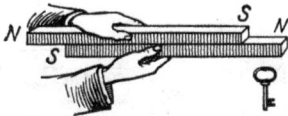

Abb. 342.
Schwächung.

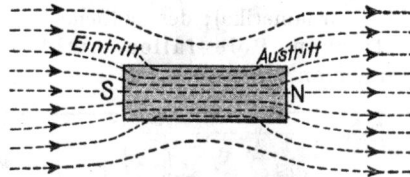

Abb. 343. Eisen im Feld zieht die
Kraftlinien an sich.

Hufeisenmagnete schließt man zur Schonung durch ein Stück weichen Eisens **(Anker)**, das die Kraftlinien geschlossen vom N-Pol zum S-Pol überleitet.

5. Die Feldstärke 𝕭 an einem Ort wird durch die Zahl der Kraftlinien angegeben, die dort durch ein (senkrecht zum Feld gestelltes) **cm²** hindurchgehen.

Wo **viele Kraftlinien** durch 1 cm² gehen, ist die **Feldstärke groß**; wo wenige durch 1 cm² gehen, ist die Feldstärke klein. — Die Feldstärke an einem Ort ist 𝕭 = **8000 Linien/cm²** heißt: an dem Ort gehen 8000 Magnetlinien durch 1 cm². Messung nach § 114, 3.

§ 86. Erdmagnetismus.

Schon vor 4000 Jahren kannten die Chinesen den Kompaß. Aber erst um das Jahr 1300 wurde dieser in Europa bekannt.

1. Der Kompaß dient zur Ermittelung der Nordrichtung. Sein Hauptteil ist eine kleine **Magnetnadel** (Abb. 344), die über einer **Windrose** spielt. Auf letzterer sind die Himmelsrichtungen angegeben.

Die Magnetnadel sitzt mittels eines polierten **Achathütchens** auf einer **Spitze**, damit sie sich möglichst reibungslos drehen kann.

Schwingt die Magnetnadel über einem nach Graden eingeteilten Kreis, so heißt die Vorrichtung: **Bussole.**

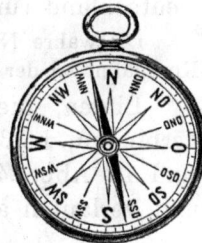

Abb. 344.
Kompaß.

13 Kleiber, Grundriß.

2. Warum zeigen die Kompaßnadeln nach Norden? Weil die **Erde** selbst ein Magnet ist, der im **Norden** südpolar, im Süden nordpolar ist.

Kapitän *Roß* hat 1831 den Ort der sog. **magnetischen Pole der Erde** genauer bestimmt. Der nördliche Pol liegt auf der Halbinsel Boothia felix (Nordamerika); der südliche im südlichen Eismeer. — D i e s e m a gnetischen Pole fallen nicht mit den Polen der Erdachse zusammen.

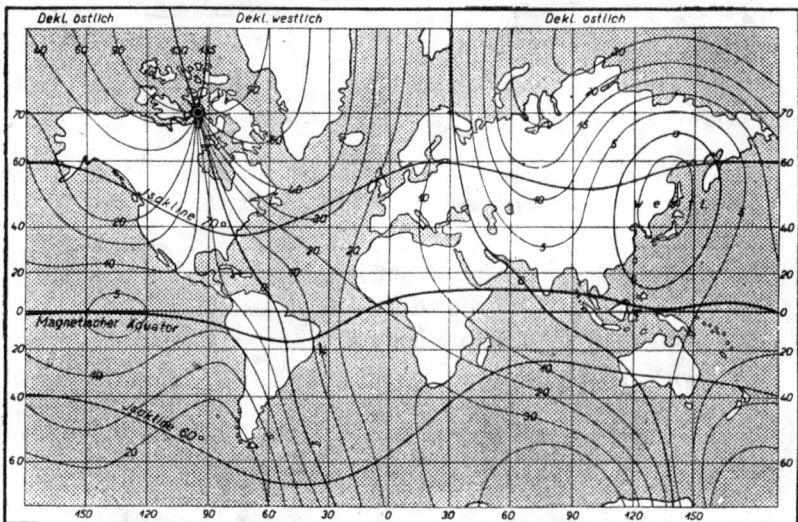

Abb. 345. Karte der Isogonen und Isoklinien.

3. Die Kompaßnadeln zeigen nicht genau nach Norden (entdeckt von *Kolumbus* 1492). Ihre Abweichung von der genauen Nordrichtung nennt man **Deklination.** Sie beträgt in Deutschland rund **11°** (westlich).

Die wahre Nordrichtung heißt der **geographische,** die Richtung der Kompaßnadel der **magnetische Meridian.**

Linien, die alle Orte gleicher Deklination miteinander verbinden, heißen **magnetische Meridiane** oder **Isogonen.** Sie sind in Abb. 345 durch dünn ausgezogene Linien dargestellt und verlaufen annähernd nordsüdlich.

4. Die Inklinationsnadel (Abb. 346) ist eine im indifferenten Gleichgewicht drehbar gelagerte Magnetnadel in einem Gestell.

Bei **Gebrauch** stellt man das Inklinatorium so auf, daß sich die Magnetnadel im magnetischen Meridian drehen kann. Ergebnis:

Die Inklinationsnadel stellt sich nicht waagerecht, sondern neigt sich bei uns (auf der nördlichen Halbkugel) mit dem **Nordpol** nach **unten** und bleibt in gewisser Schräge stehen.

> Die Inklinationsnadel gibt die Richtung der erdmagnetischen Kraftlinien an.

Die Abweichung der Inklinationsnadel von der waagerechten Lage heißt **Inklination.** Diese beträgt in Deutschland rund **66⁰.**

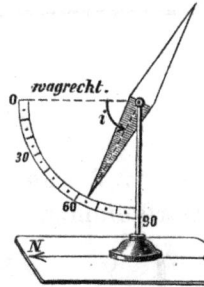

Abb. 346.
Inklinationsnadel.

Auf der südlichen Halbkugel neigt sie sich mit dem Südpol nach unten, nur in der Nähe des Äquators stellt sie sich waagerecht. An den magnetischen Polen der Erde müßte die Inklinationsnadel lotrecht stehen. (Erkläre Abb. 347!)

Linien, die auf der Erde Orte je gleicher Inklination verbinden, heißen **Isoklinen;** sie verlaufen im großen Gan-

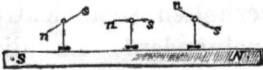

Abb. 347.
Inklination.

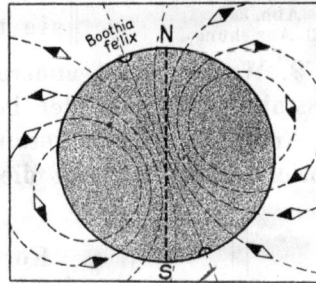

Abb. 348.
Verlauf der Kraftlinien der Erde.

zen wie die Breitengrade. Dies zeigt die **Karte** der magn. Linien Abb. 345.

Wie die magnetischen Kraftlinien der Erdkugel verlaufen, zeigt Abb. 348. Die angezeichneten Magnetnadeln zeigen die Inklination an.

5. Lotrechte Eisen- und Stahlkörper zeigen sich durch Influenz der Erde **unten nordpolar,** oben südpolar. (Magnetismus der Lage.)

Man prüfe ein eisernes Stativ, ein Ofentürchen, Stäbe eines eisernen Gartenzauns mit einer kleinen Bussole!

13*

Ruhende Elektrizität.

§ 87. Zwei Elektrizitätsarten.

1. Woran erkennt man elektrische Körper? Reibe einen Hartgummistab mit Wolle und nähere ihn einem Korkkügelchen, das an einem Seidenfaden hängt (Abb. 349)!

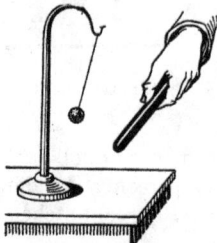

Ergebnis: Das Kügelchen wird zunächst angezogen, dann heftig abgestoßen. — Nähere den geriebenen Stab Papierschnitzeln, die auf dem Tisch liegen! (Ergebnis: Papierschnitzeltanz.)

Ein elektrischer Körper zieht ohne Wahl kleine Körper an und stößt sie nach der Berührung ab.

Abb. 349.
El. Anziehung.

2. Werden auch andere Körper elektrisch? Reibe einen Glasstab mit Wolle oder besser mit einem Lederlappen, der mit Amalgam (einem Metallpulver aus Zink und Quecksilber) bestrichen ist! Er zeigt dieselben Erscheinungen wie oben.

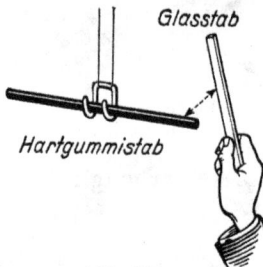

Glasstab

Hartgummistab

3. Wie verhalten sich elektrische Körper gegeneinander? Zu diesem Zweck hängen wir einen mit Wolle geriebenen Hartgummistab auf (Abb. 350) und nähern ihm nacheinander:

a) einen ebenfalls mit Wolle geriebenen **Hartgummistab.** (Ergebnis: Abstoßung.)

b) einen mit Amalgam geriebenen **Glasstab.** (Ergebnis: Anziehung.)

Abb. 350.
+- und —-Elektrizität.

Folgerung: Es gibt 2 Arten der Elektrizität. Nach *Lichtenberg* **(1777)** nennt man die Elektrizität

auf dem **Glas: positiv**, auf dem **Hartgummi: negativ**,

wenn man Glas mit Amalgam, Hartgummi mit Wolle reibt.

Merke:

|| **Gleichnamige Elektrizitäten** stoßen einander ab, un gleichnamige ziehen sich an.

4. Läßt sich Elektrizität übertragen? Ja; dies ist leicht zu zeigen mit einem Metall-körper auf Hartgummi- oder Glasfuß (Konduktor), an dem einige leichte Papier-fahnen befestigt sind (Abb. 351).

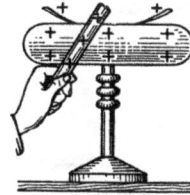
Abb. 351.
Konduktor.

Versuche. 1. Streich daran einen elektrischen Stab ab! (Ergebnis: Die Papierfahnen spreizen sich sofort.) — 2. Nähere den benutzten el. Stab nun einer Fahne! (Ergebnis: Abstoßung; also gleichnamig gela-den.) — 3. Berühre den geladenen Konduktor mit dem Finger! (Er-gebnis: Fünkchen; die Fahnen fallen zurück.)

|| **Merke:** Elektrizität geht auf berührte Körper über.

5. a) Die Elektrizität hat die Eigenschaft einer Menge. Je mehr Teile der Oberfläche des elektrischen Stabes auf dem Me-tallkörper abgestrichen werden, desto stärker spreizt sich das Pendel. Die **Elektrizitätsmenge** kann man sich aus einzelnen Elektrizitätsteilchen bestehend denken (§ 121, 6).

b) Die in dem Spreizen des Doppelpendels sich äußernde Abstoßungs-kraft kann gemessen und diese Messung als Grundlage für eine Maß-größe der Elektrizitätsmenge verwendet werden. Das Verfahren ist jedoch wegen der Geringfügigkeit der Kräfte schwierig und wenig genau; die praktischen Maße und Einheiten der Elektrizitätslehre werden auf anderen weiter unten anzugebenden Wegen erhalten.

c) Berührt man einen geladenen Konduktor mit dem Finger, so fließt seine Elektrizität in die Erde ab.

§ 88. Das Elektroskop. Leiter und Nichtleiter. Elektr. Strom.

1. Die Elektrizität ist unsichtbar. Zu ihrem Nachweis dient das **Elektroskop.**

2. Das Blättchenelektroskop hat zwei sehr leichte Blättchen oder ein Blättchen an einem festen Metallstreifen (Abb. 352), die sich bei Ladung abstoßen. Andere Instrumente (Abb. 353, 354) bestehen aus einem leichten, drehbaren Zeiger, der von einer Metallstütze abgestoßen wird.

Gebrauch. Durch eine Probekugel (an Hartgummistiel) tupft man vom elektrischen Körper Elektrizität ab und überträgt die Probe auf den Knopf des Elektroskops. Es zeigt sich ein Ausschlag.

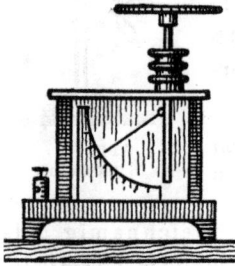

Abb. 352.
Blättchenelektroskop.

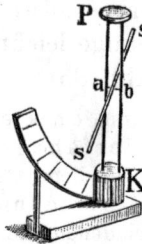

Abb. 353. Elektroskop
nach Fischer.

Abb. 354. Braunsches
Elektrometer.

Mit einem Elektroskop kann man eine **Elektrizitätsmenge** messen, da die abstoßenden Kräfte, die den Ausschlag verursachen, im Verhältnis zu dieser stehen. Ist es nach Elektrizitätsmenge geeicht, so nennt man es **Elektrometer.**

3. Mit dem Elektroskop prüft man, ob ein Körper leitet. Man verbinde zwei Elektroskope (Abb. 355) durch einen Metalldraht und lade das eine. (Erg.: Sofort spreizt sich auch das zweite.) Ein **Metall leitet** die Elektrizität.

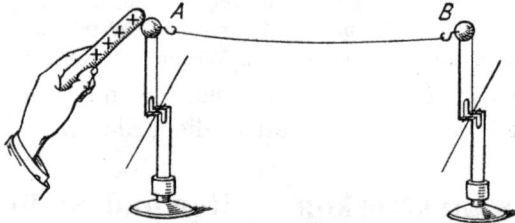

Abb. 355. Leiter.

Man verbinde beide Elektroskope durch einen trockenen Seidenfaden! (Ergebnis: Das zweite Elektroskop macht keinen Ausschlag; **Seide ist ein Nichtleiter.**)

4. Leiter sind die Metalle, das Wasser, der menschliche Körper, die Erde.

Nichtleiter (Isolatoren) sind trockene Luft, trockenes Papier, trockenes Glas, Hartgummi, Porzellan, besonders aber

Paraffin (Kerzen) und Bernstein. — Feuchte Körper sind **Halbleiter,** auf ihnen kriecht die Elektrizität langsam fort.

Befeuchtet man die Schnur, so leitet sie gut; je trockener sie ist, desto schlechter leitet sie. — Feuchte Mauern sind Halbleiter. — Die feuchte Erde ist ein Leiter.

5. Der Übergang einer Elektrizitätsmenge durch einen Leiter wird als Fließen eines **elektrischen Stromes** angesehen.

Die Wirkungen des elektrischen Stromes sind außerordentlich vielseitig und wichtig und eignen sich weit besser zur Ausführung elektrischer Messungen als die zwischen ruhenden Ladungen vorhandenen Kraftwirkungen.

Die **praktischen Maßeinheiten** der Elektrizität gehen deshalb von einer **Einheit der Stromstärke = 1 Ampere (1 A)** aus (Festlegung § 97, 3).

Fließt der Strom 1 A 1 Sekunde lang durch einen Leiter, so befördert er die **Einheit der Elektrizitätsmenge 1 Coulomb (1 C)** ; 1 C = 1 A · 1 s.

$$Q_{\text{Coulomb}} = I_{\text{Ampere}} \cdot t_{\text{Sek.}}$$

6. In Leitern kann sich die Elektrizität frei verschieben. Daraus folgt:

a) Durch ihre gegenseitige Abstoßung werden die Elektrizitätsteilchen auf die Außenfläche eines Leiters gedrängt.

Dies zeigt der Käfigversuch von *Faraday* (Abb. 356).

Versuch: Stelle auf eine isolierte Unterlage ein Elektroskop, das durch einen feinen Draht mit der Innenwand eines über das Ganze gesetzten Käfigs verbunden werden kann. Lade nun den Käfig von außen stark! (Ergebnis: Außen angebrachte Papierfahnen spreizen sich; das Elektroskop im Innern des Käfigs zeigt nicht den geringsten Ausschlag.)

Ein Drahtkäfig, ebenso ein eisernes Haus, schützt also einen Innenraum gegen äußere elektrische Einflüsse.

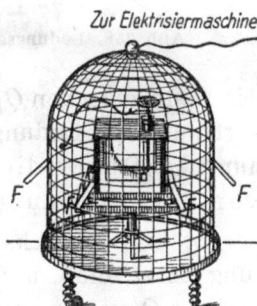

Zur Elektrisiermaschine

Abb. 356. Käfigversuch.

b) Wie in Flüssigkeit oder Gas der Druck, so steht bei einem geladenen Leiter die zwischen seiner Ladung und einer Ladung außerhalb wirkende **Kraft senkrecht auf der Oberfläche.**

§ 89. Arbeit bei Ladung.

1. Zusammendrängen der Ladung auf kleinere Oberfläche erfordert einen **Arbeitsaufwand.** Eine Ladung hat einen Energieinhalt.

Dieser kann nicht durch die Elektrizitätsmenge allein gemessen werden. Geht eine Ladung Q (Abb. 357) von der kleineren Kugel **K** auf die größere **K'** über, so bleibtdie Elektrizitätsmenge gleich, der Energieinhalt nimmt aber ab und umgekehrt.

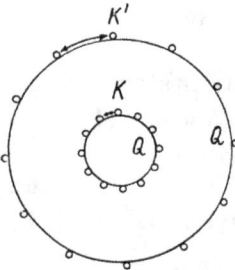

Abb. 357. Vergrößerung der Oberfläche.

2. a) Eine Arbeit gegen die el. **Abstoßungskräfte** wird auch bei jeder **Annäherung** einer (kleinen) Elektrizitätsmenge Q an einen geladenen Körper geleistet. Wird die Ladung Q an einer Stelle, an der die abstoßende Kraft **P** beträgt um die (kleine) Strecke **s** näher gebracht, so wird eine Arbeit $A = s \cdot P$ geleistet. Für diesen Aufwand an Energie tritt keine andere Energieform (Wärme, Schall, Licht) auf; sie bleibt mit der Ladung als el. Energie verbunden, kann aber nicht durch die ja unveränderliche Ladung Q allein gemessen werden. Da die Erscheinung ähnlich ist,

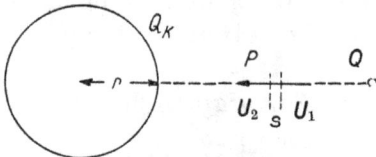

Abb. 358. Ladungsarbeit.

wie wenn zwischen Q_K und Q eine Federspannung wirken würde, sagt man, die Ladung Q_K erzeugt in ihrer Umgebung eine **Spannung U.** Durch die Arbeit $A = P \cdot s$ wird die Ladung Q von der Spannung U_1 auf U_2 gebracht.

b) Den **Zuwachs der Spannung** $U_2 - U_1$ bei dieser Annäherung setzt man nun verhältnisgleich der dabei von der Ladung Q aufgenommenen Arbeit. Da die abstoßenden Kräfte im gleichen Verhältnis wachsen wie die Zahl der in Q enthaltenen Elektrizitätsteilchen ist auch die Arbeit an der Ladung Q dieser verhältnisgleich.

Im ganzen gilt also

$$A \text{ verh. } Q \cdot (U_2 - U_1).$$

c) Die **Einheit der Spannung** wird als **Volt (V)** bezeichnet; sie ist so eingeführt, daß eine Energiezufuhr von **1 Wattsekunde** (1 Ws, § 23, 4) **die Spannung** der Ladung 1 C um **1 V** erhöht.

d) **Die Ladung Q_K an der Oberfläche** entsteht durch wiederholtes Heranbringen von Ladungsteilen Q, bis Q_K die Spannungshöhe U erreicht, auf die auch jede Einzelladung Q bei der Vereinigung mit Q_K gebracht sein muß. Bei dieser Spannung auf dem Leiter ist die Heranführungsarbeit einer Ladung Q verhältnisgleich der Summe der Abstoßungskräfte, also Q_K; da sie gleichzeitig das Maß ist für die mit U gleiche Spannung, auf die Q gebracht wurde, ist Q_K verhältnisgleich U.

§ 90. Spannung, Kapazität, Dichte.

1. Da bei einer **ruhenden Ladung** nach § 88, 6 b die nach außen wirkenden Kräfte senkrecht auf der Leiteroberfläche stehen, wird bei einer **Verschiebung** eines Elektrizitätsteilchens parallel zur Oberfläche **keine Arbeit** geleistet. Der der Spannung U verhältnisgleiche Energieinhalt muß auf der ganzen Leiterfläche gleich sein. Die Spannung hat also folgende wichtige Eigenschaften:

a) Auf der **Oberfläche** eines Leiters herrscht überall **gleiche Spannung.** (Abb. 359.)

b) Die **Spannung U** liefert zusammen mit der **Elektrizitätsmenge Q** das Maß der elektrischen **Arbeit.**

c) Da die Spannung durch einen Arbeitsbetrag festgelegt wird, ist ihr Nullpunkt wie bei einem Energieinhalt willkürlich.

Die **Spannung der Erde** wie die aller mit ihr leitend verbundenen Leiter setzt man gleich **Null.**

+ -Spannung bedeutet höhere, — -Spannung niedrigere Spannung als die der Erde.

2. Kapazität. Nach § 89, 2 d sind Elektrizitätsmenge Q und Spannung U auf einem Leiter verhältnisgleich oder $Q = C \cdot U$.

Der **Beiwert** C hängt von Form und Größe des Leiters ab; da die von ihm aufnehmbare Elektrizitätsmenge bei gleicher Spannung mit C wächst, nennt man diese Größe das Aufnahmevermögen oder die **Kapazität** des Leiters.

$$\text{El.-Menge } Q = \text{Kapazität } C \cdot \text{Spannung } U$$
$$C = Q/U; \quad U = Q/C$$

3. Die in der Technik verwendeten Einheiten sind aus **Stromstärke** und **Spannung** abgeleitet. Es ist:

a) Einheit der Stromstärke 1 Ampere (A)
b) „ „ El.-Menge 1 Coulomb (C)
  1 Coulomb = 1 Ampere · 1 Sekunde
c) „ „ Spannung 1 Volt (V)
  „ „ el. Arbeit 1 Wattsekunde
  (1 Ws) = 1 Voltcoulomb
d) „ „ Kapazität 1 Farad (F)
  1 Farad = 1 Coulomb/1 Volt.

4. Die Spannung mißt man mit dem Elektrometer. Ist dieses nach Elektrizitätsmenge geeicht (§ 88, 2), so läßt sich aus $U = Q/C$ die Spannung berechnen, wenn seine Kapazität bekannt ist.

Das **Elektrometer** wird vorzugsweise als **Spannungsmesser** benutzt. Zur Eichung in Volt nimmt man die später zu besprechenden Spannungsquellen. Da die wirksamen Kräfte bei Spannungen unter 1 V sehr klein sind, eignet sich die Messung kleiner Spannungen auf diese Art nur für das Laboratorium. Technisch brauchbare **Elektrometer** (elektrostatische Voltmeter) sind erst von **10 V** an zu gebrauchen. Zur Messung hoher Spannungen werden sie viel verwendet (Abb. 359).

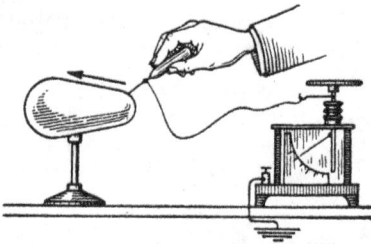

Abb. 359.
Messung der elektr. Spannung.

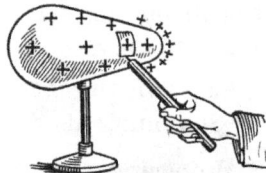

Abb. 360.
Elektr. Dichte.

5. An spitzeren Stellen eines Leiters sitzt die Elektrizität dichter als an stumpfen. Dies zeigt man, indem man mit einer Probekugel (besser einem kleinen Probescheibchen) Proben von verschiedenen Stellen eines eiförmig gestalteten Leiters abnimmt und auf ein Elektroskop überträgt (Abb. 360).

Die Menge Elektrizität, die auf 1 cm² sitzt, heißt die elektrische Dichte.

Diese darf nicht mit der Spannung verwechselt werden. Wäre die Ladung auf dem eiförmigen Leiter gleichmäßig verteilt, so würden auf der linken Seite auf eine Ladung außerhalb stärkere Kräfte wirken und das Heranbringen der Ladung mehr Arbeit verlangen als auf der rechten Seite. Es müßte also links eine höhere Spannung sein. Dies widerspricht dem Gleichgewicht der Elektrizität auf dem Leiter.

6. In Spitzen selbst sitzt die Elektrizität so dicht, daß sie schon bei mäßiger Spannung in die Luft **abfließt.** Die von der Spitze aus elektrisch geladene Luft wird von der Spitze fortgestoßen und erzeugt den elektrischen Wind, der eine Flamme umblasen kann (Abb. 361).

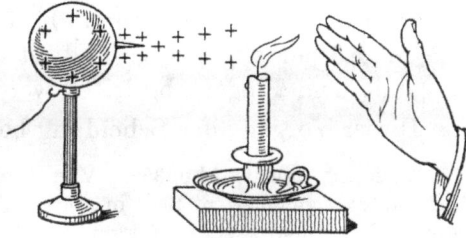

Abb. 361. Elektr. Wind.

Man spürt ihn schon mit bloßer **Hand.** — Er vermag ein entfernt aufgestelltes **Elektroskop** zu laden. — Beobachte die Spitzenwirkung im Dunkeln! + El. gibt **Büschellicht**; — El. gibt **Glimmlicht.** — Durch den Rückstoß der von den Spitzen abgestoßenen Luft setzt sich das **el. Flugrad** (Abb. 362) in Drehung.

Abb. 362.
Elektr. Flugrad.

§ 91. Die elektrische Influenz.

1. Ausgleich entgegengesetzter Ladungen.

Versuch. Man lade von zwei gleichen Elektroskopen **A** und **B** (Abb. 363) das eine positiv, das andere bis zum gleichen Pendelausschlag negativ und verbinde sie leitend durch einen Draht! (Erg.: Die beiden Pendel klappen zusammen.) **Merke:**

║ **Gleiche Mengen** positiver und negativer Elektrizi-
║ tät heben sich in ihrer Wirkung auf (neutrali-
║ sieren einander).

2. Der neutrale Körper. Man kann deshalb in jedem un-
elektrischen Körper gleichviel $+$-Ladung und $-$-Ladung

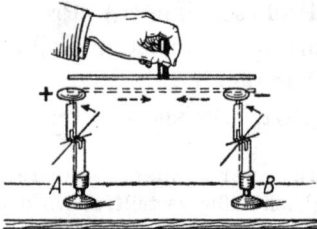

Abb. 363. Ausgleich.

annehmen. Jede Er-
zeugung freier La-
dung besteht nur in
einer Trennung der
Ladungen.

**3. Nähert man
dem neutralen Kör-
per** (Abb. 364) einen

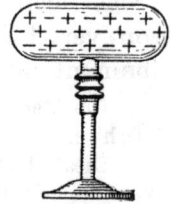

Abb. 364.
Neutral. Körper.

elektrisch geladenen Körper, so tritt auf dem neutralen Körper eine **Scheidung von** $\pm$ **El.** ein.

a) Die **ungleichnamige El.** wird vom el. Körper abgezogen
und **gebunden** (festgehalten). b) Die **gleichnamige El.** wird
vom el. Körper abgestoßen und ist **frei** (kann durch Berührung mit dem Finger abgeleitet werden).

Dieser Vorgang der Scheidung heißt el. **Influenz.**

Nachweis gemäß Abb. 365. Man tupfe mit der Probescheibe eine
Probe a) vom genäherten, b) vom abgewendeten Ende ab und übertrage
diese auf 2 Elektroskope. (Ergebnis: Das eine Elektroskop erscheint **positiv,** das andere **negativ** geladen.)

4. Nachweis am Elektroskop selbst (Abb. 366). Man nähere
der Platte des neutralen Elektroskops von oben her (auf
3—4 cm Abstand) einen positiv elektrischen Glasstab, dann ist

die Platte negativ   das Blättchen positiv

geladen. Erstere El. ist gebunden, letztere frei.

Die freie El. kann man zur Erde ableiten, indem man die

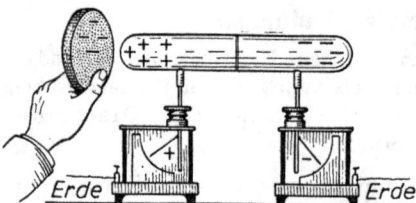

Abb. 365.
Elektrische Influenz.

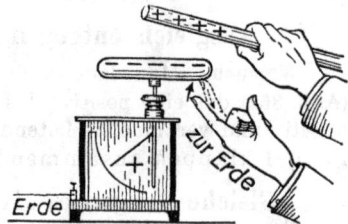

Abb. 366.
Ladung durch Influenz.

Platte kurze Zeit mit dem Finger berührt. (Ergebnis: Das Blättchen fällt dann zurück.)

Dabei darf der Glasstab nicht von seinem Ort gerückt werden.

Auf dem Elektroskop ist nun nur noch die auf der Platte befindliche negative Elektrizität. Diese wird frei, wenn man den Glasstab entfernt. (Ergebnis: Das Blättchen schlägt nun aus wegen negativer Ladung.)

Wir haben hier den **Kunstgriff** geschildert, wie man ein Elektroskop mit einem **positiv** elektrischen Stab **negativ** laden kann.

5. Wie prüft man die Ladung eines Elektroskops? Dadurch, daß man dem Knopf des Elektroskops einen bekannten el. Stab nähert.

a) Nähert man einen **gleichnamig** geladenen Körper, so treibt dieser die Ladung des Knopfes in die Pendel. Ergebnis: Diese gehen dann weiter auseinander.

b) Nähert man einen **ungleichnamig** geladenen Körper, so zieht dieser die Ladung der Pendel in den Knopf. Ergebnis: Die Pendel gehen zusammen.

6. Die Influenzmaschine ist eine Anwendung der Influenz zur Erzeugung größerer Elektrizitätsmengen (Abb. 367). Sie enthält 2 mit Metallstreifen belegte Hartgummischeiben, die durch eine Kurbel in **entgegengesetzte** Drehung versetzt werden. Vor der vorderen Scheibe steht schräg unter 45° ein Ausgleicher Q_1, der in 2 Pinseln endigt, hinter der hinteren Scheibe ein ebensolcher in Pinseln endigender Ausgleicher Q_2. (Q_1 und Q_2 stehen nahezu aufeinander senkrecht.)

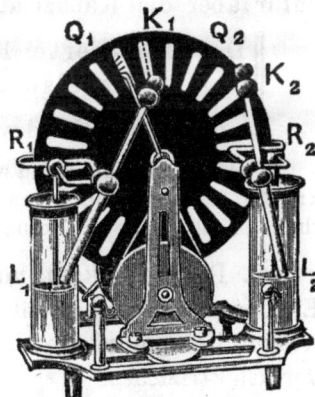

Abb. 367. Influenzmaschine.

Vorgang. Von **früherem Gebrauch** her sitzt meist noch etwas + El. auf der vorderen, — El. auf der hinteren Scheibe. Beim Drehen der Scheiben fangen daher beide Pinsel (durch Influenz) an, Elektrizität ausfließen zu lassen. Durch die gegenseitige Influenz der geladenen Belege und die Wirkung der Ausgleicher Q_1 und Q_2 wird erreicht, daß die durch diese begrenzten Quadranten zwischen R_1 und R_2 dauernd + bzw. — geladen sind. Diese Ladungen werden durch R_1 und R_2 abgenommen und zwei **Sammlerflaschen** (Leidenerflaschen) zugeführt. Sind letztere genügend stark mit Elektrizität geladen, so springt zwischen den Kugeln K_1 und K_2 ein Funke über.

> Die Influenzmaschine liefert hohe Spannung, aber geringe Elektrizitätsmengen. Ihre Verwendung ist durch die Entwicklung anderer Hochspannungsquellen sehr zurückgedrängt worden.

§ 92. Der Kondensator.

1. Die Hand als Spannungsverminderer. Halten wir unsere Hand über die Platte eines auf U_1 Volt geladenen Elektrometers (Abb. 368), so gehen dessen Pendel etwas zusammen; es zeigt nun die geringere Spannung U_2 Volt.

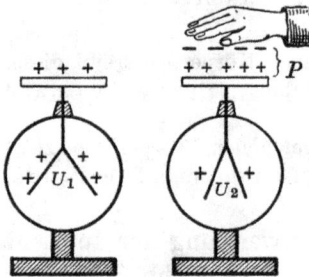

Abb. 368. Die Hand als Kondensatorplatte.

Grund. Die **Platte** P sei **positiv** elektrisch geladen. Dann wird die genäherte Hand durch Influenz **negativ** elektrisch. Diese negative Elektrizität der Hand bindet nun einen Teil der freien Ladung der Platte **P**; der **Rest** ihrer Ladung vermag die Pendel nur noch auf den geringeren Ausschlag zu spreizen.

Es ist so, als ob die bindende Hand nicht vorhanden, dafür aber die Kapazität der Platte **P** gestiegen wäre.

> Die genäherte Hand vermindert die Spannung und **steigert** also die **Kapazität** der Platte.

Man sagt, die Hand wirkt hier als Kondensator (Verdichter).

Entfernt man die Hand wieder, so muß sie gegen die Anziehungskräfte der ungleichnamigen Ladungen Arbeit leisten. Dies bedingt eine Erhöhung der Spannung bei gleichbleibender Elektrizitätsmenge.

2. Die Hand kann man durch eine geerdete Platte ersetzen. Ein Kondensator besteht also im einfachsten Fall aus 2 Platten, wovon die eine geerdet ist. Die andere dient zum Aufspeichern der Elektrizität.

Die **Kapazität eines Kondensators** wächst im geraden Verhältnis mit der Oberfläche F cm² der Platten und im umgekehrten Verhältnis ihres Abstandes d cm. Sie hängt auch von dem Stoff ab (Luft, Glas, Hartgummi, Glimmer), der sich zwischen den Platten befindet.

$$\text{Kapazität } C = \frac{\varepsilon \cdot F}{d} \cdot 0{,}886 \cdot 10^{-13} \text{ Farad}$$

ε ist für Luft 1, Schellack 3, Hartgummi 3, Glas 7, Glimmer 8.

Da 1 F eine ungeheuer große Kapazität ist, gibt man sie gewöhnlich in **Mikrofarad** (μF) oder **Picofarad** (pF) an. (1 F $= 1\,000\,000\ \mu$F $= 10^9$ pF).

3. Die bekannteste Form des Kondensators ist die **Leidenerflasche** (Abb. 369). Dies ist eine Glasflasche, die innen und außen bis ungefähr $^2/_3$ der Höhe mit Stanniol B_1 B_2 belegt ist. Der übrige Teil der Flasche ist gefirnißt.

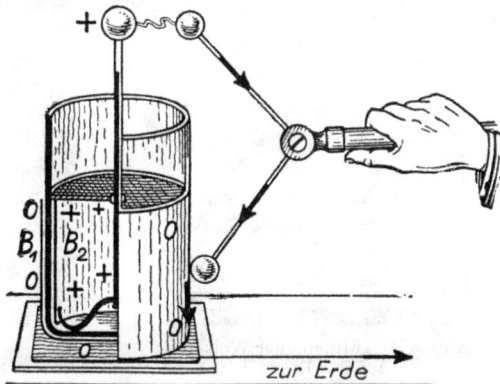

Abb. 369. Leidener Flasche.

Die **Zuleitung zum inneren Beleg** erfolgt durch ein Metallstäbchen, das oben in einem Knopf, unten in einer Feder oder in einem Kettchen endigt. Geladen wird der innere Beleg, der äußere muß geerdet sein.

Die Kapazität einer Leidenerflasche ist gering, sie verträgt aber eine sehr hohe Spannung. Größere Kapazität gibt der Blätterkondensator (Abb. 370), bei

Abb. 370. Blätterkondensator.

dem die Blätter gruppenweise parallel geschaltet sind (Vergrößerung der Oberfläche). Bei Zwischenlage von dünnen Blättchen ($d \sim {}^1/_{10}$ mm) aus Glimmer oder Papier erhält man einige μF in kleinem Raum.

§ 93. Blitzschutz.

1. Was wollte *Franklin* 1753 mit seinem Drachenversuch feststellen? Er wollte prüfen, ob die Luft in höheren Schichten elektrisch geladen sei.

An der isoliert gehaltenen Drahtleitung zum Drachen war unten ein Schlüssel befestigt, aus dem er Funken ziehen konnte. ***Richmann*** in Petersburg, der den Versuch nachmachen wollte, wurde dabei vom Blitz erschlagen.

Je höher wir uns erheben, desto stärker positiv ist die Luft geladen.

2. Wie entsteht der Blitz?
Zuweilen sind besonders die
Wolken mit gewaltigen Elek-
trizitätsmengen geladen. Die
Wolken influenzieren die Erde
(Abb. 371) und ihre Ladung
vereinigt sich von Zeit zu Zeit

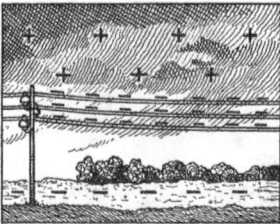

Abb. 371. Influenz der Wolken
auf die Erde.

Abb. 372.
Blitz und Blitzschutz.

mit der angezogenen Influenzladung der Erde unter
Durchbrechung der Luft durch einen oft einige km langen Fun-
ken, den **Blitz** (Abb. 373). Der fast plötzliche Ausgleich der
Luftverdünnung längs der Blitzbahn ruft den **Donner** hervor.

Flächenblitz = Aufleuchten von Wolken; **Linienblitz** = Blitz zur
Erde; verästelt, d. h. er wählt den Weg kleinsten Widerstandes (Abb. 372).

3. Der Blitz schlägt gern in die höchsten Gegenstände ein.
(Kamin, Kirchturm, Baum, Giebelkanten der Häuser.) Diese
Kenntnis nützt man nach Franklin aus, um dem Blitz im
Blitzableiter einen unschädlichen Weg aufzuzwingen.

Abb. 373.
Blitzableiteranlage.

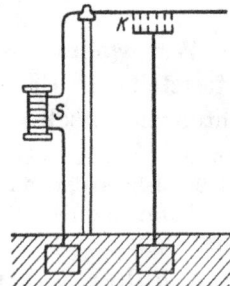

Abb. 374.
Telegraphenblitzableiter.

4. Beim **Blitzableiter** unterscheidet man die Auffangstangen, die Gebäudeleitung und die Erdleitung.

Einrichtung: Die **Auffangstangen** auf dem First des Daches sind
untereinander und durch die Gebäudeleitung mit der Erde zu verbinden.
Auf jedem Gebäude sollen wenigstens 2 unabhängige Luftleitungen von
50 mm² ·Querschnitt vorhanden sein. Die Gebäudeleitung ist mit sämt-
lichen größeren Metallmassen des Hauses (Wasserleitung, Gasleitung,
Dampfkessel, Zentralheizung, Dachrinnen) leitend zu verbinden. Regen-
abfallrohre können dabei gleich als Zuleiter zur Erde benutzt werden.

Ist **Grundwasser** vorhanden, so verlegt man in dieses die sog. Erdplatten von mindestens 1/2 m² Oberfläche. Ist der **Boden trocken,** so
verlegt man einen sehr langen Draht in der Erde rings um das Haus.

Zuweilen ersetzt man die Auffangstangen durch bloßes
Aufbiegen des Firstbleches um einige Dezimeter. Ob die Leitung eine Unterbrechung hat, prüft man mit einem Galvanometer.

Da ein schadhafter Blitzableiter keinen Schutz gewährt, vielmehr das
Haus in Gefahr bringt, schreibt die Behörde eine regelmäßige Nachprüfung
der Blitzableiter vor.

5. Leitungsblitzableiter (Abb. 374). Ein Blitz, der in
eine Telegraphenleitung schlägt, wird **vor** der Station durch
einen **Zackenblitzableiter** zur Erde gelenkt.

Dieser besteht aus einem gezackten Doppelkamm. — Der Blitz
als ungeheuer rasch wechselnder Wechselstrom geht äußerst ungern
durch die Apparatspulen (sie drosseln ihn), lieber in Form von pras-
selnden Funken zwischen den Zähnen der Kämme zur Erde.

Besonders wichtig ist der Blitzschutz bei den großen Verteilungs-
leitungen der Elektrizitätswerke. Dabei ist nicht nur der Einbau von
Ableitern bei unmittelbarem Einschlag erforderlich, sondern auch die
Beseitigung der bei einem Blitzschlag im Leitungsnetz durch Influenz
auftretenden Überspannungen (Abb. 371 und 372).

Der elektrische Strom.

§ 94. Von den galvanischen Elementen.

1. *Volta* schuf 1790 das erste galvanische Element (**Volta-Element**). Er stellte eine Kupfer- und eine Zinkplatte in an-

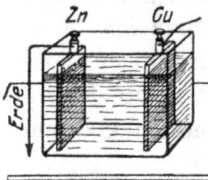

Abb. 375.
Voltaelement.

gesäuertes Wasser. Es erwies sich das **Kupfer positiv**, das **Zink negativ elektrisch** (Abb. 375).

Beide Platten zeigen eine Spannungsdifferenz; diese heißt die Spannung des Elements oder seine **elektromotorische Kraft** (Zeichen **EMK**). Die Platten heißen die Pole des Elements.

Die Elektrisierung ist indes sehr schwach. Diese kleine Spannung kann mit technischen Elektrometern nicht gemessen werden.

Geschichtliches. Volta verdankte die Anregung zu seinem Versuch dem italienischen Arzt *Galvani*. Daher heißen Vorrichtungen wie das Volta-Element ganz allgemein galvanische Elemente.

2. Ein galvanisches Element ist ein Gefäß, in dem zwei **verschiedene** leitende Platten in einer leitenden Flüssigkeit stehen. Stets erweist sich die eine Platte **positiv**, die andere **negativ**; nur ist die EMK je nach den verwendeten Bestandteilen verschieden.

Es gibt viele galvanische Elemente; beliebt sind Zink-Kohle- und Zink-Kupfer-Elemente.

a) Das **Leclanché-** oder **Braunsteinelement** (Abb. 376) enthält in einem vierkantigen Elementenglas **Zink** in einer Salmiaklösung, **Kohle** in einer Tonzelle, die mit Braunsteinpulver gefüllt ist. EMK = **1,4 Volt.**

b) Das **Daniell-Element** (Abb. 377) ist ein **Zn/Cu**-Element. Zink steht in 15proz. Schwefelsäure, Kupfer in einer (blauen) Lösung von Kupfersulfat; beide Flüssigkeiten getrennt durch eine (poröse) Tonzelle. EMK = **1,08 Volt.**

c) Das verwendungsfähigste Element ist der **Akkumulator.** Er besteht aus **zwei Bleiplatten,** wovon die eine (positive) mit braunem Bleisuperoxyd überzogen ist; beide stehen in 30 proz. Schwefelsäure. EMK ≈ **2 Volt.**

d) **Trockenelemente** sind Braunsteinelemente, die die Flüssigkeit aufgesogen in einer Mischung von Sand, Sägspänen und Weizenmehl enthalten.

Sie sind die beliebtesten Elemente für s c h w a c h e   S t r ö m e bei nur v o r ü b e r g e h e n d e r Benützung.

Anwendungen. Alle Arten von nur zeitweise betriebenen Meldeeinrichtungen (Hausklingel- und Telephonanlagen), Schwachstrommessungen, kurzzeitige Beleuchtung.

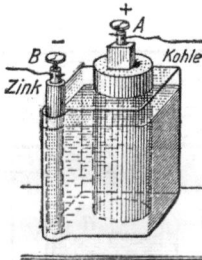

Abb. 376.
Leclanché-Element.

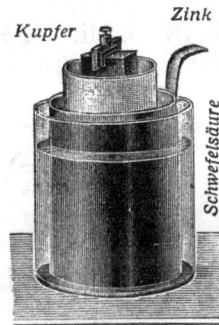

Abb. 377.
Daniell-Element.

3. Auf die Größe der Platten kommt es nicht an. Merke:

‖ **Kleine** und **große Akkumulatoren** h a b e n   d i e s e l b e S p a n n u n g s d i f f e r e n z   d e r   P o l e (∼ 2 Volt).

4. Eine galvanische Batterie ist eine Verbindung mehrerer galv. Elemente. Man unterscheidet:

a) **Die Hintereinanderschaltung** (Abb. 378). Dabei wird der positive Pol des einen Elements je mit dem negativen Pol des folgenden verbunden. Es bleiben dann noch zwei Pole frei, der erste und der letzte. **Merke:**

‖ D i e s e   S c h a l t u n g **erhöht die Spannung.**

Die **Spannung** steigt bei gleichen Elementen mit der E l e m e n t e n z a h l   v e r h ä l t n i s g l e i c h. **Beispiel:** 55 hintereinander geschaltete Akkumulatoren haben die Spannung von $55 \cdot 2 = 110$ Volt.

Bei einer Batterie von 5 hintereinander geschalteten Akkumulatoren (10 V) kann man die Spannung mit einem technischen elektrostatischen Voltmeter messen. Erhöht man die Zahl der Elemente, so nimmt die Spannung für **jedes Element um 2 V** zu.

14*

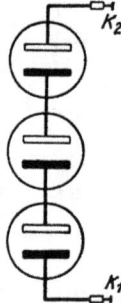

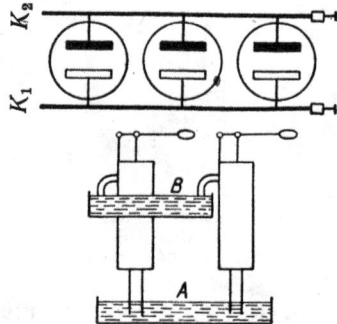

b) **Die Parallelschaltung** (Abb. 379). Dabei werden alle positiven Pole zu einem Punkt (oder einer Schiene) K_1, alle negativen Pole zu einem anderen Punkt (Schiene) K_2 geführt. K_1 bzw. K_2 sind dann die Pole der Batterie. **Merke:**

‖ Diese Schaltung **erhöht** die Spannung **nicht.**

K_1 und K_2 zeigen nur dieselbe Spannung wie 1 Element; gleiche Elemente vorausgesetzt.

5. Wie macht man sich dieses Verhalten an Pumpen klar? (Abb. 378, 379.) Mit der Pumpe **A** wird das Wasser bis zu einer festen Höhe h (bis **B**) emporgebracht.

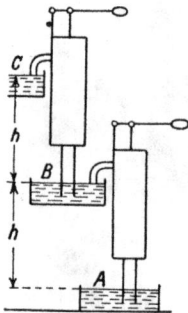

Abb. 378. Hintereinanderschaltung.   Abb. 379. Parallelschaltung.

I. Setzt man bei **B** eine zweite Pumpe ein, so wird das Wasser weiter um den Betrag h gehoben, also im ganzen doppelt so hoch usw. Die Pumpen sind hier **hintereinandergeschaltet.** Diese Schaltung **erhöht** die Spann- (Hub-) Höhe des gehobenen Wassers.

II. Setzt man aber z. B. 2 Pumpen **nebeneinander** in das Wasser, so wird das Wasser, wie viele Pumpen man auch verwenden mag, nur so hoch gehoben, als wenn nur eine einzige Pumpe vorhanden, die andern gesperrt wären. Diese Parallelschaltung **erhöht** also die Spann- (Hub-) Höhe des Wassers **nicht.**

§ 95. Entstehung des elektrischen Stromes.

1. Wie entsteht der elektrische Strom? Man verbinde die beiden Pole durch einen leitenden Draht. Ergebnis: Eine eingeschaltete Glühlampe leuchtet, bis man den Stromkreis wieder unterbricht (Abb. 380).

Vorgang. Die +-El. des positiven Poles und die --El. des negativen Poles strömen einander entgegen und gleichen sich im Draht unter
Erwärmung des Fadens der Glühlampe aus. **Merke:**

|| Der stete Ausgleich von ± El. heißt elektr. Strom.

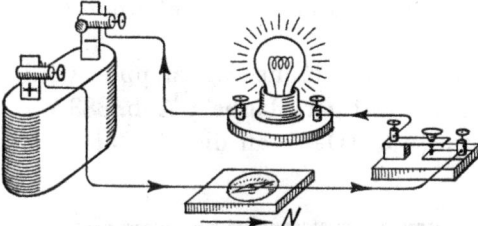

Abb. 380. Magnetische und Wärmewirkung
des elektr. Stromes.

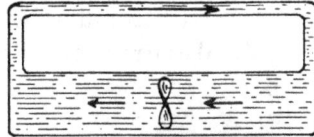

Abb. 381. Strom.

Die **Glühlampe** zeigt an, daß der Ausgleich **andauernd** ist.
Daraus folgt, daß das galvanische Element für die verbrauchte Elektrizität
fortwährend neue nachliefert. Daher bezeichnet man das galvanische
Element mit Recht als **Stromquelle.** — Das Element ist **erschöpft,** wenn
die Metalle oder die Säure verbraucht sind. — Trockenelemente, die
wirklich ausgetrocknet sind, liefern ebenfalls keinen Strom mehr; eine
Wiederherstellung ist technisch nicht durchführbar.

Vergleich mit einem Wasserstrom (Abb. 381). Ein kleines Schrauben-
rad setzt Wasser in einem Gefäß in Bewegung (EMK). Die Endpunkte
sind durch eine Rohrleitung verbunden. In dieser fließt ein dauernder
Strom. Äußerer und innerer Strom bilden eine geschlossene Strombahn.

2. Als Richtung des el. Stromes gilt die **Flußrichtung** der
positiven Elektrizität (vom pos. zum neg. Pol).

3. Sehen kann man den el. Strom nicht. Man kann ihn
aber durch seine Wirkungen nachweisen. Diese sind:

1. Licht- und Wärmewirkungen. (Man denke an die
    elektrische Glühlampe, Abb. 380!)

Abb. 382.
Chemische Wirkung.

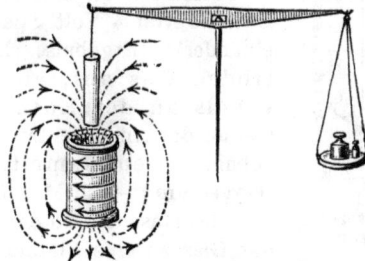

Abb. 383. Magnetische Wirkung.

2. Chemische Wirkungen (z. B. Verkupferung eines Schlüssels oder eines Kohlenstifts; Abb. 382).

Versuch: Man verbinde einen **Schlüssel** mit dem Minus-, eine **Kupfer-platte** mit dem Plus-Pol eines galvanischen Elements und setze beide in eine Lösung von Kupfersulfat! Ergebnis: Der Schlüssel überzieht sich mit einer Kupferschicht.

3. Magnetische Wirkungen. (Eine Drahtspule wird bei Stromdurchgang ein kräftiger Magnet; Abb. 383.)

4. Motorische Wirkungen. (Denk an die el. Bahnen!)

Chemische Wirkungen des elektrischen Stromes.

§ 96. Elektrolyse.

1. **Elektrisch leitende Flüssigkeiten** werden bei Stromdurch-gang **zersetzt.** Leitfähigkeit zeigen verdünnte Säuren und Laugen und die Lösungen von Metallsalzen.

2. **Zur Zerlegung des Wassers** dient der Hofmannsche Apparat (Abb. 384). Dieser besteht aus drei mit angesäuertem Wasser gefüllten verbundenen Glasröhren; in die beiden äußeren ragen von unten her zwei Platinbleche **A** und **K**. **Merke:**

‖ **Anode** heißt die mit dem **positiven** Pol ⎞ verbundene
‖ **Kathode** » » » » **negativen** » ⎠ Platte.

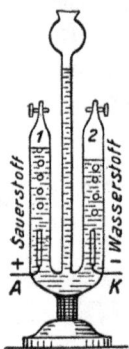

Abb. 384.
Wasser-
zersetzung.

Beide Platten haben den Sammelnamen: **Elek-troden.** Die dritte Röhre nimmt das Wasser auf, das bei der Gasentwicklung aus den äußeren Röhren herausgepreßt wird.

Versuche. 1. Man verbinde A, K mit den Polen einer Batterie von 4 Volt Spannung (2 Akkumulatoren hinter-einander)! (Ergebnis: Es braust an beiden Elek-troden Gas auf, aber an der Anode nur **halb so viel** als an der Kathode.) — **2.** Man halte in das Gas, das an der Anode entsteht, einen glimmenden Span! (Er-gebnis: Er entflammt; das Gas ist also **Sauerstoff = Oxygenium.**) — **3.** Man fange vorsichtig in einem Probier-glas das Gas, das an der Kathode entsteht, auf und bringe das Glas an eine Flamme! (Ergebnis: Das Gas brennt mit heißer Flamme; es ist **Wasserstoffgas = Hydrogenium.**)

Der elektrische Strom zerlegt das Wasser in
1 Raumteil Sauerstoff + **2 Raumteile** Wasserstoff.

Das Wasser besteht aus Molekülen; daher muß jedes Molekül Wasser von Natur aus 2 Atome Wasserstoff und 1 Atom Sauerstoff enthalten. (Formel H_2O); Abb. 385 zeigt ein Phantasiebild der Wassermoleküle.

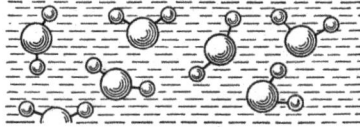

Abb. 385.
Phantasiebild der Wassermoleküle.

3. Die Atome im Wassermolekül sind elektrisch geladen. Da der Wasserstoff zur negativen Platte wandert, so muß er elektropositiv sein.

‖ **Wasserstoff** ist elektropositiv, **Sauerstoff** el.-negativ.

4. Reines Wasser kann nicht zersetzt werden. Die Zersetzung tritt erst ein, wenn man ihm z. B. etwas Schwefelsäure H_2SO_4 zusetzt. Man schließt daraus, daß der elektrische Strom zunächst nur die Säure zersetzt.

Vorgang. Die Schwefelsäure wird zersetzt in $H_2^* + SO_4$.

Der elektropositive Wasserstoff H_2^* wandert zur negativen Kathode und braust dort auf (↗). — SO_4 aber wandert zur Anode und greift ein Wassermolekül H_2^*O an. Diesem entreißt es den pos. Wasserstoff und **bildet damit wieder Schwefelsäure ($H_2^*SO_4$).** Erst der aus dem Wasser als Rest frei gewordene Sauerstoff O braust nun an der Anode auf (↗).

‖ Die **Schwefelsäuremenge** bleibt erhalten.

Der Vorgang der elektrischen Zerlegung heißt **Elektrolyse,** der zerlegte Stoff **Elektrolyt.** Rufen die zerlegten Teile weitere chemische Angriffe hervor, so spricht man von sekundären chemischen Prozessen.

5. Als Beispiel einer Metallsalzlösung nehmen wir eine Lösung von **Kupfersulfat ($CuSO_4$).**

Versuch. Wir tauchen in diese zwei Kupferplatten als Elektroden. Bei Stromdurchgang zersetzt sich das Kupfersulfat $CuSO_4$ in $Cu^* + SO_4$ (Abb. 386). Er-

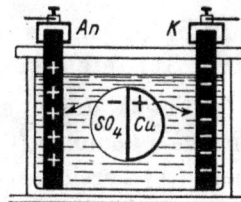

Abb. 386.
Elektrolyse von $CuSO_4$.

gebnis. a) Das **Kupfer** scheidet sich an der **Kathode** ab.
b) Das elektronegative SO_4, das zur Anode wandert, verbindet
sich dort mit dem **Cu** der Anodenplatte wieder zu $CuSO_4$,
das sich löst.

> Die **Kathodenplatte** wird **dicker**; die Anodenplatte
> **dünner**; die $CuSO_4$-Lösung bleibt erhalten.

Merke:

> **Metalle** und **Wasserstoff** wandern mit dem Strom
> (d. h. sie scheiden sich an der Kathode ab). ·

$$H_2 \text{ und Metalle} \to \to \boxed{\textbf{Kathode}} \cdot$$

6. Ionen. Die Abscheidung von Kupfer beginnt **sofort** bei
Anlegen einer auch geringen Spannung. Man schließt daraus,
daß keine elektrische Arbeit nötig ist, um das Molekül
($CuSO_4$) in Cu und SO_4 zu zerlegen.

Beim Eintauchen der Elektrodenplatten fangen diese Teile sofort
zu wandern an. Solche wandernde elektrisch geladene Teilchen heißen
Ionen. Es gibt positive und negative Ionen.

Die Spaltung einer Molekel in 2 Teile tritt bereits beim Auflösen in
Wasser ein.

Auch bei einer Wasserzersetzung tritt unmittelbar beim Anlegen der
Spannung die Zersetzung auf. Sobald aber die Elektroden sich mit etwas
H_2 und O bedeckt haben, bilden sie mit der verdünnten Schwefelsäure
ein neues Element, das eine Gegenspannung hat (Polarisations-
element, § 99, 2), die durch die angelegte Spannung überwunden werden muß.

§ 97. Gesetze der Elektrolyse.

1. *Faraday* fand folgende Gesetze:

a) In jeder Sekunde werden gleiche Mengen Wasserstoff oder Metall an der Kathode abgeschieden.

b) Die in **1 s** abgeschiedenen Mengen sind der Stärke
des Stromes verhältnisgleich.

Fließt durch einen Stromkreis in **1 s** die Elektrizitätsmenge **1 Coulomb (C)**, so wird die Stärke des Stromes mit **1 Ampere (A)** bezeichnet (vgl. § 88, 5). Es ist also

> **1 A = 1 C/1 s.   1 C = 1 A · 1 s (Amperesekunde).**

2. Welche Mengen 1 A in 1 s (1 C) abscheidet, zeigt Tafel 14.

Bei O und H_2 mißt man den Rauminhalt und gibt ihn für Normal-zustand und gewöhnlich für 1 min an.

Diese Zahlen heißen **elektrolytische Äquivalente.**

Tafel 14. Elektrolyt. Äquivalente.		
1 A liefert in 1 s		
0,0105 mg Wasserstoff	0,3040 mg Nickel	
0,0840 mg Sauerstoff	0,3294 mg Kupfer	
0,0936 mg Aluminium	0,3387 mg Zink	
1 A liefert in 1 min		
6,96 cm³ Wasserstoff	3,48 cm³ Sauerstoff	
10,44 cm³ Knallgas (H_2 + O) bei Normalzustand		

3. Einheit der Stromstärke. Da die genaue Messung von Elektrizitätsmengen nach § 87, 5 äußerst mühsam und die Messung von Stromstärken technisch viel wichtiger ist, hat man als elektrische Grundeinheit das Ampere, gemessen durch die Abscheidung von Silber aus einer Lösung von salpetersaurem Silber (Höllenstein, $AgNO_3$) eingeführt. Merke:

‖ **1 A scheidet in 1 s 1,11800 mg Silber ab.**

4. Zur Messung der Stromstärke dienen die **Voltameter** (Coulombmeter).

Man unterscheidet drei Voltameter. a) Das **Knallgasvolta-meter** (Abb. 387). Dies ist ein Wasserzer-setzungsapparat mit nur einem geteilten Auf-fangrohr, an dem das entwickelte Knallgas abgelesen wird.

Das abgelesene Rohvolumen V ist vor der Be-rechnung der Stromstärke auf Normalumstände (d. h. 0° C und 760 mm Druck) umzurechnen.

$$V_0 = V \cdot \frac{p}{760} \cdot \frac{273}{T} \cdot$$

Hierbei ist T die absolute Temperatur, p der Druck der Knallgasmenge in mm QS.

b) Das **Kupfervoltameter** enthält in einer Lösung von Kupfersulfat zwei Kupferelektroden (Abb. 386).

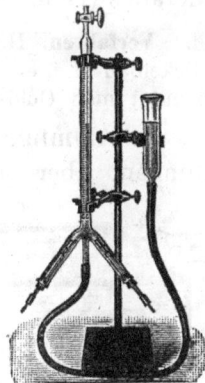

Abb. 387.
Knallgas-Voltameter.

Die Abscheidung von Kupfer wird durch die Gewichtszunahme der Kathode gemessen.

c) Das **Silbervoltameter** (Abb. 388) enthält eine Lösung von Höllenstein. **Anode**: Silberstift, **Kathode**: Platinschale.

Die Stromstärke wird aus der gewogenen Silberabscheidung an der Platinschale bestimmt.

5. Elektrolytische Elektrizitätszähler (Abb. 389) zählen die verbrauchten Coulomb durch die Menge Quecksilbers, das aus einem Elektrolyten von Quecksilbersalzen abgeschieden wird.

Die Quecksilbertröpfchen sammeln sich in einem Glasrohr, an dem der Stand des Quecksilbers abgelesen werden kann.

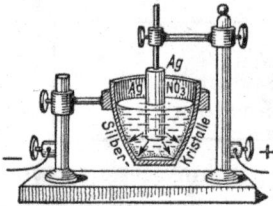

Abb. 388.
Silbervoltameter.

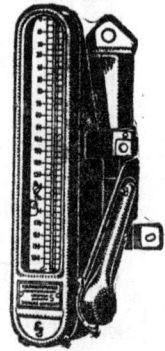

Abb. 389.
Stiazähler.

§ 98. Technische Verwertung der Elektrolyse.

Das Wandern des **Metalls** zur → → **Kathode** findet Verwendung:

1. In der **Metallplattierung** (Galvanostegie), d. h. wenn man einen Gegenstand mit einer dünnen Schicht eines anderen Metalles (Gold, Silber, Nickel, Chrom) überziehen will.

Verfahren. Hänge den Gegenstand **als Kathode** in ein Gold-, Silber- Nickelbad (d. i. eine Lösung eines Gold-, Silber-, Nickelsalzes). Als Anode benutzt man Gold-, Silber- bzw. Nickelblech.

2. Aluminiumlegierungen können als **Anode** mit einer dünnen, aber sehr haltbaren Oxydschicht versehen werden, wobei vielartige Farbtöne zwischen weiß und schwarz erhältlich sind (Eloxalverfahren).

3. In der **Galvanoplastik** zur Herstellung **abnehmbarer Kupferhohlformen** von Gegenständen (Abb. 390).

Abb. 390. Galvanoplastik.

Verfahren. Man stelle zunächst von

der Münze oder was sonst in Cu abgebildet werden soll, einen **Abdruck** in **Gips** oder **Guttapercha** her (Negativ) und bestäube diesen mit **Graphitpulver** (um ihn leitend zu machen). Diesen Abdruck (Matrize) hänge man **als Kathode** in ein Kupferbad. Bei Stromdurchgang bildet sich darauf eine **abnehmbare** Kupferschicht (Positiv).

4. Zur Reingewinnung von Metallen und zur Erzeugung chemischer Produkte. Unreine Metalle löst man auf und scheidet daraus durch Elektrolyse das reine Metall ab (Gewinnung von Reinkupfer und Reinaluminium).

Roh-Aluminium erhält man durch Elektrolyse geschmolzener Tonerde (Al_2O_3) zwischen Kohleelektroden (Abb. 391).

Zerlegt man **Kochsalz** durch starken el. Strom, so wird es zunächst flüssig (durch die Stromhitze) und zerfällt dann in **Chlor** und **Natrium.** Ersteres wird in Kalkwasser geleitet, wodurch **Chlorkalk** entsteht.

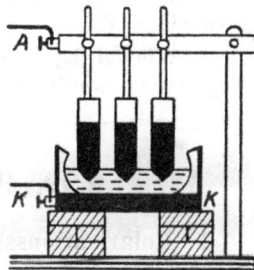

Abb. 391.
Aluminiumgewinnung.

5. Elektrolytische Zerstörungen. Berühren sich zwei Metalle, die ein galvanisches Element bilden können (z. B. ein Zinkdach und eine Kupferleitung), und kommt atmosphärische Feuchtigkeit dazu, so bildet das ganze ein **kurzge-schlossenes galvanisches Element**, in dem starke Ströme fließen können. Dabei wird das unedle Metall (Zink) in kurzer Zeit elektrolytisch zerstört.

Der Münchner *Steinheil* entdeckte bereits 1840, daß man zur Rückleitung des elektrischen Stromes die Erde benutzen kann. (**Erdleitung,** Abb. 411.)

Starkströme dürfen nicht zur Erde abgeleitet werden, da an den Elektroden ($E_1 E_2$, Abb. 411) auftretende elektrolytische Vorgänge diese bald zerstören würden. Ströme, die von Straßenbahnschienen in die Erde gelangen (Irr-Ströme) haben früher gewaltige Zerstörungen an den Wasserleitungen hervorgerufen. Es müssen deshalb die einzelnen **Schienen** sorgfältig **leitend verbunden** werden, so daß sie allein den Strom zurückführen.

Aufgaben.

1. Wieviel Gramm **Kupfer** scheidet ein elektrischer Strom von der Stärke I in der Zeit t ab?

Stromstärke $I =$	100 A	10 A	2,5 A	1,2 A
Zeit $t =$	1 Tag	1 Stunde	30 min	10 min
Antwort:	2,84 kg	11,83 g	1,48 g	237 mg

2. In einer **Vernickelungsanstalt** sollen täglich in 8stündiger Arbeitszeit 2 kg Nickel niedergeschlagen werden. Wie groß ist die erforderliche Stromstärke? (Antwort:

$$I = \frac{G}{0{,}304 \cdot t} = \frac{2\,000\,000}{0{,}304 \cdot 8 \cdot 60 \cdot 60} = 228\ A.)$$

3. Eine **galvanoplastische Anstalt** arbeitet mit einem Strom von 20 A. Wieviel Gramm Kupfer kann sie in 8 Stunden Arbeitszeit abscheiden? (Antwort: $8 \cdot 60 \cdot 60 \times 20 \times \frac{1}{3}$ Milligramm $= 192$ g.)

4. Wieviel kg **Aluminium** können elektrolytisch mit 10000 A in 1 Tag erzeugt werden? (Antwort: 80,9 kg.)

§ 99. Polarisation der Platten.

1. Polarisationsstrom. (Herstellung eines Akkumulators.)

Versuch. Man stelle gemäß Abb. 392 **zwei Bleiplatten A, B** in angesäuertes Wasser und leite den elektrischen Strom einer Batterie von 4 Volt Spannung unter Einschaltung eines Galvanometers hindurch! (Ergebnis: Ausschlag nach rechts.) Schalte nach etwa 5 Minuten die Batterie ganz aus und schließe die Leitung wieder! (Erg.: Die Galvanometernadel schlägt entgegengesetzt aus.) —
Folgerung: Die Zelle **A B** liefert nun selbst Strom im Gegensinn. (Polarisationsstrom.) Zieh die Platten heraus! Die eine blieb blank, die andere hat sich mit braunem Bleisuperoxyd überzogen; es ist also ein Akkumulator entstanden. Mit der erhaltenen Zelle vermag man schon einige Zeit eine elektrische Klingel zu betreiben.

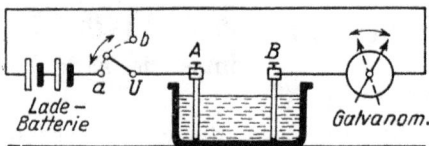

Abb. 392. Nachweis der Polarisation.

Merke: Geht Strom durch eine Flüssigkeit, so rufen die an den Elektroden auftretenden **neuen Stoffe** durch ihre Berührung mit dem Elektrolyt eine **Gegenspannung** hervor.

2. Ein Volta-Element ist schlecht. (Abb. 393.)

Versuch. Man schalte ein Volta-Element an ein Galvanometer und beobachte den Ausschlag längere Zeit! (Erg.: **Er geht zurück.**) — Man beobachtet ferner, daß sich an der Kupferplatte (der Austrittstelle des Stromes!) Wasserstoff bildet.

Der am Kupfer auftretende **Wasserstoff** wirkt polarisierend; er verringert die EMK des Volta-Elements (gibt Gegenspannung). Man nennt das Element daher **inkonstant.**

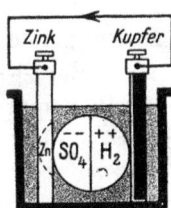 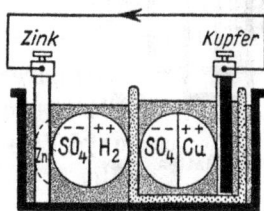 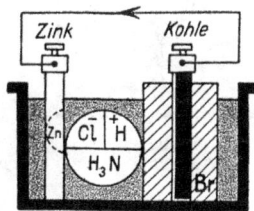

Abb. 393.
Volta-Element.

Abb. 394.
Daniell-Element.

Abb. 395.
Braunstein-Element.

3. Wie macht man den polarisierenden Wasserstoff unschädlich? Durch Stoffe, die den Wasserstoff binden (Depolarisatoren).

a) Beim **Daniell-Element** (Abb. 394) dient als **Depolarisator** eine Kupfersulfatlösung, in die man die Kupferplatte des Volta-Elements hineinstellt.

Vorgang. Der freiwerdende Wasserstoff gelangt hier nur bis zur Tonzelle, wo er sich mit dem SO_4 des Depolarisators wieder zu H_2SO_4 umbildet, so daß nun an seiner Stelle das im Depolarisator freigewordene Metall **Cu zur Kupferplatte** in der Tonzelle wandert. (Ergebnis: Die Cu-Platte wird dicker.) Es entstehen keine neuen Stoffe; daher ist das Daniell-Element ein **konstantes Element.**

b) Beim **Trockenelement** (Braunsteinelement Abb. 395) wirkt der Braunstein (MnO_2) als Depolarisator.

Die Wirkung ist sehr langsam. Deshalb sinkt die Spannung der Elemente bei längerem Gebrauch. In einer Ruhepause wirkt der Braunstein weiter, das Element erholt sich wieder.

4. Die fabrikmäßig hergestellten Bleiakkumulatoren (Abb. 396, 397) bestehen aus zwei Bleiplatten: die **positiven** Platten sind hochgerippt (Großoberflächenplatten), die **negativen** sind gitter- oder kastenförmig geformt und mit Bleiglätte ausgestrichen (Gitter- oder Masseplatte). Beide Platten stehen in etwa 30 proz. Schwefelsäure.

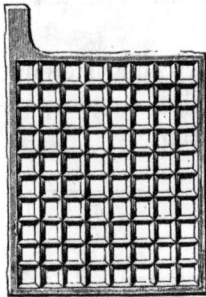

Abb. 396.
Gitterplatte.

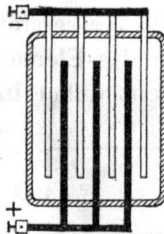

Abb. 397.
Akkumulator mit mehreren Platten.

Vor dem Versand werden sie längere Zeit »formiert«, d. h. abwechselnd geladen und entladen, wodurch ihre aktiven Schichten aufgewühlt, d. h. ihre aktive Oberfläche vergrößert wird.

a) Bei der **Ladung steigt der Säuregehalt**; an der $+$-Platte entsteht **Bleisuperoxyd** PbO_2, an der $-$-Platte **Blei.**

Bleisuperoxyd/Schwefelsäure/**Blei** bildet das neue Element.

Bei der **Entladung sinkt der Säuregehalt**; an beiden Platten bildet sich $PbSO_4$ (Sulfation).

Die **Säuredichte** (angezeigt von einem Aräometer) **steigt** bei der Ladung von 1,18 auf 1,22. (Ladung beendet!)

b) **Die Spannung** steigt bei der Ladung über **2,2 Volt** (Übermäßiges Kochenlassen zwecklos). Bei Entladung läßt man die Spannung nicht unter **1,8 Volt** sinken; sonst tritt ein Hartwerden der Platten durch zu starke Sulfatbildung ein.

c) **Die Stromstärke.** Für je $1\,dm^2$ Plattengröße rechnet man 1 A Ladestrom.

Bei Entnahme von zu viel Strom erhitzen sich die Platten, verkrümmen sich und bröckeln ab; es kann dadurch Kurzschluß eintreten.

d) **Die Kapazität ist 40 Amperestunden (Ah)** heißt: je nachdem man 1; 2; 3; 4 ... A entnimmt, tritt erst nach 40; 20; $13^1/_3$; 10 ... Stunden die Entladung auf 1,8 Volt ein.

e) **Wirkungsgrad** η ist das Verhältnis der **Ah** der Entladung zu den **Ah** der Ladung. Meist 90%.

f) **Schaltung.** Um 110 Volt Spannung zu erzielen, braucht man $110 : 1{,}9 = $ **56** vollgeladene Akkumulatoren, dagegen $110 : 1{,}8 = $ **60** Stück von 1,8 Volt.

Zum Ein- bzw. Abschalten der 4 Schaltzellen dient ein Zellenschalter. (Zu regeln nach dem Stand des Voltmeters.)

g) Das Schaltschema zur La-dung einer Akkumulatorenbatterie zeigt Abb. 398. Vorsicht: Der +-Pol der Batterie ist mit dem +-Pol des Gleichstromnetzes zu verbinden (der —-Pol der Bat-terie mit dem —-Pol des Netzes).

Durch Einschalten von Widerstand, z. B. Glühlampen, ist der Ladestrom zu regeln (abzulesen am Amperemeter). Die Ladung gilt für beendet, wenn jede Zelle 2,2 Volt Spannung und eine Säure-dichte vom spez. Gewicht 1,22 hat.

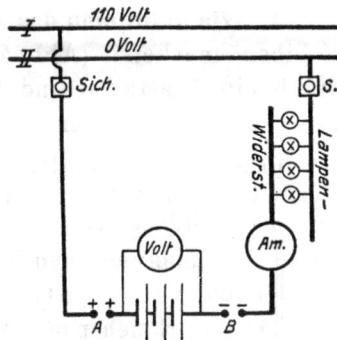

Abb. 398. Ladung der Akkumulatoren.

Magnetische Wirkung des elektrischen Stromes.

§ 100. Nachweis der magnetischen Wirkung.

1. Der galvanische Strom hat eine magnetische Wirkung. Versuch: Wir führen den Strom über eine Magnetnadel.

‖ Ergebnis: Der Strom sucht die Nadel senkrecht zu ‖ seiner Richtung zu stellen (Abb. 399).

Entdeckt 1820 vom Dänen *Örstedt*.

2. Die Richtung der Ablenkung ergibt die **Daumenregel.** Diese lautet: Man halte die rechte Hand in der Stromrichtung über die Nadel (so daß die innere Handfläche der Nadel zugekehrt

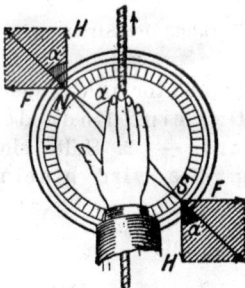

Abb. 399. Daumenregel.

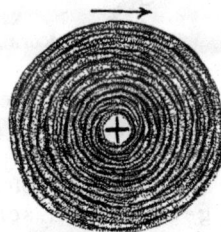

Abb. 400. Magnetisches Feld des Stromes.

ist), dann gibt der ausgespreizte Daumen die Richtung an, nach welcher der Nordpol ausweicht.

Die Magnetnadel kann sich nie genau senkrecht zum Stromleiter stellen, da ihr Nordpol stets mit einer gewissen kleinen Kraft H nach Norden gezogen wird. — Stärkere Ströme geben stärkere Ablenkung.

3. Wie kann man das Magnetfeld eines elektrischen Stromes sichtbar machen? (Abb. 400.) Man steckt den Stromleiter durch ein Brettchen und bestreut dieses mit Eisenfeilspänen. Dann erschüttere man die Unterlage.

Ergebnis: Die Feilspäne ordnen sich in konzentrischen Kreisen um den Leiter. Aufgesetzte kleine Bussolen geben die Richtung der Kraftlinien an. **Merke:**

> Die **magnetischen Kraftlinien** eines el. Stromes verlaufen konzentrisch um diesen. Ihre Richtung gibt ein **Korkzieher** an (Abb. 401), den man im Sinne des Stromes am Stromleiter vorwärts schraubt.

4. Besonders kräftig ist die magnetische Wirkung einer **Stromspule.** Dies zeigt ein Versuch mit der Waage (Abb. 402).

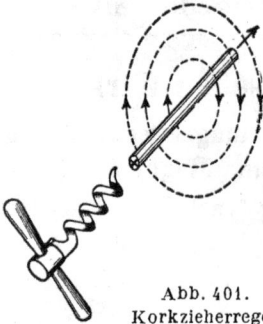

Abb. 401.
Korkzieherregel.

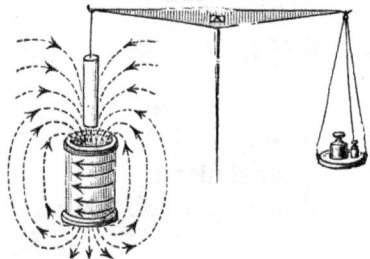

Abb. 402. Wirkung der Stromspule.

Versuch. 1. Schließ die Spule an einen Akkumulator an! Nähere ihren Enden eine kleine Bussole! (Ergebnis: Das eine Ende der Spule ist nordpolar, das andere südpolar.) — 2. Halte eine stählerne Schreibfeder in das Spuleninnere! (Erg.: Sie wird hineingezogen und schwebt darin frei.) **Merke:**

> Eine **Stromspule** wirkt wie ein **Magnet.**

Ihre **magnetischen Kraftlinien** durchziehen parallel das Spuleninnere (Abb. 402), treten büschelförmig am **nordpolaren** Ende aus und beim südpolaren Ende wieder ein.

Merke:

> Der **Nordpol** erscheint dem Daraufblickenden vom Strom im Gegensinn umflossen (Abb. 403).

5. Die magnetische Kraft der Stromspule wächst a) mit der Zahl der Ampere (*I*), die die Spule durchfließen, b) mit der Zahl *n* der Spulenwindungen; also mit dem Produkt *n* × *I*, d. h. mit der **Amperewindungszahl (AW)**.

Eine Spule von z. B. 50 Windungen und 4 A hat dieselbe Wirkung wie eine solche von 25 Windungen und 8 A oder von 10 Windungen und 20 A; in allen Fällen ist die Amperewindungszahl AW = 50 · 4 = 200.

6. Magnetische Strommesser beruhen auf der Wirkung des Magnetfeldes. Man unterscheidet:

a) **Nadelgalvanometer,** bei denen eine Magnetnadel im Innern einer Spule abgelenkt wird.

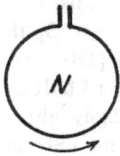

Abb. 403.
Blick auf das nordpolare Ende.

Abb. 404.
Galvanoskop.

Gebrauch: Das Galvanoskop (Abb. 404) muß man so drehen, daß der Drahtrahmen **SS** die Magnetnadel deckt. Sobald man Strom durch die Spule schickt, weicht die Nadel nach der Daumenregel aus. Die Ablenkung wird an dem Zeiger **Z** abgelesen.

Bei der Form der Abb. 405 weicht der Nordpol des nach Art eines Waagebalkens gelagerten Magnets **n — s** gemäß der Daumenregel nach links aus.

Bei den Nadelgalvanometern schlägt bei **Stromumkehr** der Zeiger nach der anderen Seite aus. Instrumente dieser Art haben keine technische Verwendung.

b) **Weicheiseninstrumente,** bei denen ein Eisenstück durch das Magnetfeld im Innern einer Spule bewegt wird.

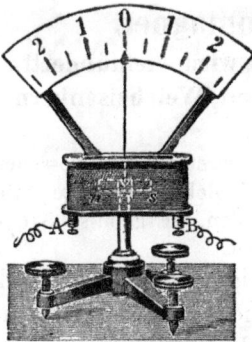

Abb. 405.
Vertikalgalvanometer.

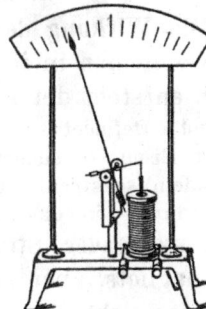

Abb. 406.
Federamperemeter.

15 Kleiber, Grundriß.

Einrichtung: Bei dem **Federamperemeter** (von Kohlrausch), Abb. 406, hängt ein Weicheisenstäbchen an einer Spiralfeder in eine Drahtspule. Bei Stromschluß wird die Spule magnetisch und zieht das Eisenstäbchen mehr oder weniger in die Spule hinein. — Eichung nach Ampere. Andere Form Abb. 480.

Ein Tascheninstrument zeigt Abb. 407. Es enthält in einer pfenniggroßen Stromspule **zwei Eisenstreifchen,** ein festes e_1 und ein bewegliches e_2, an dem ein Zeiger angebracht ist. **Vorgang:** Bei Stromschluß wird die Spule magnetisch, also auch die beiden Eisenstreifchen e_1 und e_2 in der Spule, die sich nun mit gleichen Polen abstoßen. [E i c h u n g n a c h A m p e r e.] — Eine kleine Spiralfeder f hält der Abstoßung zwischen e_1 und e_2 das Gleichgewicht.

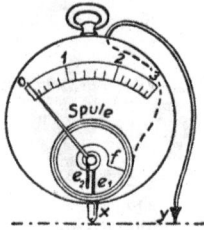

Abb. 407.
Tascheninstrument.

Weicheiseninstrumente schlagen bei **Stromumkehr** nach derselben Seite aus. (Warum?) Sie eignen sich deshalb zur Messung von Wechselstrom.

7. Wie eicht man einen Strommesser nach Ampere? Man schalte ihn zusammen mit einem Voltameter in den Stromkreis einer Batterie ein.

Ergebnis: a) Im Voltameter wird Kupfer ausgeschieden. b) Das Galvanometer macht einen Ausschlag a. — Aus der abgeschiedenen Kupfermenge berechnet man die Stromstärke I. An den Ausschlag a schreibt man die Zahl I.

‖ Nach **Ampere** geeichte Geräte heißen **Amperemeter.**

Die Erfahrung lehrt: Wo immer man das Amperemeter in den Stromkreis einschalten mag, stets zeigt es dieselbe Stromstärke an.

‖ **Merke:** Die **Stromstärke I** ist an allen Stellen der Stromleitung dieselbe.

§ 101. Der Elektromagnet.

1. Die Wirkung der Stromspule wird vielhundertfach verstärkt, wenn man in ihr Inneres einen **Weicheisenkern** bringt. Dadurch entsteht der **Elektromagnet.**

Grund. Befindet sich im Innern einer stromdurchflossenen Spule ein Stück Eisen, so suchen sich dessen Molekularmagnete (wie kleine Magnetnadeln) **senkrecht** zum Strom zu stellen. (Ergebnis: Sie ordnen sich.) Dadurch wird das Eisen zum Magnet.

Bei **steigender Stromstärke** steigt auch die Stärke des Elektromagnets, aber nur bis zu einer gewissen **Höchststärke.** Diese ist erreicht, wenn alle Molekularmagnete geordnet sind.

Weitere Steigerung der Stromstärke ist dann zwecklos.

Um **beide Pole zum Tragen** heranzuziehen, gibt man dem Elektromagnet entweder **Hufeisen-** oder **Mantelform** (Abb. 408 und 409).

Bei der Hufeisenform hat man darauf zu achten, daß die zwei Magnetisierungsspulen der beiden Schenkel entgegengesetzt gewickelt werden, damit der eine Pol unten ein Nord-, der andere ein Südpol wird.

Abb. 408. Hufeisenmagnet.   Abb. 409. Mantelmagnet.

Starke Elektromagnete dienen als Lasthebemagnete, zur Sortierung von Eisenerz und zur Verladung von Eisenschrott.

2. Was geschieht bei Stromunterbrechung? Weiches Eisen wird sofort wieder unmagnetisch; Stahl behält den empfangenen Magnetismus bei, andere Eisensorten behalten nur einen Rest von Magnetismus bei. (Rest- oder remanenter Magnetismus.)

Stahlmagnete werden hergestellt, indem man sie kurze Zeit in eine Stromspule steckt.

§ 102. Anwendungen des Elektromagnets.

1. Der amerikanische Maler *Morse* erfand 1838 das Morsealphabet und stellte zuerst einen brauchbaren elektrischen Telegraphen her (Abb. 410). Dieser besteht aus dem **Taster** in der Sendestelle und dem **Morseschreiber** in der Empfangsstelle.

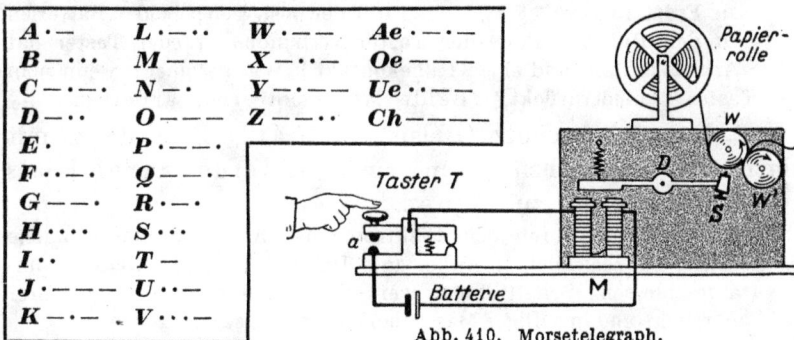

A ·—	L ·—··	W ·——	Ae ·—·—
B —···	M ——	X —··—	Oe ———
C —·—·	N —·	Y —·——	Ue ··——
D —··	O ———	Z ——··	Ch ————
E ·	P ·——·		
F ··—·	Q ——·—		
G ——·	R ·—·		
H ····	S ···		
I ··	T —		
J ·———	U ··—		
K —·—	V ···—		

Abb. 410. Morsetelegraph.

Der **Taster** (Schlüssel) ist ein federnder Metallhebel, der beim Niederdrücken den Strom einer Batterie schließt.

Der **Morseschreiber** besteht aus einem kleinen Elektromagnet, dem ein federnder Anker vorgelagert ist. Der Anker trägt einen Schreibstift S oder ein in Farbe tauchendes Rädchen.

Vorgang. Bei Stromschluß zieht der Elektromagnet den vorgelagerten Anker an und preßt dabei den Schreibstift S gegen einen Papierstreifen, der andauernd von 2 Walzen **WW** fortgezogen wird.

Je nachdem man den Taster **T** länger oder kürzer geschlossen hält, entstehen auf dem Papierstreifen **Striche** oder **Punkte**. Aus diesen wird das Morse-Alphabet gebildet. Leicht zu merken:

. .. ... — — — — — — — — — — . .—. .— — . —..
E i s m o ch t e R a n d

Das **Hin- und Hertelegraphieren** erfolgt auf demselben Leitungsdraht. Abb. 411 zeigt das Schaltschema.

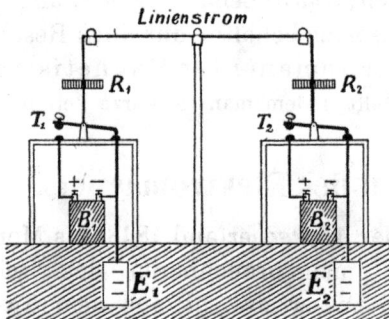

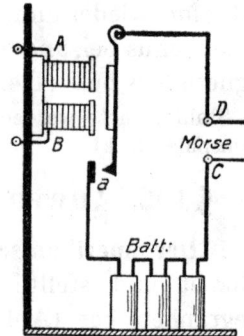

Abb. 411. Leitungsschema.   Abb. 412. Schaltschütz.

Die **Erdplatten** (vgl. § 98, 5) sind mit den **neg. Polen** beider Batterien und mit den **Ruhekontakten** der Taster verbunden. (Jeder Taster hat einen Arbeitskontakt und einen Ruhekontakt.) Was geschieht, wenn man den Taster **T₁** niederdrückt? (Beide Morseschreiber arbeiten.)

2. Das Schaltschütz (Relais), Abb. 412, dient dazu, mit einem sehr schwachen Strom einen anderen Stromkreis zu schließen oder zu öffnen.

Vorgang. Der durch den Elektromagnet **AB** fließende schwache Strom zieht den sehr leichten Anker an. Dadurch wird der zweite Stromkreis a geschlossen. Schaltschütze werden in der Technik in ungeheurer Zahl gebraucht und in billiger Massenherstellung erzeugt.

3. Bei den selbsttätigen Ausschaltern ziehen starke kleine Stromspulen das Schaltmesser heraus, sobald die Stromstärke eine für die Leitungen oder die angeschlossenen Stromverbraucher gefährliche Höhe erreicht hat.

Da nach Beseitigung der Störung der Strom sofort wieder eingeschaltet werden kann, haben diese Schalter einen Vorzug vor den Abschmelzsicherungen.

4. Die elektrische Klingel (Abb. 413) besteht aus einem **Elektromagneten,** dem ein federnder **Anker** vorgelagert ist. Letzterer lehnt sich im Ruhezustand an eine **Stellschraube.**

a) Der **Stromlauf** ist aus Abb. 413 zu ersehen. Spule und Stellschraube sind hier verbunden.

b) **Vorgang.** Wird der Strom durch den Drücker geschlossen, so wird der Elektromagnet magnetisch und zieht den Anker an. Dabei löst sich dieser aber von der Stellschraube, wodurch der Strom **unterbrochen** wird. Sofort verliert der Elektromagnet seine Kraft und läßt den Anker los, der vermöge seiner Federkraft zurückschwingt, wodurch

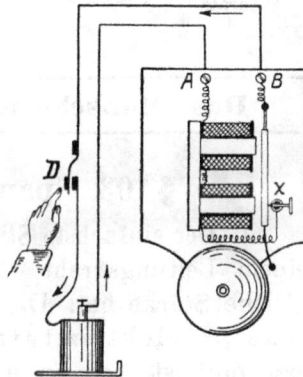

Abb. 413. Elektr. Klingel.

der Strom wieder **geschlossen** wird. Dadurch wiederholt sich der Vorgang so lange, bis man den Drücker losläßt. Bei der Bewegung des Ankers schlägt dessen Klöppel gegen eine Glockenschale, d. h. es klingelt andauernd.

Läßt man Glockenschale und Klöppel weg, so entsteht ein Rasselwerk (Summer), genannt **Wagnerscher Hammer.** Dieser dient als selbsttätiger Stromunterbrecher. Ähnlich ist der elektrische **Türöffner** eingerichtet.

c) **Schaltungen.** Mehrere Klingeln eines Hauses speist man durch eine einzige Batterie. Dann sind die Klingelleitungen parallel zu schalten. Erkläre dies an Abb. 414!

Wird von mehreren Räumen aus eine Stelle durch eine Klingel angerufen so befindet sich neben dieser ein **Zimmermelder.** Er enthält mehrere Täfelchen, die die Nummern der

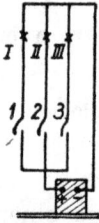

Abb. 414.
Schaltung
mehrerer
Klingel-
apparate.

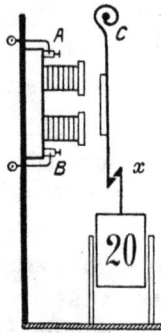

Abb. 415.
Melder.

Rufstellen tragen. Drückt man an der Stelle 20 auf einen Druck-knopf, so fällt im Melder das Täfelchen mit Nr. 20 herab. Wie geht dieses zu?

Vorgang. Das Täfelchen hängt mit einem Häkchen **x** (Abb. 415) lose am federnden Anker eines Elektro-magnets. Bei Stromschluß zieht der Magnet den Anker vom Täfelchen weg und letzteres fällt herab.

Das Ohmsche Gesetz von der Stromstärke.

§ 103. Spannung und Widerstand.

1. Der einfachste Stromkreis besteht aus einer Batterie und einem Leitungsdraht. In ihm fließt ein Strom, der überall gleiche Stärke hat. Die Batterie behält ihre elektromotori-sche (= elektrizitätsbewegende) Kraft **(EMK)**, bis sie erschöpft ist. Der Spannungsunterschied der Batterie ist auch zwischen den Endpunkten der Leitung vorhanden. Offenbar ist er zum Bewegen der Elektrizität im Leiter nötig.

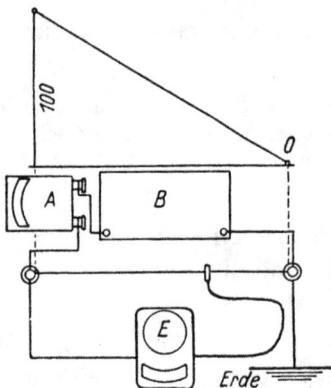

Abb. 416.
Gleichmäßiges Spannungsgefälle.

2. Die Spannung sinkt im Draht. Man untersucht das Absinken mit einem Spannungsmesser, der selbst keinen Strom verbraucht (Elektro-meter E)

a) nach Abb. 416 in einem **gleich-mäßigen** Draht.

Ergebnis: Die **Spannung** fällt im Draht gleichmäßig ab.

Die EMK kann mit einer Pumpe ver-glichen werden (Abb. 417), die einen Was-serstrom dauernd in Umlauf hält. Dieser findet in der Rohrleitung einen Wider-stand, zu dessen Überwindung ein **Druck-**

gefälle (Spannungsgefälle) nötig ist. Bei überall gleichem Widerstand sinkt der Wasserdruck gleichmäßig, wie die aufgesetzten Manometer zeigen.

b) nach Abb. 418 in einer Leitung, die aus gleich langen und gleich starken Stücken **Kupferdraht, Eisendraht** und **doppelt** genommenem **Eisendraht** besteht.

Ergebnis: Die Spannung sinkt z. B. im Kupferdraht um **7,** im einfachen Eisendraht um **62,** im doppelten um **31 V.**

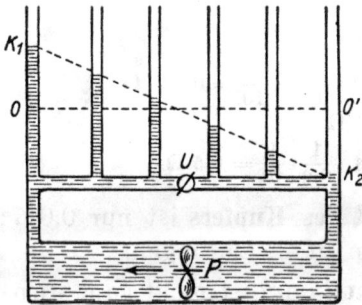

Abb. 417.
Druckgefälle.

Abb. 418. Ungleichmäßiges
Spannungsgefälle.

3. Der Leitungswiderstand ist offenbar um so größer, je größer die Spannung sein muß, die einen bestimmten Strom durch ihn hindurchtreibt.

Es folgt aus **2a):** der **Widerstand** wächst verhältnisgleich mit der **Länge.**

2b): der **Widerstand** ist bei doppeltem Querschnitt halb so groß, steht zu diesem also im umgekehrten Verhältnis. Er hängt vom Stoff des Leiters ab.

4. Die Einheit des el. Widerstandes ist das **Ohm (Ω).** Dies ist der Widerstand eines **106,3 cm** langen Quecksilberfadens von **1 mm²** Querschnitt (bei **0° C).**

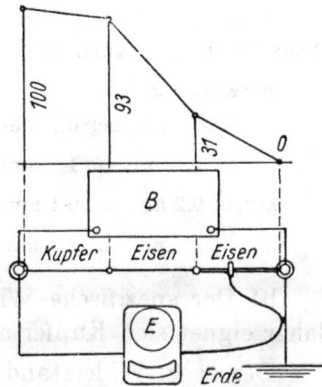

$$\text{106,3 cm Quecksilber/1 mm}^2 = 1\ \Omega.$$

Da das Arbeiten mit dem Quecksilberwiderstand unbequem ist, stellt man ein **Normalohm** durch einen Draht dar, der in einem Stromkreis bei gleicher Spannung dieselbe Stromstärke führt.

5. a) Spezifischer Widerstand (ϱ) ist der Widerstand eines Drahtes von **1 m** Länge und **1 mm²** Querschnitt.

Versuch: 1. Schalte einen **Drahtwiderstand** von 1 Ω in den Stromkreis eines Akkumulators! (Merke den Ausschlag des Amperemeters!)

2. Ersetze das Ohm durch einen **Eisendraht** von $^1/_{10}$ mm² Querschnitt (0,35 mm Drchm.) und suche die Länge, bei der der gleiche Strom fließt! Ergebnis: 0,75 m.

3. Wiederhole den Versuch mit einem **Konstantandraht** von $^1/_{10}$ mm² Querschnitt. Ergebnis: 0,20 m.

Berechnung:

zu 2. 0,75 m bei 0,1 mm² haben 1 Ω

$\quad$ 1 $\quad$ m $\quad$ „ $\quad$ 1 $\quad$ mm² $\quad$ hat $\quad$ $1 \cdot \dfrac{1}{0,75} \cdot \dfrac{1}{10} = 0,134$ Ω

zu 3. 0,2 m $\quad$ „ $\quad$ 0,1 mm² haben 1 Ω

$\quad$ 1 $\quad$ m $\quad$ „ $\quad$ 1 $\quad$ mm² $\quad$ hat $\quad$ $1 \cdot \dfrac{1}{0.2} \cdot \dfrac{1}{10} = 0,5$ Ω.

b) Der spezifische Widerstand des **Kupfers** ist nur 0,017; daher eignet sich Kupfer am besten zu el. Leitungen.

Der spez. Widerstand von **Aluminium** ist nicht ganz doppelt so groß; Aluminiumleitungen werden deshalb viel an Stelle von Kupferleitungen verwendet. Bei Freileitungen hat eine Aluminiumleitung mit gleichem Widerstand nur etwa die Hälfte des Gewichtes einer Kupferleitung.

c) Der Widerstand von leitenden **Flüssigkeiten** ist sehr groß. Er nimmt im allgemeinen mit wachsender Konzentration der Lösung ab.

Bei Flüssigkeiten gibt man meist die **Leitfähigkeit** $\varkappa = 1/\varrho$ für einen Würfel von 1 cm³ an.

6. Der Widerstand ändert sich mit der Erwärmung. Bei den meisten Stoffen wird er größer; bei Kohle und Flüssigkeiten sinkt er.

‖ Die verhältnismäßige Änderung des Widerstandes für 1° heißt Temperaturzahl k. Siehe Zahlentafel 15.

7. Man berechne den Leitungswiderstand! Ein Draht von

‖ 1 m Länge und 1 mm² Querschnitt hat den Widerstand ϱ Ω

‖ l » $\quad$ » $\quad$ » 1 » $\quad$ » $\quad$ » » $\quad$ » $\quad$ $l \cdot \varrho$ Ω

‖ l » $\quad$ » $\quad$ » F » $\quad$ » $\quad$ » » $\quad$ » $\quad$ $l \cdot \varrho : F$ Ω

Tafel 15.			**Spez. Widerstände.**		
Material	spez. Wid. ϱ bei 15°	Temp.- zahl k	Material	spez. Wid. ϱ bei 15°	Temp.- zahl k
Aluminium .	0,029	0,0037	Stahl (Draht)	0,184	0,0052
Eisen . . .	0,132	0,0048	Nickelin . .	0,40	0,00020
Kupfer . . .	0,017	0,0040	Konstantan .	0,50	0
Nickel . . .	0,131	0,0036	Kohle . . .	100bis1000	—0,0003

Leitfähigkeit von Flüssigkeiten.				
Schwefelsäure bei 5% (72%)	0,209	Kupfersulfat (20%)		0,042
» » 15% (50%)	0,543	Kalilauge (25%)		0,54
» » 30% (30%)	0,740	» 15% (40%)		0,43

Daher die Formel zur Berechnung des el. **Widerstandes** R:

$$R = \frac{\text{Länge (in m)} \times \text{spez. Widerstand}}{\text{Querschnitt (in mm}^2\text{)}} \qquad R = \frac{l \cdot \varrho}{F}$$

$$\text{bei Flüssigkeiten (} l \text{ cm, } F \text{ cm}^2\text{):} \qquad R = \frac{l}{\varkappa \cdot F}.$$

Beispiel: Wie groß ist der Widerstand einer 10 km langen **Telegraphenleitung** von 2 mm² Querschnitt a) wenn sie aus Eisen, b) wenn sie aus Kupfer besteht?

Lösung: a) $R = \dfrac{10000 \cdot 0,13}{2} = 650\ \Omega;$ b) $R = \dfrac{10000 \cdot 0,017}{2} = 85\ \Omega.$

Faßt man nach dieser Formel Länge, Querschnitt und spez. Widerstand in der Widerstandsgröße R zusammen, so kann man den Satz aufstellen:

Der **Spannungs**verbrauch in einem Leiter bei bestimmter Stromstärke ist **verhältnisgleich** dem **Widerstand.**

Beispiel: Ein **el. Ofen** mit 7,5 Ω Widerstand ist an eine 20 m lange Doppelleitung aus Kupfer von 6 mm² Querschnitt angeschlossen. Welche Spannung steht am Ofen zur Verfügung bei 220 V Netzspannung? **Lösung:** Widerstand der Zuleitung $0,017 \cdot 2 \cdot 20/6 = 0,114\ \Omega$. Gesamtwiderstand $R = 7,614\ \Omega$. Spannungsabfall in der Leitung $U_1 = 0,114 \cdot 220/7,614 = $ **3,33 V**. Spannung am Ofen $U_2 \sim$ **217 V.**

Aufgaben:

1. Man berechne den Widerstand eines **Kupferkabels** von 110 km Länge und 5 mm² Querschnitt! (Antwort: 374 Ω.)

2. Wie groß ist der Widerstand eines **Lamettafadens** (Kupfer) von 55 cm Länge und $^1/_{10}$ mm² Querschnitt? (Antw.: 0,094 Ω.)

3. Wie groß ist der Widerstand eines **Kupferbades** (15%), wenn die Elektrodenplatten 10 cm breit, 8 cm tief eintauchen und einen Abstand von 6 cm aufweisen? (Antw.: 1,78 Ω.)

§ 104. Das Gesetz von Ohm.

1. Will man in dem Modell des Stromkreises (Abb. 417) den **Wasserstrom stärker** machen, so muß man das Flügelrad schneller laufen lassen. Dabei erhöht sich der Druckunterschied zwischen Anfang und Ende des Leitungsrohres. Die Spannungsverteilung bleibt unverändert.

2. Wie kann man also den el. Strom in einer Leitung verstärken? Man erhöhe die antreibende EMK! Dazu schalte man mehrere galvanische Elemente in Reihe hintereinander.

Nach Abb. 416 mißt man die EMK der Batterie mit dem Elektrometer E, die Stromstärke mit dem Amperemeter A.

3. *Ohm* fand (1826) das sehr einfache Gesetz: Die elektrische Stromstärke (*I*) nimmt zu mit der angelegten Spannung (*U*) und nimmt ab mit Vergrößerung des Widerstandes (*R*). **Merke:**

$$\text{Stromstärke} = \frac{\text{Spannung (in Volt)}}{\text{Widerstand (in } \Omega)} \quad \text{oder} \quad I = \frac{U}{R}.$$

4. Was leistet die Spannung 1 Volt? Sie treibt durch einen Widerstand von 1 Ω den Elektrizitätsstrom 1 A.

Man setze in der Formel oben $U = 1$ V, $R = 1 \Omega$, so wird $I = 1$ A.

Damit ist außer dem **Ampere** (§ 97) und dem **Ohm** (§ 103) eine dritte Größe der praktischen elektrischen Maße (in Übereinstimmung mit den Festlegungen nach § 90, 3) festgelegt.

5. Berechne die Spannung. In der Technik liegt meist die Sache so, daß durch eine fertige Leitung *R* ein bestimmter Strom *I* zu senden ist. Die Frage ist dann, welche Spannung dazu nötig ist. Aus der Ohmschen Formel ist diese leicht zu berechnen.

Beispiel: Ist $R = 4$, $I = 3$, so muß sein $3 = \dfrac{U}{4}$, also $U = 3 \cdot 4$ $= 12$ Volt $(= \sim 6$ Akkumulatoren). Ergebnis:

Nötige Spannung $U = R \cdot I =$ Widerstand $\times$ Amperezahl.

---

6. Der innere Widerstand eines Elementes verbraucht bei Stromdurchgang einen Teil der EMK. Es ist:

$$E_{\text{offene Batterie}} = U_{i\,\text{im Innern}} + U_{p\,\text{an der Außenleitung}}.$$

‖ **Um den Strom durch den Widerstand R_i der Batterie zu treiben, wird der Teil $U_i = R_i I$ der EMK nutzlos verbraucht (Spannungsverlust).**

Nur der Rest U_p steht dem Arbeitszweck zur Verfügung. Man nennt ihn die **Klemmenspannung** (vgl. § 104, Aufg. 5).

Beispiel: In den Stromkreis eines Akkumulators ($E = 2$ Volt, innerer Widerstand 0,1 Ω) schaltet man einen Widerstand von 2 Ω und ein Amperemeter mit Widerstand 0,045 Ω ein. Dann muß die

$$\text{Stromstärke } I = \frac{\text{Spannung}}{\text{Widerstand}} = \frac{2}{2 + 0,1 + 0,045} = 0{,}932 \text{ A}$$

sein. Die Ablesung am Amperemeter bestätigt dies.

Ferner ist $U_i = 0,1 \cdot 0,93 = 0,093$ V; $U_p = 2 - 0,093 = 1,907$ V.

Man findet E, indem man mit einem Voltmeter von sehr großem Widerstand und kleinem Stromverbrauch die Spannung U ($\approx E$) der offenen Batterie mißt.

Eine elektrische Anlage ist gut, wenn der innere Spannungsverlust gering, also der innere Widerstand der Batterie gegen den der Leitung gering ist. Dann wird U_p fast gleich der ganzen EMK.

7. Teilt sich ein elektrischer Strom I an einer Stelle A (Abb. 419) in zwei oder mehr Teile I_1, I_2, I_3, so ist

---

$$I = I_1 + I_2 + I_3 + \ldots.$$

---

8. Jener Teilstrom ist der stärkere, der den kleineren Widerstand auf seinem Weg vorfindet.

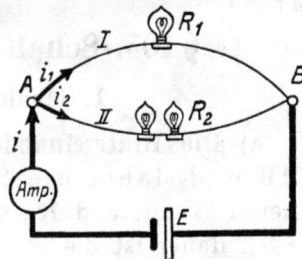

Abb. 419. Stromverzweigung.

Verzweigt sich der Strom I zwischen den Stellen A und B (die die Spannungsdifferenz U haben mögen) in zwei Teile I_1 und I_2 in den Teilwiderständen R_1 und R_2, so ist

$$I_1 = \frac{U}{R_1}; \quad I_2 = \frac{U}{R_2}, \quad \text{daher} \quad \boxed{I_1 : I_2 = R_2 : R_1}$$

‖ d. h. die **Teilströme** verhalten sich **umgekehrt** wie die
‖ Widerstände.

Ist z. B. R_2 zweimal so groß wie R_1, so geht durch R_2 nur $^1/_3$ des Stromes I, durch R_1 dagegen $^2/_3 I$.

Aufgaben.

1. Durch einen 1000 m langen **Telegraphendraht** aus Eisen ($\varrho = 0,1$) von 2 mm² Querschnitt soll man einen Strom von 3 A senden. Wie viele Akkumulatoren (zu je 2 Volt) sind dazu nötig? (Antw.: $R = \dfrac{1000 \cdot 0,1}{2} =$ 50 Ω; nötige $U = R \cdot I = 50 \cdot 3 = 150$ Volt; also 75 Akkumulatoren.)

2. Man soll durch einen **Motor** vom Widerstand $R = 0,8$ Ω den Strom 4 A senden. Wie viele Akkumulatoren sind nötig, wenn der Zuleitungswiderstand noch 0,7 Ω beträgt? (Antw.: 3 Stück.)

3. Man soll durch eine **Glühlampe** vom Widerstand $R = 220$ Ω den Strom ½ A senden. Nötige Spannung? (Antw.: 110 Volt.)

4. Welche Spannung ist nötig, um 15 A durch einen **Kupferdraht** von 135 m Länge und 5 mm Durchm. zu treiben? (Antw.: 1,75 Volt.)

5. Der Strom von 5 Akkumulatoren (zu je 2 Volt und 0,2 Ω innerem Widerstand) geht durch eine **Spule** von 1 Ω und durch eine elektrolytische Zelle von 3 Ω Widerstand. a) Wie stark ist der auftretende Strom? b) Wie verteilt sich die Gesamtspannung von 10 Volt auf die einzelnen Teile? (Antw.: $I = 2$ A; $U_0 = 2$ Volt, $U_1 = 2$ Volt, $U_2 = 6$ Volt; $U_r = 8$ Volt.)

6. Eine **Häusergruppe** hat einen Strombedarf von 15 A. Die Unterstation des El.-Werkes ist 1,4 km entfernt. Welchen Durchmesser muß eine Doppelleitung aus Aluminium haben, damit der Spannungsverlust 10% der Spannung am Verbrauchsort (220 V) nicht überschreitet? (Antwort: 8,4 mm.)

§ 105. Schaltungen und Messungen.

1. Schaltung von Elementen:

a) **Die Hintereinander- oder Reihenschaltung erhöht die EMK** und daher die Stromstärke. Hat ein Element den inneren Widerstand R_i, so haben n Elemente den Widerstand $n \cdot R_i$, daher ist die

$$\text{Stromstärke } I = \frac{n \cdot U}{n \cdot R_i + R} \text{ (mit } n \text{ gekürzt)} = \frac{U}{(R_i + R/n)}.$$

‖ Wirkt wie ein **einziges** Element bei **verkleinertem**
‖ äußeren Widerstand.

b) **Die Parallelschaltung erhöht die EMK nicht** (vgl. § 94, 4); Wirkung wie bei einem einzigen Element. Da aber der el. Strom beim Durchgang durch die Batterie n Wege offen findet (in Abb. 421 drei), so ist der innere Widerstand dieses Mal

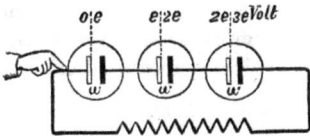

Abb. 420.
Hintereinanderschaltung.

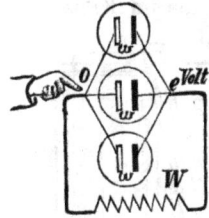

Abb. 421.
Parallelschaltung.

nur R_i/n (d. h. gleich dem $n$ten Teil des inneren Widerstandes R_i von 1 Element). Daher

$$\text{Stromstärke } I = \frac{U}{(R_i/n) + R}.$$

‖**Wirkt wie ein einziges Element bei verkleinertem inneren Widerstand.**

Verwendet bei schlechten Elementen oder wenn Akkumulatoren nicht mit Strom überlastet werden dürfen.

2. Wie kann man einen elektrischen Strom regeln? a) Durch Zu- oder Abschaltung von Leitungsdraht (Leitungswiderständen). Dies zeigt Abb. 422.

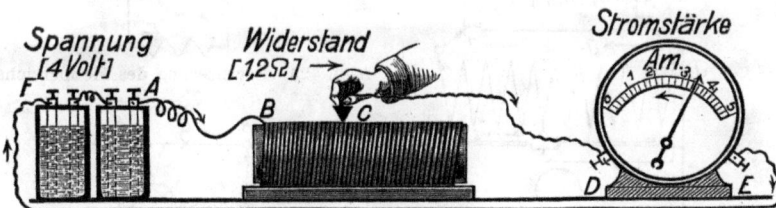

Abb. 422. Gleitwiderstand.

Eine bequeme Zuschaltung von Draht ermöglicht der **Gleitwiderstand.** Der Draht ist dabei auf einem Rohr aus Porzellan oder emailliertem Eisen so aufgewickelt, daß sich dessen Windungen nicht berühren. Durch Verschieben eines **Kontaktes C** kann man mehr oder weniger Windungen in den Stromkreis einschalten. Was zeigt dabei das Amperemeter?

‖ Eine Vorrichtung zum Zuschalten von Leitungsdraht
‖ heißt **Vorschaltwiderstand.**

Beim **Kurbelwiderstand** (Abb. 423) sind Drahtspiralen auf einem
rechteckigen Rahmen ausgespannt. Sie sind unten mit Kontakten verbunden, die im Kreis angeordnet sind. Über diese Kontakte schleift eine
Kurbel. Der el. Strom geht immer
herein beim ersten Kontakt und
heraus bei der Kurbel. — Je nach Stellung der Kurbel muß der el. Strom dabei mehr
oder weniger Spiralen durchlaufen.

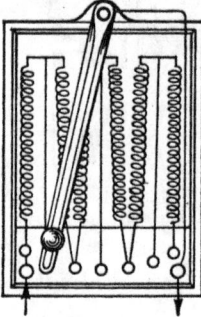

Abb. 423.
Kurbelwiderstand.

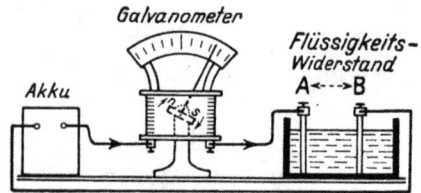

Abb. 424. Flüssigkeitswiderstand.

Einfach und oft zweckmäßig ist ein **Flüssigkeitswiderstand,** z. B. ein
mit einem Elektrolyten gefüllter Trog mit zwei verschiebbaren Elektroden
(Abb. 424). Als Elektrolyt eignet sich Kalilauge oder Sodalösung,
als Elektroden Eisenbleche. Große Flüssigkeitswiderstände können
hohe Stromstärken aufnehmen.

b) Eine häufig zweckmäßige Art der Regelung ist die
Spannungsteilung (Abb. 425).

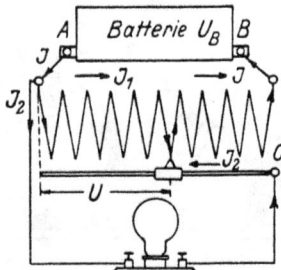

Abb. 425. Spannungsteiler.

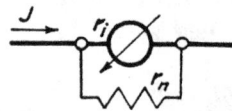

Abb. 426. Erweiterung des Meßbereichs.

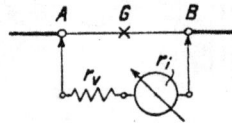

Abb. 427. Erweiterung des Meßbereichs
eines Voltmeters.

Gebrauch: Der Widerstand (am besten ein Gleitwiderstand) muß dazu
3 Klemmen **A B C** haben. Man verteilt die Batteriespannung U_B auf den
ganzen Widerstand und greift mit dem Gleitschieber **C** nur den Teil U der
Spannung ab.

3. Mit einem Amperemeter kann man beliebig große Strom-stärken messen, wenn man nur einen **Teil des Stromes** durch das Instrument gehen läßt (Abb. 426).

Vorgang: Man schaltet dazu dem Instrumentenwiderstand r_i einen Nebenwiderstand r_n parallel, der einen bestimmten Teil, z. B. $^9/_{10}$ des Hauptstroms I abführt; durch das Instrument fließt dann nur $^1/_{10}\ I$.

4. Zur Messung von Spannungsunterschieden dient das Volt-meter. Es ist ein Amperemeter mit großem Innenwiderstand R_i.

Gebrauch. Um den Spannungsunterschied z. B. zwischen **A** und **B** in Abb. 427 zu messen, legt man es im **Nebenschluß** an diese Stellen. Dann zweigt sich vom Hauptstrom ein äußerst schwacher Strom I' ab, der durch das Voltmeter fließt. I s t n u n U d i e g e s u c h t e S p a n n u n g z w i s c h e n A u n d B, s o g i l t f ü r d i e ` N e b e n l e i t u n g $U = I' \cdot R_i$.

‖ D i e **Schalttafel-Voltmeter** zeigen bereits die mit R_i multi-
‖ plizierten I'-Zahlen (also die **Volt**) an.

Auch das Voltmeter kann für einen höheren Meßbereich eingerichtet werden, wenn man außerhalb des Instrumentes einen großen Widerstand R_V vorschaltet.

Da das **Voltmeter** S t r o m v e r b r a u c h t, kann das Anschal-ten die Stromverteilung so ändern, daß die Messung sinnlos wird (z. B. bei Rundfunkempfängern). In solchem Fall kann die Spannung nur mit einem E l e k t r o m e t e r gemessen werden, das keinen Strom verbraucht.

Merke: a) Die **Amperemeter** dürfen nur einen **verschwindend kleinen Widerstand** haben, da sie in den Stromkreis selbst eingeschaltet werden.

b) Die **Voltmeter** müssen dagegen einen **sehr großen Widerstand** auf-weisen, damit nur wenig Strom vom Hauptstrom abgezweigt wird.

5. Wie ist eine Schalttafel ein-gerichtet? Dies zeigt Abb. 428.

Die Stromzuleitung vom Netz $+ -$ erfolgt durch zwei Schienen I (110 Volt) und II (0 Volt, Erdschiene). — Das **Amperemeter** ist in Schiene I gleich Eingangs eingeschaltet. Das **Voltmeter** liegt im Nebenschluß zwi-schen beiden Schienen (dünne Leitung). Die **Stecker a, b, c,** die zur Abnahme

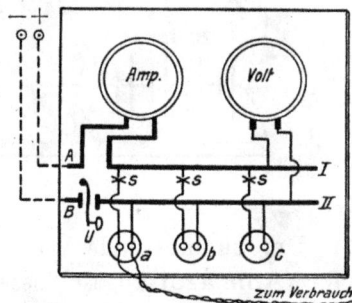

Abb. 428. Schalttafel.

des Stromes dienen, sind unter Vorschalt von Sicherungen in beliebiger Anzahl zwischen die Schienen I und II geschaltet. **U** ist der Hauptstromausschalter.

6. Bestimme den Leitungswiderstand einer Glühlampe!
a) Man kann dazu das Ersetzungsverfahren verwenden!

Bilde einen Stromkreis aus einer Batterie **B**, der Lampe **L** und einem Galvanoskop **G**! (Ergebnis: Ausschlag a.) Dann ersetzt man die Lampe **L** durch so viele Ω, bis sich am Galvanoskop derselbe Ausschlag a ergibt. Die eingeschaltete Ω-Zahl ist der gesuchte Widerstand. (Ersetzungs-Verfahren.)

Zu dieser Messung dient der Stöpselwiderstand (Abb. 429). Dieser enthält der Reihe nach die Widerstände:

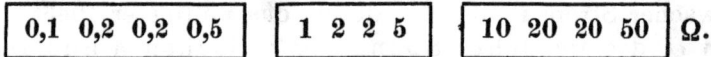

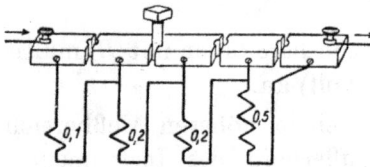

| 0,1 0,2 0,2 0,5 | 1 2 2 5 | 10 20 20 50 | Ω. |

Abb. 429. Stöpselwiderstand.

Einrichtung. Auf dem Deckel des Widerstandskastens sind der Reihe nach dicke, gegeneinander wohlisolierte **Metallstücke** angebracht, die **oben** durch Metallstöpsel, **unten** durch die Drahtspulen von 0,1; 0,2; 0,2; 0,5; ... Ω Widerstand überbrückt sind.

Gebrauch. Stecken **alle** Stöpsel, so ist der Widerstand Null. Zieht man z. B. den 1. Stöpsel heraus, so ist der Widerstand 0,1 Ω eingeschaltet. In Abb. 429 sind die Stöpsel 0,1, 0,2 und 0,5 herausgezogen; es ist also der Widerstand 0,1 + 0,2 + 0,5 = 0,8 eingeschaltet.

b) Aus Spannung U und Stromstärke I.

Hiezu kann man die Schalttafel (Abb. 428) verwenden oder eine Schaltung nach Abb. 430.

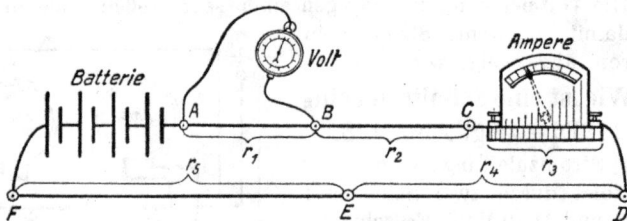

Abb. 430. Widerstandsmessung.

Der zu messende Widerstand wird an einem der Stecker **a b c** (Abb. 428) angeschlossen. Aus der Spannung U und der Stromstärke I ergibt sich der Widerstand zu $R = U/I$.

Mit der Anordnung der Abb. 430 kann man alle Teilwider-
stände der Leitung (r_1 r_2 ....), z. B. auch Übergangswider-
stände von Schaltern u. dgl. messen.

Aufgaben.

1. Ein **Stromverbraucher** braucht bei 110 V 0,6 A. Welcher Widerstand muß bei 220 V vorgeschaltet werden für eine Stromstärke von 0,7 A?
(Antwort: 131 Ω.)

2. An einem **Bügeleisen** wird eine Spannung von 225 V und eine
Stromstärke von 1,8 A gemessen. Wie groß ist sein Widerstand? (Antwort: 125 Ω.)

§ 106. Elektrische Leistung und Arbeit.

1. Ein Maßstab für die Leistung. Legt man zwischen zwei
Leitungen von $U = 220$ Volt Spannungsunterschied eine ent-
sprechende Glühlampe, so leuchtet deren Faden hell auf. Der
Strom leistet hier Arbeit, indem er den Widerstand erwärmt
(Wärme ist Arbeitsäquivalent). Die von der Lampe gelieferte
Licht- (Wärme-) Energie sei uns nun ein Maßstab für die Leistung
des Stromes.

Schalten wir statt einer Lampe deren n parallel zwischen die Lei-
tungsschienen (Abb. 431), so geht durch jede derselbe Strom und alle
leuchten gleich hell. Der Gesamtstrom ist $n \cdot I$, die Leistung auch n mal
größer wie zuerst. Daher das Ergebnis:

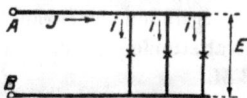

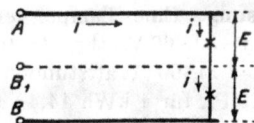

Abb. 431. Parallelschaltung.   Abb. 432. Reihenschaltung.

a) Die Leistung ist bei gleich bleibender Spannung der **Stromstärke** verhältnisgleich.

Schalten wir die n Glühlampen nicht parallel, sondern in Reihe,
so benötigt jede zum normalen Leuchten denselben Strom I und jede für
sich die Spannung U, alle zusammen also die Spannung $n \cdot U$. Sie
geben dabei die $n$fache Lichtmenge bei demselben Strom I in der
Hauptleitung. Ergebnis:?

b) Die Leistung ist bei gleich bleibender Stromstärke der **Spannung** verhältnisgleich.

16   Kleiber, Grundriß.

c) **Die Formel für die Leistung** lautet daher

$$\text{el. Leistung } N = U \cdot I = \text{Volt} \times \text{Ampere.}$$

Sie wird in **Watt** oder **Kilowatt** angegeben. Da 1 W = 1/9,81 mkg/s ist (§ 23, 4), 1 mkg/s = 9,81 W ergibt sich für Umwandlung von PS in W

$$1\,\text{PS} = 75\ \text{m kg/s} = 75 \cdot 9,81\ \text{Watt} = 736\ \text{Watt.}$$

Watt ist keine Maßgröße der Elektrizität, sondern der Leistung, Ws ein Maß der Arbeit (Energie). Diese Größen treten bei allen Naturvorgängen auf. Das el. Maßsystem ist so aufgebaut, daß 1 W = 1 V × 1 A.

2. Andere Formel: Da die im Arbeitsstück R verbrauchte Spannung $U = R \cdot I$ ist (§ 104), so ist die el. Arbeit in t Sekunden:

$$\text{Arbeit in } t \text{ Sek} = (I^2 \cdot R) \cdot t = (U^2/R) \cdot t \text{ Ws.}$$

‖ Die el. **Leistung** im Widerstand R wächst hiernach mit dem **Quadrate** der **Stromstärke** oder der **Spannung**.

3. Der Strompreis wird nach **Kilowattstunden** berechnet.

Beispiel: In einem Saal brennen 30 Stück 60-Wattlampen 8 Stunden lang; was betragen die Stromkosten?

Lösung: Eine Lampe verbraucht 60 Watt; 30 Stück davon verbrauchen 30 · 60 Watt = 1800 Watt; in 8 Stunden verbrauchen sie 1800 · 8 = 14400 Wattstunden = **14,4 Kilowattstunden.** Der **Strompreis** ist bei 40 Pf. für 1 kWh 14,4 · 40 Pf. = **5,76 M.**

Aufgaben.

1. Wie groß ist der Stromverbrauch einer **Glühlampe** für 220 V und 100 W? (Antwort: 0,455 A.)

2. Wie groß ist der Widerstand eines **Bügeleisens** für 220 V und 400 W? (Antwort: 121 Ω.)

3. Ein **Wasserkraftwerk** kann täglich während 8 Std. 200 PS für Erzeugung el. Energie abgeben. Wieviel kWh sind dies im Jahr? Für welche Stromstärke muß die Fernleitung bei 440 V bemessen werden? (Antwort: 430000 kWh; 335 A.)

Wärmewirkung des el. Stromes

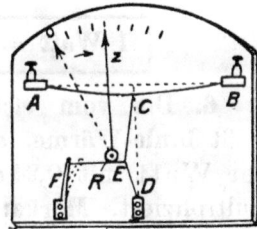

§ 107. Hitzdrahtinstrument. Sicherungen. Stromwärme.

1. Wie zeigt man die Wärmewirkung? Schalte sekunden-
lang einen Lamettafaden an die Pole eines Akkumulators!
(Ergebnis: Er wird heiß.)

2. Der erwärmte Leiter dehnt sich aus (Abb. 433).

Versuch. Ein etwa 1 m langer Lamettafaden wird über eine kleine
mit Zeiger versehene Rolle geführt. Die freihängende Klemme B dient
zur Spannung des Fadens. Leitet man el. Strom hindurch, so verlängert
sich vermöge der Erwärmung der Draht und bewegt die Rolle.

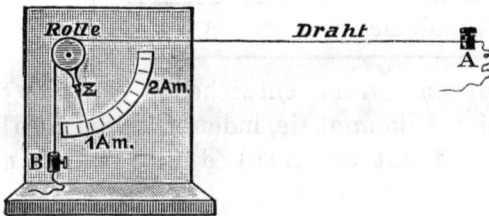

Abb. 433. Nachweis der Erwärmung.   Abb. 434. Hitzdrahtinstrument.

Darauf beruht das Hitzdrahtinstrument (Abb. 434). Dieses
enthält einen feinen Platinfaden **AB**, der sich bei Stromdurchgang erhitzt und dabei ein wenig verlängert.

Die Verlängerung überträgt sich durch einen Seidenfaden **CED**, der
durch eine Feder **F** gespannt wird, auf eine Rolle **R** mit Zeiger.

3. Bei zu großer Erwärmung schmilzt der Leiter durch.
Praktisch verwendet bei den sog. **Blei-** oder **Silbersicherungen.**

Diese sind so hergestellt, daß sie bei 6, 10, 15, ... A durch-
schmelzen und so die übrige Leitung vor Schaden bewahren,
insbesondere vor **Kurzschluß,** bei dem die ganze Leitung glühend
wird oder abschmilzt.

Kurzschluß tritt z. B. ein, wenn irgendwo Hin- und Rückleitungs-
draht des Stromes sich z. B. infolge schlechter Montage zufällig leitend
berühren. Ist die EMK der Stromquelle 110 Volt, ihr innerer Widerstand
$R_0 =$ ein Bruchteil von 1 Ω, so steigt bei Kurzschluß (da der äußere Widerstand $R = 0$ zu setzen ist) die Stromstärke I plötzlich auf einige 100 A.

16*

Die einsetzende Erwärmung hat ein explosionsartiges Durchbrennen der Sicherung zur Folge, das bei vorschriftsmäßiger Sicherung ungefährlich ist. Sind aber die Sicherungen **entgegen den Vorschriften** geflickt, so kann der Kurzschluß zu zerstörendem **Brand** führen.

4. Normalquerschnitte. Damit sich die Leitungen nicht zu stark erwärmen, sind für verschiedene Stromstärken bestimmte Drahtquerschnitte vorgeschrieben. So bei Kupfer für

Querschnitt.	1	1,5	2,5	4	6 mm²
Nennstrom der Sicherung . . .	6	10	15	20	25 A
Höchste Stromstärke	11	14	20	25	31 A

5. Wieviel Wärme entwickelt 1 Watt?

Mit dem mechanischen Wärmeäquivalent erhält man 1 kcal = 427 mkg = 427 · 9,81 Wattsek, 1 Wattsek = 1/427 · 9,81 kcal = 0,24 cal.

---

1 Watt = 0,24 kleine Kalorien in 1 s.

---

6. Die vom elektrischen Strom entwickelte Wärme Q heißt **Joule-Wärme.** a) Man bekommt sie, indem man die Zahl der Watt mit **0,24** cal und mit der Zahl der Sekunden multipliziert. **Merke:**

Q = Wattzahl × 0,24 × Zahl der Sekunden, also
$Q = U \cdot I \times 0,24 \times t$ oder
$Q = I^2 \cdot R \times 0,24 \times t$ (kleine Kalorien),
$Q = U^2 \cdot 1/R \times 0,24 \times t$ (kleine Kalorien).

Beispiel: Ein Teekocher (vom Widerstand $R = 55\,\Omega$) wird an die Lichtleitung ($U = 110$ Volt) 10 Minuten lang angeschlossen.

Abgegebene Wärmemenge $Q = \dfrac{110 \cdot 110 \cdot 0,24 : 10 \cdot 60}{55} = 31\,680$ cal.

Damit kann ein Viertelliter Wasser (d. i. 250 g) um 31 680 : 250 = rund 126° C erhitzt werden. (Siedet schon bei 100°.)

Was kostet der vom Teekocher verbrauchte elektrische Strom bei einem Strompreis von 40 Pf./kWh?

Lösung: Wattzahl = $U^2/R = 110 \cdot 110/55 = 220$ Watt = 0,220 Kilowatt. Preis für 1/6 Stunde = 0,220 · 1/6 · 40 = **1,47 Pfennig.**

b) Mit dieser Zahl kann man den **Gesamtwirkungsgrad** el. Kochvorrichtungen (Tauchsieder, Teekocher, Heizplatten) bestimmen, wenn man nach Abb. 435 einerseits Spannung, Stromstärke und Zeit, andererseits Wassermenge und Erwärmung mißt.

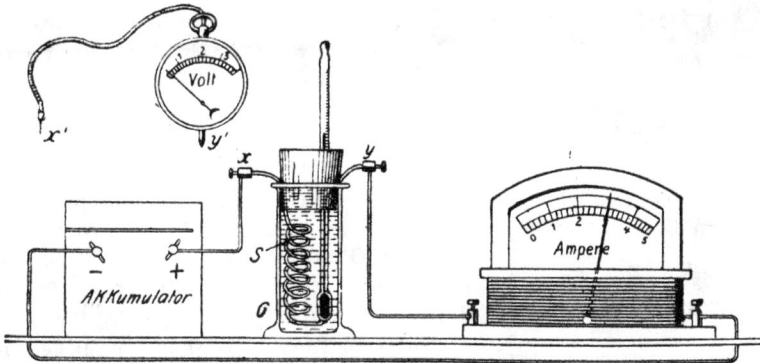

Abb. 435. Messung der Jouleschen Wärme.

Aufgaben.

1. Wieviel Wärme liefern die **Lampen** des Beispiels S. 234?

(Antwort: 14400 Wattstunden = 14400 · 60 · 60 = 51 840 000 Wattsek.; also ist die erzeugte Wärme 51 840 000 · 0,24 = 12 442 000 cal = 12 442 kcal.)

2. Eine **Kochplatte** verbraucht 1800 W. Welche Wärmemenge liefert sie in einer Stunde? Wieviel m³ Gas mit 4000 kcal/m³ Heizwert entspricht dies? Wie groß sind die Kosten bei 8 Pfg. für 1 kWh und 20 Pfg. für 1 m³ Gas? (Ohne Berücksichtigung des Wirkungsgrades.) (Antwort: 1555 kcal; 0,389 m³; 14,4 bzw. 7,77 Pfg.)

3. Ein **Heißwasserspeicher** kann mit Nachtstrom von 22 Uhr bis 6 Uhr 50 dm³ Wasser von 12⁰ auf 85⁰ erwärmen. Welche Stromstärke nimmt er auf bei 220 V Spannung? (Antwort: 2,4 A.)

§ 108. Elektrische Beleuchtung.

1. Die **elektrische Glühlampe** beruht auf der Erhitzung eines drahtförmigen Leiters durch den Strom.

a) Die **Kohlenfadenlampe** benützt eine durch Verkohlung leitend gemachte Pflanzenfaser, die zur Vermeidung der Verbrennung in einen luftleeren Kolben eingeschlossen ist. Da sie viel Strom verbraucht, wird sie nur mehr als bequemer Vorschaltwiderstand verwendet.

b) Die **Metalldrahtlampen** haben eine Wendel aus Wolframdraht. Dessen höher Schmelzpunkt (3400⁰) und ein die Verbrennung und Verdampfung des Drahtes verhinderndes **Gas** (Stickstoff) erlauben Erhitzung bis auf Weißglut. Durch Zusammendrängen des Drahtes (Wendel, Doppelwendel) wird die Wärmeableitung durch das Gas herabgesetzt.

Abb. 436. Glühlampen und Edisonfassung.

c) **Draht-Länge** und **-Dicke** werden nach der auf der Lampe angegebenen Gebrauchsspannung und nach der Leistung in Watt abgepaßt.

Der **Wattverbrauch** schwankt zwischen **1 Watt** und **½ Watt** für die Hefnerkerze (= ~ 12 Lumen) (siehe § 82, 7).

d) **Geschichtliches.** Die erste Glühlampe mit Platindraht wurde von dem Deutschen *Göbel* in Neuyork 1854 hergestellt. *Edison* machte 1879 die Glühlampe durch Einführung des Kohlefadens und der praktischen Schraub- (Edison-) Fassung technisch brauchbar.

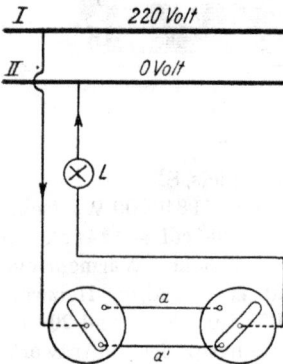

e) **Schaltung.** Die Lampen liegen in Parallelschaltung zwischen den auf Netzspannung gehaltenen Zuleitungen (Abb. 431), so daß jede Lampe einzeln geschaltet werden kann. — Die Gruppenschaltung gestattet, von zwei Lampengruppen (I, II) entweder I oder II oder I + II von einer Stelle einzuschalten. Bei der Wechselschaltung brennt, wenn beide Kontaktklinken den Draht **a** (oder beide den Draht **a'**) berühren, die Lampe **L**. Berührt die eine Klinke den Draht **a,** die andere den Draht **a',** so brennt die Lampe nicht.

Abb. 437. Wechselschaltung.

2. a) Bei der **Bogenlampe** bringt man zwei Kohlenstäbe mit ihren Spitzen zur Berührung und schaltet sie an eine Spannung von ~ **40 Volt.** Dann zieht man die Spitzen 5—10 mm weit auseinander. Ergebnis: Zwischen den Spitzen geht der

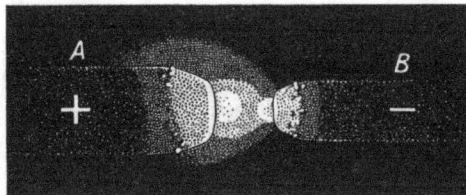

Abb. 438. Der Flammenbogen. (Krater nur bei A.)

el. **Lichtbogen** über (Abb. 438), der die Spitzen zu blendender Weißglut bringt. (Obacht: Augen schützen!)

Das meiste Licht wird von dem **positiven Krater** ausgestrahlt, dessen Temperatur 4000° beträgt. Der Lichtbogen selbst leuchtet nur wenig.

b) Die **Betriebsspannung** ist ∼ **40 Volt** nahezu unabhängig von der Stromstärke (bei Wechselstrom nur ∼ 25 Volt).

c) Der **Abbrand der Kohlen** wird durch Nachschieben, meist durch einen Handregler (Abb. 439) ausgeglichen.

Will man eine Bogenlampe an die Netzleitung von 110 Volt anschließen, so muß man einen **Vorschaltwiderstand** einschalten, der den Rest von 70 Volt auf sich nimmt (n u t z lose Wärme!).

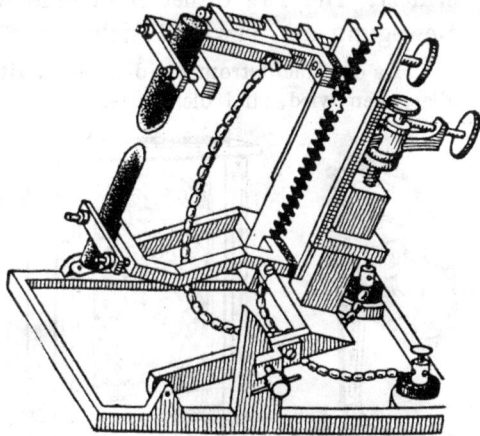

Abb. 439. Handregler.

d) In der Straßen- und Platzbeleuchtung sind die Bogenlampen fast ganz durch starke Metalldraht- oder Metalldampflampen verdrängt; meist dienen sie nur noch zu besonderen Zwecken, z. B. bei Bildwerfern und Scheinwerfern, zum Lichtpausen und in der **Photographie** (wegen des Reichtums an ultravioletten Strahlen des Lichtbogens) und beim **Schmelzen.**

e) Weitere **el. Lichtquellen** siehe § 121, 4.

§ 109. Elektrische Heizung und Schmelzung.

1. Welche Vorteile bietet die el. Heizung? Rauchlos; geruchlos; Luft bleibt rein; keine Wartung; jeden Augenblick gebrauchsfähig; tragbar; Wirkungsgrad 100%.

2. Der Strahlofen ist eine Art Hohlspiegel von ∼ 40 cm Durchmesser, in dessen Mitte die Heizspule angebracht ist (Abb. 440), die wie eine Glühbirne eingeschraubt werden kann. Gibt auf 2 m Entfernung an 30° C Erwärmung.

3. Der Kastenofen (Abb. 441) dient zur Zimmerheizung. Er enthält niedrig belasteten Heizdraht auf Porzellanträgern. Leichter Luftumlauf.

Größere el. Zimmeröfen von 3 bis 9 kW Leistung erfordern e i g e n e Kraftleitung!

4. Beim Wärmespeicherofen (eine Art Kachelofen) wird n a c h t s über ein Betonkernstück elektrisch auf 500—600°

erhitzt. Bei Tag öffnet man eine Klappe, die Luft kommt in Bewegung und erwärmt sich.

Da der Nachtstrom von den Elektrizitätswerken billig (4 — 5 Pf./kWh) abgegeben wird, sind die Kosten tragbar.

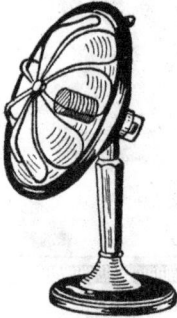

Abb. 440. Strahlofen.   Abb. 441. Kastenofen.   Abb. 442. Schaltung.   Abb. 443. Durchlauferhitzer.

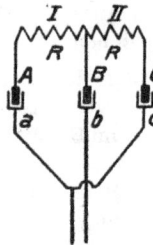

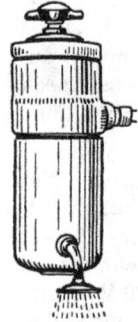

5. Bei den **elektrischen Kochapparaten** und **Bügeleisen** benutzt man als Heizwiderstand meist Metallband zwischen Glimmer.

Die Stromzuleitung ist zuweilen 3teilig (Abb. 442). Läßt man den Kontakt c weg (freihängen), so geht der Strom nur durch Spirale *I*. — Schaltet man dann c auf C, so geht derselbe Strom auch durch Spirale *II* (Heizwirkung verdoppelt).

6. Beim **Elektroden-Durchlauferhitzer** (Abb. 443) wird dem Wasser Wechselstrom durch zwei Elektroden zugeleitet. Wasser wird vom Wechselstrom nur erhitzt, nicht zerlegt (Warmwasser).

7. **Wie wird elektrisch geschweißt?** Die beiden zusammenzuschweißenden Stücke werden mit dem minus-Pol, der aus dem Schweißmetall bestehende Schweißstift mit dem +-Pol einer el. Leitung von mehr als 40 Volt verbunden.

Setzt man den Stift auf die Schweißstelle, so tritt der Flammenbogen auf, der Stift schmilzt ab und die 2 Teilstücke schweißen zusammen.

8. **Der elektrische Schmelzofen** (nach Stassano, Abb. 444) benutzt zur Erhitzung des Schmelzgutes die Hitze des Flammenbogens, der zwischen 2 Kohlen übergeht.

Bei anderen Schmelzöfen sitzt **nur eine Kohle senkrecht** auf dem Schmelzgut, die Gegenelektrode ist im Boden des Gefäßes angebracht. Beim **Elektrostahlofen** sitzen **beide Kohlen parallel** und senkrecht auf der mit einer Schlakkenschicht überzogenen Stahlflüssigkeit. (Stahl und Kohle dürfen einander nicht berühren, da sonst der Stahl Kohle heftig aufnehmen und dadurch verderben würde.)

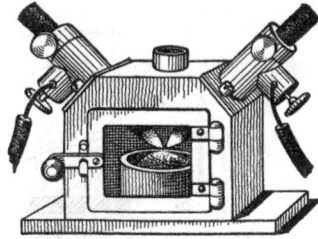

Abb. 444. Elektr. Schmelzofen.

Auf der Erzeugung hoher Temperaturen durch el. Strom beruht auch die Herstellung von **Kalziumkarbid** (CaC) aus Kalk und Kohle, von **Siliziumkarbid** (SiC, Karborund) und von **Quarzglas** aus Quarzsand.

§ 110. Thermoelement.

1. Ein Thermoelement besteht aus zwei, an einem Ende verbundenen (verlöteten, verschweißten) Drähten oder Streifen **verschiedener** Metalle. **Erhitzt** man die Lötstelle, so wird **das eine Metall positiv, das andere negativ elektrisch.** Die Vorrichtung wirkt wie ein schwaches galvanisches Element; man nennt es ein **Thermoelement.**

Nachweis mit einem Galvanometer gemäß Abb. 445. Bei Abkühlung entsteht ein el. Strom im Gegensinn.

2. Die Thermospannungen betragen für 1^0 Temperaturunterschied einige Milliontel Volt; bei wissenschaftlichen Messungen ist aber mit Thermosäulen (Abb. 446), die viele hintereinandergeschaltete Thermoelemente so geordnet enthalten, daß alle zu erhitzenden Stellen auf einer Geraden liegen und mit empfindlichen Galvanometern noch $^1/_{100000}{}^0$ -meßbar sind. Thermoelemente eignen sich zur Messung sehr hoher wie auch tiefster Temperaturen bis in die Nähe des abs. Nullpunktes.

Tafel 16.	Thermospannungen.	
Element	Meßbereich	Spannung bei 100^0 Temp.-Unterschied
Kupfer-Konstantan	$- 270^0$ bis 800^0	4,6 mV
Nickel-Nickelchrom	1000^0	4,0 ,,
Platin-Platinrhodium	1500^0	1,0 ,,

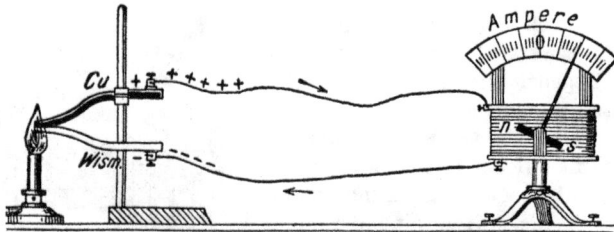

Abb. 445. Nachweis des Thermostromes.

3. Wie mißt man technisch mit einem Thermoelement Temperaturen? Man bringt das aus einem Drahtpaar (Abb. 447) bestehende Thermoelement in einer unschmelzbaren Hülse an die Meßstelle und führt die Leitungsenden zu einem Millivoltmeter.

Abb. 446.
Thermosäule.

Dieses ist in ⁰C geeicht; als Temperatur der Anschlußklemmen wird 20⁰ angenommen. Durch ein schwer schmelzbares Rohr geschützt, ist das Thermo

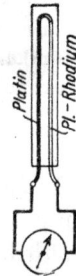

Abb. 447.
Thermoelement.

element der in der Technik am meisten gebrauchte und zuverlässigste **Temperaturmesser** für Temperaturen bis **1600⁰**.

Motorische Wirkung des el. Stromes.

§ 111. Der Strom läuft im Magnetfeld.

1. Die laufende Stricknadel. Lege eine Stricknadel **AB** auf zwei Schienen I und II und verbinde letztere mit den Polen eines Akkumulators (Abb. 448)! Sofort fließt **Strom** von **A** nach (→) **B**. — Schiebe nun über die Nadel noch einen **Hufeisenmagnet**. Dann haben wir **zwei Magnetfelder:**

a) das des Hufeisenmagnets, das in Abb. 448 von unten nach oben verläuft, b) das des Stromes, das gemäß der Korkzieherregel auf der linken Seite aufwärts, auf der rechten abwärts verläuft.

Links tritt hierbei eine **Verdichtung der Magnetlinien** ein, rechts eine Schwächung (bzw. Vernichtung) derselben. Es ist

also zu erwarten, daß durch den größeren Druck der Magnetlinien links die Stricknadel von links nach rechts rollt. —
Dies trifft zu! **Merke:**

Ein el. Strom wird senkrecht zu den Magnetlinien
fortgetrieben.

Kehrt man die Stromrichtung oder das Magnetfeld um, so
bewegt sich der Leiter entgegengesetzt.

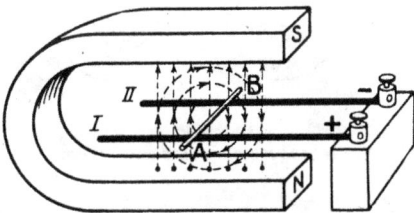

Abb. 448.	Abb. 449.	Abb. 450.
Die laufende Stricknadel.	Dreifingerregel.	Handflächenregel.

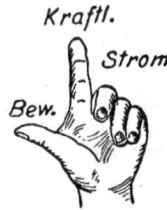

2. Die Richtung der Bewegung bestimmt a) die **Dreifingerregel** für die **linke Hand** (Abb. 449). Diese lautet:

Spreizt man Daumen, Zeigefinger, Mittelfinger der linken
Hand senkrecht voneinander, so gibt der **Daumen** die Bewegung an,
wenn der **Zeigefinger** in der Kraftlinienrichtung, der **Mittelfinger** in
der Stromrichtung liegt.

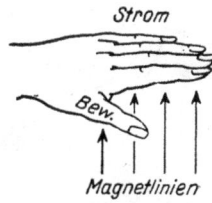

b) Die **linke Handflächenregel** (Abb. 450) lautet: Halte die
linke Hand so, daß die Magnetlinien ins Innere der flachen
Hand eintreten und die ausgestreckten Finger
die Stromrichtung weisen; dann gibt der Daumen
die Richtung der Bewegung an.

Bringe Abb. 449 und Abb. 450 nach diesen Regeln in
Übereinstimmung mit Abb. 448 und prüfe die Bewegung
von **AB** nach!

3. Ampère fand das Gesetz: a) Gleichgerichtete parallele Ströme ziehen einander an, b) entgegengesetzt gerichtete stoßen einander ab.

Dieses zeigt man leicht mit zwei stromdurchflossenen Lamettafäden (Christbaumgoldfäden) gemäß Abb.
451.

Grund. a) Bei gleichgerichteten Strömen verketten

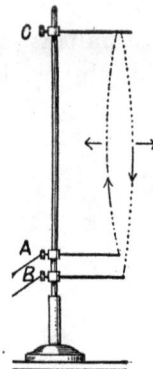

Abb. 451.
Strom-
anziehung..

sich die beiden nach Abb. 452 entstehenden Kraftfelder. Der **Längszug**
der Kraftlinien führt die Leiter zusammen.

b) Bei entgegengesetzten Strömen (Abb. 453) treibt der **Querdruck**
der Kraftlinien die Leiter auseinander.

Die wirksame Kraft wächst mit dem Produkt der Stromstärken
$I_1 \cdot I_2$, bei gleichem Strom in beiden Leitern mit I^2.

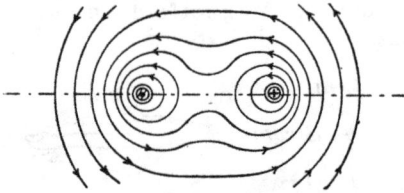

Abb. 452.
Gleichgerichtete Ströme.

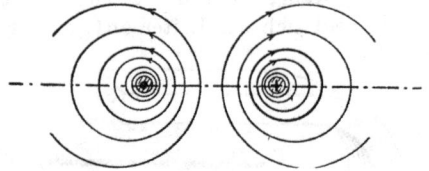

Abb. 453.
Entgegengesetzt gerichtete Ströme.

§ 112. Drehspule und Elektromotor.

1. Eine Stromschleife im Magnetfeld (Abb. 454) erfährt eine
Drehung, wobei die Bewegungsantriebe auf die beiden innerhalb
des Feldes liegenden Leiterstücke sich summieren.

2. Darauf beruhen die Drehspulinstrumente. Diese ent-
halten zwischen den Polen eines Dauermagnets eine drehbare
Stromspule, die sich entweder um eine lotrechte Achse (wie
in Abb. 455a) oder um eine waagerechte Achse (wie in Abb. 455b)
drehen kann. Die Stromzufuhr zur Spule erfolgt durch ein
Paar Federn. Die Spule übt ein Drehmoment aus, das im
Verhältnis zur Stromstärke wächst. Die Federn halten das
Gleichgewicht durch ihr Drehmoment, das verhältnisgleich ist

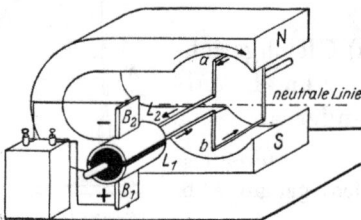

Abb. 454.
Schleife im Magnetfeld.

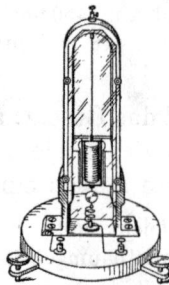

Abb. 455a.   Abb. 455b.
Drehspulen-Galvanometer.

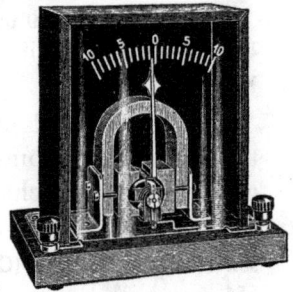

dem Drehwinkel α der Feder. Je stärker die Feder gedrillt wird, desto stärker ist der Strom in der Spule.

3. **Die Drehung der Spule hört auf,** wenn die im Magnetfeld liegenden Leiterstücke in die neutrale Linie (Abb. 454) gekommen sind. Wird bei dieser Lage die Stromrichtung von einem auf der Achse sitzenden Stromwender (L_1 L_2 B_1 B_2) umgekehrt, so geht die Drehung um 180° weiter; dann wird wieder gewendet usw. Die Stromspule dreht sich dauernd, man hat einen **Elektromotor.**

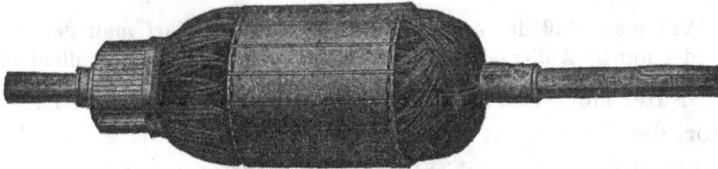

Abb. 456. Trommelanker.

4. **Statt einer Stromschleife** verwendet man den Trommelanker (Abb. 456). Er ist ein Eisenvollzylinder, der am Rande Nuten zur Aufnahme des Drahtes hat. Der Draht wird im Rechteck um den Zylinder geführt, aber jede folgende Windung erscheint je um einen kleinen Winkel gegen die vorangehende gedreht. (Vergleich mit einem Garnknäuel.) Die Windungen sind stirnseits mit ebensovielen Kontaktstücken (Kupferstreifen, Lamellen) des **Kollektors** verbunden.

5. **Aufbau des Elektromotors.** Statt des Stahlmagneten verwendet man einen Elektromagnet, der von derselben Stromquelle gespeist wird und ein starkes Feld erzeugt (**Feldmagnet**). Man nennt ihn den **Ständer.** Der mit den Drähten bewickelte Eisenzylinder heißt **Anker** oder **Läufer.**

6. **Warum dreht sich der Anker bei Stromzufuhr?** Die Wicklung des Trommelankers ist so geführt und mit den Lamellen verbunden, daß immer alle über (oder links) der neutralen Linie liegenden Ankerstäbe in der einen, die unter ihr (oder rechts) in der anderen Richtung vom Strom durchflossen werden, wie in Abb. 471 gezeichnet. Durch zwei Schleiffedern oder Bürsten (B_1 B_2 in Abb. 468), die auf 2 gegenüberliegenden Lamellen des Kollektors aufliegen, wird der Strom zugeleitet.

Wenn sich auch der Anker dreht, zwei Kontaktstücke des Kollektors werden stets von den Bürsten berührt. Bei der Drehung wird die Stromrichtung in den beiden Ankerstäben, die eben die neutrale Linie überschreiten, gewendet.

7. Was erfolgt bei Stromumkehr? Es kehrt sich mit dem Strom auch das Magnetfeld um; daher läuft der Anker im selben Sinne weiter. **Merke:**

> Der **Elektromotor** kann mit **Gleich-** und mit **Wechsel- strom** betrieben werden.

Will man, daß der Anker rückwärts läuft, so darf man den Strom entweder **nur im Anker** oder nur im Feldmagnet umkehren (Straßenbahn!).

8. Der elektrische Straßenbahnwagen enthält einen Elektromotor, der die Triebräder des Wagens umtreibt.

Die **Stromzufuhr** geschieht durch die Oberleitung mittels der Kontaktstange, die Stromrückleitung durch die Schienen. — **Betriebsspannung** (400...600) Volt; Stromstärke bis 80 A. — Regelung der Stromstärke durch den **Kontroller** (Anlasser), der auch erlaubt, den Strom entweder im Anker oder im Feldmagnet umzukehren. Damit ist das **Rückwärts- fahren** ermöglicht.

9. Die Gegen-EMK. Liegt an den Klemmen eines laufenden Elektromotors die Klemmenspannung U_p und mißt man die durch den Anker mit dem bekannten Widerstand R fließende Stromstärke I, so findet man, daß das Ohmsche Gesetz $I = U/R$ nicht gilt. Belastet man den Motor, so daß er langsamer läuft, so steigt die Stromstärke bei gleichbleibender Spannung; dabei nimmt sowohl die Aufnahme elektrischer wie die Abgabe mechanischer Energie zu.

Das Verhalten wird zahlenmäßig völlig geklärt, wenn man dem Motor die Entwicklung einer der Umdrehungszahl verhältnisgleichen **Gegenspannung** E zuschreibt.

§ 113. Messung von Leistung und Arbeit.

1. Der Wattmesser enthält eine dünndrähtige, drehbare Voltspule (II Abb. 457) in einer dickdrähtigen, feststehenden Amperespule (I). Beim Stromdurchgang dreht sich erstere durch die Wirkung der parallelen Stromleiter aufeinander. Dem Drehmoment wird durch den Drill zweier Federn, die wie beim Drehspulinstrument zur Stromzufuhr dienen, das Gleichgewicht gehalten.

Die Verdrillung und damit der Ausschlag eines mit der Spannungsspule verbundenen Zeigers ist verhältnisgleich dem Produkt Volt × Ampere, d. h. dem Watt.

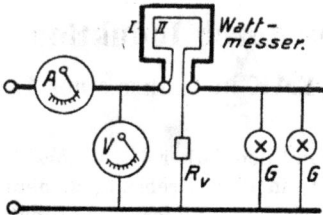

Abb. 457. Schaltung des Wattmessers.

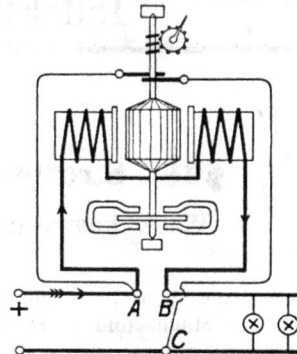

Abb. 458. Motorzähler.

2. Der Motorzähler (Abb. 458), der die verbrauchten Kilowattstunden mißt, ist ein kleiner eisenloser Elektromotor, dessen Anker eine dünndrähtige (= Volt-) Spule und dessen Feldmagnet eine dickdrähtige (= Ampere-) Spule wie beim Wattmesser ist.

Erstere liegt im Nebenschluß an der Netzspannung, letztere in der Stromleitung. Gehemmt wird die Drehung des Ankers durch Wirbelströme (§ 115, 3), die in einer an dessen Achse sitzenden Kupferscheibe dadurch entstehen, daß sich diese zwischen den Polen von 2 Stahlmagneten bewegen muß. Die Drehung des Ankers wird durch Schneckenantrieb auf ein Zählwerk übertragen.

3. Der Pendelzähler von Aron zeigt zwei gleiche Uhrwerke mit gleichen Pendeln. Diese tragen am unteren Ende je gleiche dünndrähtige (= Volt-) Spulen, die über feststehenden gleichen dickdrähtigen (= Ampere-) Spulen schwingen. Da der Strom die Voltspule des zweiten Pendels entgegengesetzt durchläuft, so geht das eine Pendel schneller, das andere langsamer als ohne Strom. Der Gangunterschied ist ablesbar; er gibt ein Maß für Volt × Ampere × Stunden, d. h. Wattstunden.

Induktions-Elektrizität.

§ 114. Stromerzeugung durch Induktion.

1. Woher kommt die Gegen-EMK im Anker eines Elektromotors?

Versuch. a) Dreht man mit der Hand den Anker des Motors, bei dem nur das Magnetfeld an Spannung liegt, in dem Drehsinn, in dem er im Motor läuft, so zeigt ein an den Anker angeschlossenes Voltmeter eine **Spannung,** die der normalen Betriebsspannung entgegen gerichtet und verhältnisgleich der Umdrehungszahl ist. In den im Magnetfeld bewegten Ankerdrähten wird eine **Spannung** erzeugt (**induziert**).

b) Der Induktionsvorgang wird übersichtlicher, wenn man nach Abb. 459 die Enden des **Leiters A B** mit einem empfindlichen Galvanometer verbindet und **AB** senkrecht zu den Magnetlinien eines Hufeisenmagnets nach links bewegt! Ergebnis: Das Galvanometer macht einen Ausschlag; es entsteht ein Strom von A nach ($\rightarrow$) **B.** Zuerst entdeckt vom englischen Physiker *Faraday* 1830.

Der entstehende Strom heißt **Induktionsstrom.**

Dieser Strom hat nach der Korkzieherregel ein Magnetfeld, das in Abb. 459 links aufwärts, rechts abwärts geht. Ergebnis: Die Magnetlinien werden vor dem bewegten Leiterstück **AB** verdichtet; man muß also bei Bewegung des Leiters den Querdruck der Kraftlinien überwinden und damit Arbeit leisten.

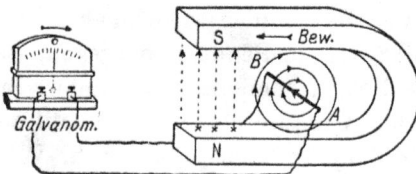

Abb. 459. Nachweis der Induktion.

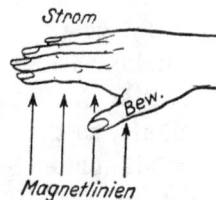

Abb. 460.
Handflächenregel.

2. Die Richtung des Induktionsstromes findet man a) nach der **Dreifingerregel für die rechte Hand**; sie lautet:

Spreizt man **Daumen, Zeigefinger, Mittelfinger** der rechten Hand senkrecht voneinander, so gibt der **Mittelfinger** die Stromrichtung an, wenn der **Zeigefinger** in der Kraftlinienrichtung, der **Daumen** in der Bewegungsrichtung liegt.

b) **Rechte Handflächenregel** (Abb. 460). Hält man die flache rechte Hand so, daß die Magnetlinien in die innere ·Handfläche eintreten und der Daumen die Bewegungsrichtung zeigt, so geben die übrigen Finger die des induzierten Stromes an.

c). **Die Richtung** findet man oft daraus, daß man bei der Bewegung **Arbeit leisten muß**. (Regel von *Lenz*.)

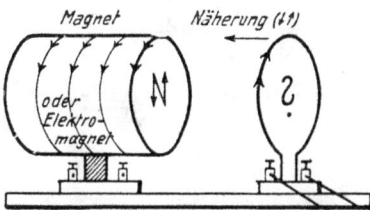

Abb. 461. Gesetz von Lenz.

Beispiel: Gegeben der **N-Pol** eines Magneten oder Elektromagneten oder einer Stromspule. Man bewege einen Kreisleiter dagegen! (Abb. 461.) Ergebnis: Dem Nordpol N gegenüber muß im Kreisleiter auch ein Nordpol entstehen. (Abstoßung!) Für ein in N befindliches Auge muß also· der Kreisleiter entgegen dem Uhrzeigersinn vom Induktionsstrom umflossen erscheinen. Entgegengesetzte Ströme stoßen einander ab!)

3. Das bewegte Leiterstück wirkt dabei wie ein schwaches galvanisches Element. Die an seinen Enden auftretende EMK heißt die **induzierte EMK**. Sie wächst gleichmäßig mit der Liniendichte $\mathfrak{B}$ des gegebenen Magnetfeldes und mit der Länge *l* und der Geschwindigkeit *v* des Leiters **AB**.

Zerlegt man *v* in die Strecke *s*, über die der Leiter bewegt wird, $v = s/t$, setzt für $s \cdot l$ die von ihm überstrichene Fläche *F* und für $\mathfrak{B} \cdot F$ die Gesamtzahl der von *F* umschlossenen Kraftlinien, so erkennt man, daß die **induzierte EMK** verhältnisgleich ist der **Zahl der in 1 s** geschnittenen **Kraftlinien**. Die Zahl der Kraftlinien wird so festgesetzt, daß 10^8 **Kraftlinien in 1 s** geschnitten werden müssen, damit **1 V** EMK entsteht. So kann die Feldstärke $\mathfrak{B}$ durch die Induktionsspannung gemessen werden.

4. Es kommt auf die gegenseitige Bewegung an.

Führt man den Magnet (Abb. 462) rasch in eine **Spule hinein,** so durchschneiden seine Kraftlinien (vgl. Abb. 339) die Windungen der Spule, und es entsteht **in jeder Windung** ein Strom im gleichen Sinne. Die Windungen wirken wie **hintereinander** geschaltete Elemente; es erhöht sich die EMK. **Ruht der Magnetstab** in der Spule, so geht die Galvanometernadel in die Nullstellung zurück. Zieht man den Magnetstab aus der Spule

heraus, so durchschneiden seine Kraftlinien die Windungen der Spule wieder; es entsteht ein Strom im entgegengesetzten Sinne.

5. **Eine stromdurchflossene Spule** hat ein Magnetfeld. Es wird aufgebaut bei Stromschluß und verschwindet bei Stromöffnung. Dabei bewegen sich die Kraftlinien. Ein benachbarter Leiter wird von ihnen geschnitten und es wird in ihm eine EMK induziert.

Diese **Elektro-Induktion** zeigt man mit 2 Spulen, genannt Primär- und Sekundärspule (Abb. 463). Die **Primärspule P** hat dicke Windungen und enthält einen Eisenkern. Sie wird mit einer Batterie verbunden und wirkt als **Elektromagnet.** Sie liefert die Kraftlinien, die geschnitten werden sollen.

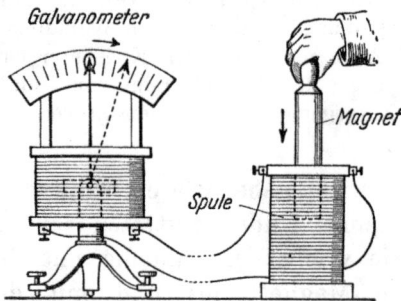

Abb. 462. Magnetinduktion.

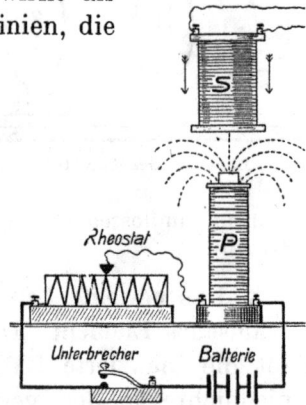

Abb. 463. Elektroinduktion.

Die **Sekundärspule S** dient zur Erprobung der Induktion.

Sie ist mit einem Galvanometer verbunden und trägt sehr viele (daher **dünne**) Windungen, da ja jede Windung beim Durchschneiden der Kraftlinien zum Induktionsstrom beisteuert.

Hier hat man **3 Möglichkeiten,** einen Induktionsstrom zu erzeugen.

1. Durch **Nähern** und **Entfernen** der Spulen S und P.

Dabei treten dieselben Erscheinungen auf wie oben bei **4.**

2. Durch **Stärken** und **Schwächen** des Primärstroms.

Wir lassen **P** in **S** und stärken den Strom in **P.** Dies verursacht **Verdichten** der Kraftlinien im Innern der Primärspule; sie treten dabei von außen in das Innere der Spule ein und durchschneiden die Windungen der Sekundärspule. (Ergebnis: Ausschlag nach der einen Seite.) — Wir schwächen den Strom in **P**. (Ergebnis: Ausschlag nach der anderen Seite.)

3. Durch **Schließen** und **Unterbrechen** des Stromes.

Wirkung wie bei 2, nur kräftiger.

6. **Die Richtung** des Sekundärstromes erhält man am einfachsten aus der **Regel von Lenz**:

Verstärken (Schließen) des Primärstromes ist gleichbedeutend mit **Nähern der Sekundärspule** (Abb. 461, rechts), also **Sekundärstrom entgegen dem Primärstrom.** Daraus folgt:

I. Wird der Primärstrom **geschlossen, verstärkt** oder genähert, so entsteht in der Nachbarleitung ein Strom im **entgegengesetzten** Sinne. (Hemmend.)

II. Wird der Primärstrom aber entfernt, **geschwächt oder unterbrochen**, so entsteht in der Nachbarleitung ein **gleichgerichteter Strom.** (Ergänzend.)

§ 115. Selbstinduktion.

1. a) **Wird in einer Spule der Strom geschlossen,** so wird durch das in das Innere drängende Magnetfeld ein **Gegenstrom** induziert, beim **Öffnen** erzeugt das verschwindende Magnetfeld einen Strom in **gleicher Richtung** (Extrastrom).

Der **Schließungsextrastrom** ist dem **Hauptstrom entgegengesetzt** gerichtet (hemmt sein Anschwellen).

Der **Öffnungsextrastrom** ist dem **Hauptstrom gleichgerichtet** (verstärkt ihn im Augenblick seines Erlöschens).

b) Stelle die Richtung des Selbstinduktionsstromes aus den Regeln über die **Polarität einer Spule** (§ 100, 4) und der **Dreifingerregel** (§ 114, 2) fest; beachte dabei, daß sich die **Kraftlinien gegen** den Leiter bewegen!

2. a) Das **Ansteigen** des Stromes beim Einschalten einer Spule mit großer Selbstinduktion kann so sehr verzögert werden, daß es viele Sekunden dauert, bis er den dem Ohmschen Widerstand entsprechenden Höchstwert erreicht.

b) Beim **Öffnen** des Stromes tritt an der Unterbrecherstelle ein gewaltiger Funke (**Öffnungsfunke**) auf.

17*

Elektrisierung mit der el. Klingel (Abb. 413). Bring an den Enden **AB** der Klingelspule zwei Drähte an, deren Enden du in die Hände nimmst! (Erg.: Bei tätiger Klingel wirst du elektrisiert.) **Grund:** Die in der Spule bei jeder Unterbrechung auftretenden Extraströme gehen ruckweise durch deinen Körper und rufen darin das Prickeln hervor. — **Versuch mit der Glühlampe** gemäß Abb. 464. Der 4-Volt-Akku bringt die 110-Volt-Glühlampe nicht zum Leuchten. Was geschieht aber bei Stromunterbrechung?

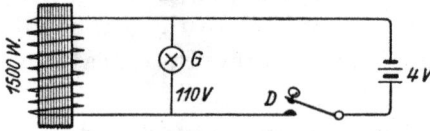

Abb. 464. Selbstinduktion.

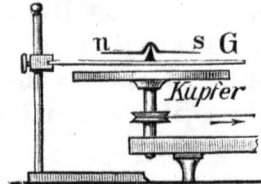

Abb. 465. Wirbelströme.

3. Wirbelströme entstehen in **dicken Metallmassen,** die von Magnetlinien geschnitten werden. Die Magnetlinien erfahren dabei eine Hemmung, die Metallmassen eine Erwärmung.

Eine ruhende Magnetnadel fängt über einer sich drehenden Kupferscheibe von selbst an, mit dieser zu wandern (Abb. 465). — *Faraday* drehte eine Kupferscheibe zwischen den Polen eines kräftigen Magnets. (Widerstand; die Scheibe erhitzte sich dabei.)

Die **Eisenkörper der el. Maschinen** werden **unterteilt,** d. h. aus vielen dünnen, durch Lack oder Papier getrennten Blechen oder Drähten hergestellt, um ihre Erwärmung durch Wirbelströme zu verhindern.

§ 116. Der Induktor.

1. Ein **Induktor** (Abb. 466) enthält ein **Spulenpaar** (Primär- und Sekundärspule) mit einem eingeschobenen **Eisenkern** (lackiertes Eisendrahtbündel).

Durch die **Primärspule** schickt man einen el. Strom, der durch einen an den Eisenkern angebauten Wagnerschen Hammer (x) fortgesetzt unterbrochen wird. — Die Enden der **Sekundärspule** führen zu zwei Handhaben (Elektroden).

Vorgang. Der Wagnersche Hammer unterbricht und schließt in rascher Folge den Strom in der Primärspule. Bei jeder Unterbrechung entsteht in der Nachbarspule S ein Stromstoß im gleichen Sinn, bei jeder Schließung ein Stromstoß im entgegengesetzten Sinn. Ergebnis: In der Sekundärspule entsteht ein Wechselstrom. — **Verwendet** von den Ärzten zum Elektrisieren (Faradisieren) gelähmter Körperteile.

2. Beim **Funkeninduktor** (Abb. 467) hat die Sekundärspule S sehr viele Windungen dünnen Drahtes. Die EMK des
induzierten Stromes steigt mit der Windungszahl und kann

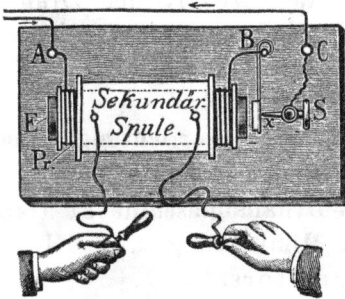

Abb. 466. Induktionsapparat.

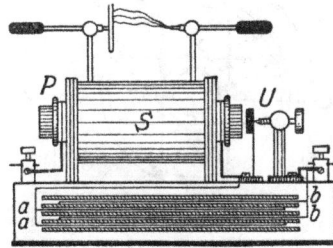

Abb. 467.
Funkeninduktor.

auf viele 1000 Volt gebracht werden. Demgemäß springen
dann kürzere oder längere Funken zwischen den Elektroden
über.

Die Selbstinduktion der Primärspule verzögert den Strom-
anstieg, demnach ist die Induktionsspannung beim Schließen gering.
Beim Öffnen entsteht in der **Primär**spule selbst ein gleichgerichteter Extrastrom, der bei U einen glänzenden **Öffnungsfunken** erzeugt. Dieser verlangsamt überaus die Stromunterbrechung. Deshalb schaltet
man dem Unterbrecher einen **Kondensator** parallel, der die Energie des
Extrastromes aufnimmt. Man erhält hohe Spannung bei Unterbrechung,
fast keine bei Schließung. Daher ist der eine Pol stets positiv (der andere
negativ) geladen.

Der Funkeninduktor ist ein bequemer Ersatz der Elektrisiermaschine
(gibt wie diese einen Funkenstrom, ist aber aus der Hochspannungstechnik
durch hochgespannten, gleichgerichteten Wechselstrom verdrängt).

Gleich- und Wechselstromgeneratoren.

§ 117. Die Gleichstromdynamomaschine.

1. **Die Dynamomaschine** (Generator) erzeugt durch Umdrehung einer Drahtspule in einem Magnetfeld el. Strom.
Man unterscheidet (Abb. 468)

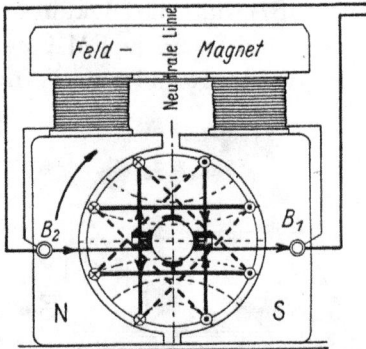

Abb. 468. Generator mit Trommelanker.

a) den **Feldmagnet,** der die magnetischen Kraftlinien liefert;

b) den **Anker,** der Drahtwindungen trägt, mit denen man das Kraftfeld schneidet;

ferner eine **Vorrichtung zum Drehen** des Ankers.

Die **Dynamomaschine** ist also die **Umkehrung** des Elektromotors.

Als **Anker** wird nur noch der Trommelanker benutzt. Zur **Abnahme** des Stromes dienen zwei **Schleiffedern** (oder Bürsten $B_1 B_2$), die auf den Lamellen (Kontaktstücken) des Kollektors schleifen.

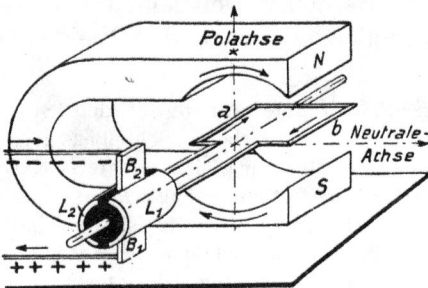

Abb. 469. Induktion in einer Schleife.

Die Lamellen sind mit entsprechend vielen Punkten der Ankerwicklung verbunden.

2. Entstehung eines Gleichstromes. Grundlage ist die Drehung einer Stromschleife im Magnetfeld nach Abb. 469.

Prüfe mit der Regel der rechten Hand die dort angegebene Stromrichtung nach!

Nach einer halben Umdrehung wird durch den Stromwender die Verbindung der Spule **a b** mit den Bürsten $B_1 B_2$ vertauscht; die Richtung des Stromes im äußeren Stromkreis bleibt gleich.

Die Zahl der in 1 sek geschnittenen Kraftlinien ist **0,** wenn die neutrale Linie

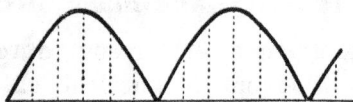

Abb. 470. Pulsierender Gleichstrom.

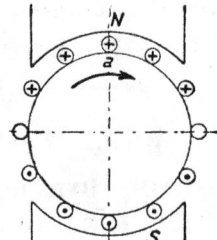

Abb. 471. Polregel.

in die Spulenebene fällt und am größten, wenn sie senkrecht darauf steht. Die **EMK,** mit ihr der Strom hat zwar immer dieselbe Richtung, aber verschiedene Stärke (pulsierender Gleichstrom, Abb. 470).

3. Die Induktion im Trommelanker zeigt Abb. 468 und 471.

Einfache Polregel (Abb. 471). Wird der Anker im Uhrzeigersinn gedreht, so setze man vor dem **Nordpol** in den Drahtquerschnitt ein **Kreuz** (Zeichen, daß der Strom vom Beschauer wegläuft), vor dem **Südpol** einen **Punkt** (Pfeilspitze des Stromes, der auf den Beschauer zuläuft). — Prüfe nach der Regel der rechten Hand, ob die Pfeilrichtungen in Abb. 471 richtig eingetragen sind!

Aus der Abb. 468 und 471 ist ersichtlich, daß die Ankerwicklung in zwei durch die neutrale Linie getrennte Hälften zerfällt. In jeder ist die Richtung der induzierten EMK in allen Ankerstäben gleich. Überschreitet ein Stab die neutrale Linie, so wird er stromlos, dann aber durch die Drehung des Kollektors (in der Zeichnung nach ¼ Umdrehung) so umgeschaltet, daß die Verteilung der EMK wieder dieselbe ist. Die ganze Wicklung ist vergleichbar mit zwei parallel geschalteten Gruppen aus gleichviel (in Abb. 468 und 471 je vier) Elementen in Reihenschaltung. Ein Trommelanker hat viel mehr Nuten und Lamellen, als in der Zeichnung dargestellt werden konnten, so daß die Umschaltung schon nach kleiner Drehung erfolgt und der Strom auch in seiner Stärke dauernd gleich bleibt.

4. Wie groß ist die EMK der Maschine? Ist e Volt die in einem einzelnen Stab induzierte Spannungsdifferenz und befinden sich vor jedem Pol n Stäbe, so herrscht an den Abnahmestellen B_1 und B_2

die Spannungsdifferenz $E = n \cdot e$ Volt.

Die Ankerpole sind mit Polschuhen auszurüsten, die sich möglichst eng an den Eisenkern der Ankerspule anschließen, damit möglichst jeder Stab jederzeit ein gleichstarkes Magnetfeld durchschneidet (vgl. die Kraftlinien in Abb. 468). — Der **Eisenkern des Ankers** hat die Aufgabe, die Magnetlinien an sich zu ziehen und zu vermehren.

5. Wo müssen die Bürsten aufliegen? Auf jenen 2 Kollektorlamellen, die mit den stromlosen Stäben der Spule verbunden sind.

‖ Ein Stab wird stromlos, wenn er die neutrale Zone (zwischen den Polen) passiert.

Beim **Trommelanker** ergeben sich die Stellen da, wo zwei ⊕ ⊕ oder zwei ⊙ ⊙ aufeinander treffen; denn an diesen Stellen gingen sonst die abgenommenen Stromhälften gegeneinander ($\rightleftarrows$) und würden sich aufheben.

6. Selbsterregung. Nach **Siemens** (1867) braucht der Feldmagnet kein permanenter zu sein; es genügt, wenn er etwas Restmagnetismus besitzt. Dann werden allerdings bei den **ersten Umdrehungen** des Ankers die induzierten Ströme sehr **schwach** sein; indem man sie aber (wie Abb. 468 zeigt) über die Schenkel des Feldmagnets leitet, wird dieser gestärkt und induziert nun seinerseits selbst stärkere Ströme in den Anker. Diese **gegenseitige Verstärkung (Aufschaukelung)** dauert so lange an, bis der Elektromagnet seine Höchststärke erreicht hat.

Dabei unterscheidet man **dreierlei Maschinen**:

Leitet man den **ganzen** Strom, den die Maschine gibt, bevor er an die Arbeitsstelle geht, um die Schenkel der Pole, so spricht man von einer **Hauptschlußmaschine** (Abb. 472).

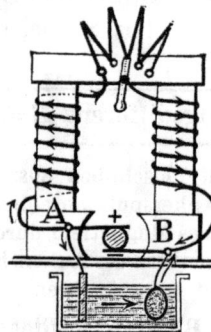

Zweigt man von beiden Bürsten nur einen Nebenstrom ab, den man um die Magnetschenkel führt, so spricht man von einer **Nebenschluß-maschine** (Abb. 468 und 473). Regelung des abgezweigten Stromes durch einen Widerstand.

Benutzt man beide Wickelungsarten zugleich nebeneinander, so hat man die **Verbundmaschine** (Abb. 474).

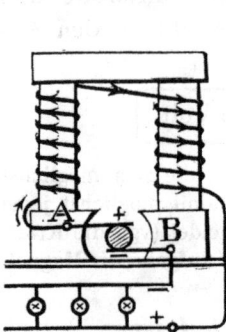

Abb. 472.	Abb. 473.	Abb. 474.
Hauptschlußmaschine.	Nebenschlußmaschine.	Verbundmaschine.

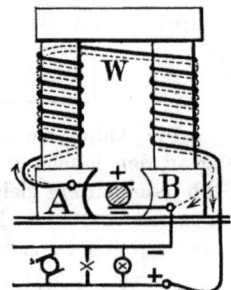

7. Der Elektromotor als Generator. Liegt ein Elektromotor an der Spannung U_p, so ist infolge der Gegen-EMK des Ankers (§ 112, 9), dessen dickdrähtige Wicklung nur einen kleinen Widerstand R hat, die Stromstärke I in dem Anker nur $I = (U_p - E)/R$. Würde man beim Einschalten die Klemmenspannung U_p plötzlich an den ruhenden Anker,

der noch keine Gegen-EMK entwickelt, anlegen,
so würde der Anker bei der großen Stromstärke
durchbrennen. Elektromotoren müssen deshalb
mit einem Vorschaltwiderstand (Anlasser) in
Gang gesetzt werden. Abb. 475 zeigt einen Flüs-
sigkeitsanlasser für einen großen Motor.

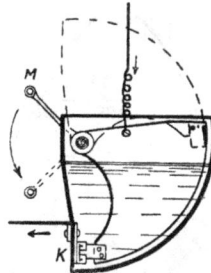

Er besteht aus einem mit **Sodalösung** gefüllten eisernen Trog, in den eine oder mehrere
eiserne Platten durch Drehen einer Kurbel **M** allmählich eingesenkt werden können.

Abb. 475. Anlasser.

8. Schaltung. Generatoren können wie
Elemente geschaltet werden. Beliebt ist die Dreileiterschaltung
(Abb. 476).

Abb. 476. Dreileiterschaltung.

Bei dieser wird der blanke Mitteldraht, der die ungleichnamigen Bürsten zweier Maschinen verbindet, frei im Erd-
reich mitgeführt. Die drei Leiter endigen in der Verbrauchs-
stelle auf drei Schienen. Nimmt man dort den Strom von
der Erdleitungsschiene und einer andern, so hat man die einfache Maschinenspannung (z. B. 110 Volt); läßt man die Erdleitungsschiene aus, so hat man die doppelte Spannung.

§ 118. Wechselstrommaschine.

1. Woran erkennt man eine Wechselstrommaschine? Sie
hat statt des **Lamellenkollektors** zwei gegeneinander isolierte
Schleifringe, auf denen die Bürsten schleifen.

a) Während der Drehung der Spule a, b (Abb. 469) um 180°
führt die Lamelle L_1 positive, L_2 negative Spannung. Für die
nächsten 180° ist die Spannung entgegengesetzt. Ersetzt man
L_1 und L_2 durch 2 Schleifringe, so nimmt man von ihnen einen
in der Richtung wechselnden Strom ab.

‖ Bei jeder **Umdrehung** der Spule **wechseln** die **Ringe**
‖ ihre **Polarität.** Es wird also durch sie **Wechselstrom**
‖ abgenommen.

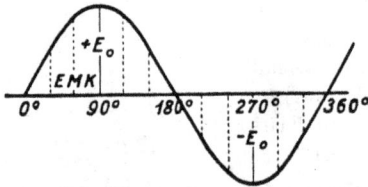

Abb. 477. Verlauf der EMK.

b) Der **zeitliche Verlauf** der abgenommenen EMK ist dabei eine Wellenlinie (Sinuslinie, Abb. 477).

Am größten ist die EMK beim Vorübergang von **a** und **b** vor den Polen; liegt die Schleife in der neutralen Zone, so ist die EMK Null.

c) Die gebräuchliche **Wechselzahl** ist **100** i. d. Sek. (= 50 Perioden).

Frequenz ist die Periodenzahl in 1 Sekunde. Man kann sie steigern, indem man den Anker rascher umlaufen läßt.

d) Die **Pole des Feldmagnets** speist man mit Gleichstrom.

Neben der Wechselstrommaschine steht ein Gleichstromgenerator, der die Feldmagnete erregt, meist gekuppelt auf derselben Achse.

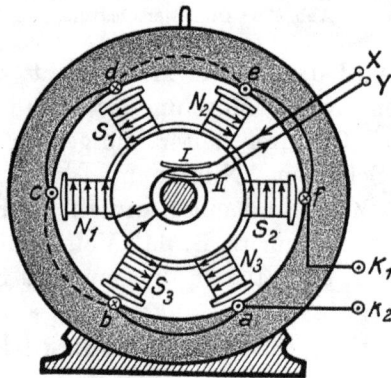

Abb. 478. 6 polige Wechselstrommaschine.

2. Ständer und Läufer kann man vertauschen. Abb. 478 zeigt eine sechspolige **Innenpol**maschine; d. h. es läuft ein sechspoliger, sternartig gestalteter **Elektromagnet** um. Dessen Pole werden durch einen Fremdstrom gespeist, der den **Schleifringen I II** zugeführt wird. Dadurch erhält der Elektromagnet festbleibende Nord- und Südpole.

Im konzentrisch angeordneten eisernen **Ständer** (= Gehäuse) sind Nuten eingekerbt, in denen (senkrecht zur Bildebene) die Stäbe der Wechselstromwickelung liegen.

Vorteil. Über einen Kollektor und auch über Schleifringe kann man keine sehr hohe Spannung führen; in festen Spulen kann die Spannung so hoch sein, als die Isolation verträgt.

In Abb. 478 sind die Stäbe vorn durch die ausgezogenen, hinten durch die punktierten Leitungen verbunden. K_1 und K_2 sind die Enden der Leitung, von welchen der Wechselstrom abgenommen wird.

Abb. 479 zeigt einen Teil der Wicklung mit dem Kraftlinienverlauf. Man stellt leicht fest, daß dem Vorübergang **eines** Polpaares **eine** Periode entspricht, so daß vielpolige Maschinen langsam laufen können, z. B. beim Antrieb durch eine Wasserturbine.

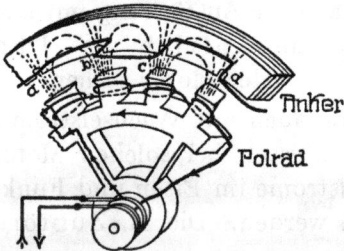

Abb. 479. Wechselstrom-Generator.

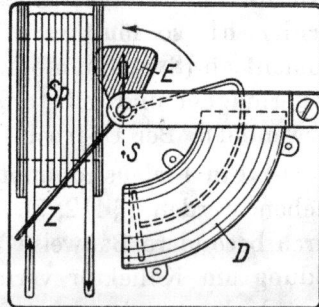

Abb. 480. Weicheisen-Instrument.

3. Wie mißt man die Klemmenspannung und die Stromstärke eines Wechselstromes? Mit Hitzdrahtinstrumenten (Abb. 434), oder mit Weicheiseninstrumenten (Abb. 480), geeicht mit Gleichstrom.

Die Ablesung ergibt nicht den Höchstwert U_{max} oder I_{max} des sinusmäßig wechselnden Stromes, sondern nur einen **Mittelwert** (70,7% davon).

$$U = U_{max} \cdot 0{,}707 \qquad I = I_{max} \cdot 0{,}707 .$$

Wechselspannungen mißt man auch mit elektrostatischen Voltmetern.

4. Wichtige Eigenschaft des Wechselstroms. Merke:

‖ Der Wechselstrom geht durch einen **Kondensator.**

Grund. Der Wechselstrom ist nur ein Hin- und Herschwanken der ± El. Bei diesem Vorgang wird der Kondensator im Wechsel aufgeladen und entladen. Die Stromstärke wächst mit der Kapazität des Kondensators und mit der Frequenz.

‖ Der Wechselstrom geht nicht durch eine **Spule.**

Bei 50periodigem Wechselstrom dauert das Ansteigen des Stromes nur $1/_{100}$ sek. Infolge der Selbstinduktion der Spule erreicht in dieser

Zeit der Strom nur einen Bruchteil seines Höchstwertes. Dementsprechend ist dann auch beim Abnehmen des Stroms der Öffnungsstrom schwach. Die Spule wirkt wie ein Widerstand, sie drosselt den Strom (**Drosselspule**). Die Stromstärke ist um so kleiner, je größer die Selbstinduktion und die Frequenz ist.

5. Wechselstrommotoren. a) Wird das Polrad einer Wechselstrommaschine (Abb. 479) mit Gleichstrom erregt, während durch den Anker Wechselstrom geschickt wird, und bringt man das Polrad auf eine der Frequenz entsprechende Drehzahl, so läuft es mit dieser weiter und gibt ein Drehmoment ab (**Synchronmotor**; in kleinster Ausführung mit einem Dauermagnet und selbstanlaufend zum Antrieb von Uhren verwendet). Bei Überbelastung bleibt der Motor stehen.

b) **Ein Gleichstrommotor** kann auch mit Wechselstrom betrieben werden (§ 112, 7). Doch müssen bei solchen Motoren durch besondere Bauweise Wirbelströme im Eisen und Funkenbildung am Kollektor vermieden werden. Die el. Zugförderung bedient sich solcher Motoren.

6. Die Leistung eines Wechselstrommotors kann nicht nach der Formel **Watt = Volt · Ampere** berechnet werden. Infolge der Induktion im Motor tritt eine Phasenverschiebung φ zwischen Strom und Spannung auf und es ist

$$\boxed{\text{Leistung} = \text{Volt} \cdot \text{Ampere} \cdot \cos\varphi.}$$

§ 119. Drehstrom.

1. Dreiphasenstrom entsteht, wenn man statt einer Wicklung 3 voneinander unabhängige unterbringt, die zusammen die Breite einer Wicklung bei einer Einphasenmaschine einnehmen.

Man erhält drei voneinander unabhängige Wechselströme I, II, III. Sie sind gleich stark, jedoch in ihrem zeitlichen Verlauf je um $^1/_3$ Periode verschoben.

Ihre **Stromstärken** wechseln nach der Formel:

$$I_1 = I_0 \cdot \sin\alpha, \quad I_2 = I_0 \cdot \sin(\alpha + 120^0), \quad I_3 = I_0 \sin(\alpha + 240^0),$$

so daß jederzeit die **Summe der drei Stromstärken** $I_1 + I_2 + I_3 = 0$ ist.

Abb. 481 zeigt den Verlauf der Spannung (Stromstärke). Man überzeugt sich leicht durch Nachmes-
sen, daß an jeder Stelle die Summe
der 3 Spannungen 0 ist.

a) Zur **Fortleitung** sind
drei unabhängige Leitungen
nötig.

Die **Rückleitung** könnte für
jeden Strom in der **Erde** erfolgen,
bzw. durch einen einzigen blank
in der Erde mitgeführten Draht.

Abb. 481. Dreiphasenstrom.

Aber auch dieser kann fortge-
lassen werden, da ja in jedem Augenblicke die Summe der 3 Ströme
= 0 ist. Nur muß man die 3 Leitungen je am Anfang und je am
Ende zu einem freien Pol führen. (**Sternschaltung**; Abb. 482; den Stern-
punkt erdet man.) Man kann auch die sogenannte **Dreiecksschaltung** anwenden (Abb. 483). **Merke:**

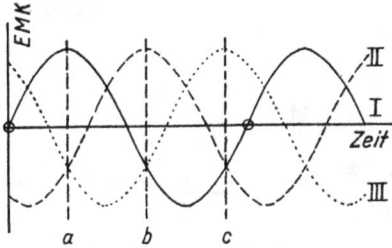

‖ Man braucht nur **3 Leitungsdrähte** statt 6.

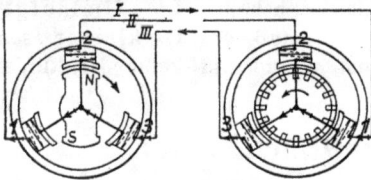

Abb. 482a. Sternschaltung.

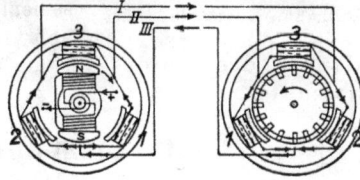

Abb. 483a. Dreieckschaltung.

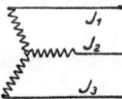

Abb. 482b. Sternschaltung.

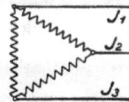

Abb. 483b. Dreieckschaltung.

b) Zwischen jeder einzelnen Leitung und der Erde herrscht
die Spannung U, zwischen je zwei Leitungen aber die größere
Spannung $U \cdot \sqrt{3} = 1{,}73\ U$.

c) Den Dreiphasenstrom nennt man kurz **Drehstrom**.

2. Drehstrom erzeugt ein Drehfeld. Ordnet man 3 Magnet-
spulen im Kreis an (Abb. 484) und beschickt sie mit Drehstrom, so sind die **Magnetkraftlinien** in gleichzeitiger **Drehung** und nehmen eine Magnetnadel mit.

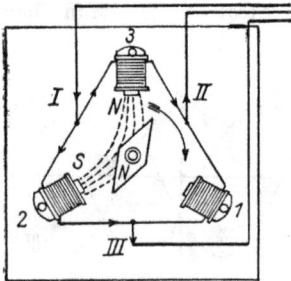

Abb. 484. Drehfeld.

Vorgang: Aus Abb. 484 (Drehfeld in △-Schaltung) ersieht man, daß z. B. zur Zeit **a** (Abb. 481) Strom I sich nach Spule 2 und 3 verteilt; sie erhalten entgegengesetzte Pole und richten eine Magnetnadel. Strom II und III haben gleiche Spannung; Spule 1 ist stromlos. Zur Zeit **b** ist Spule 2, zur Zeit **c** Spule 3 stromlos. Das Magnetfeld läuft in einer Periode einmal um.

Statt der Magnetnadel kann man einen sog. **Kurzschlußanker** setzen (Abb. 485). Dieser ist ein Eisenzylinder, der am Mantel eine Reihe von Kupferstäben trägt, deren Endstellen durch Kupferreifen zusammengehalten werden.

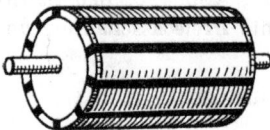

Abb. 485. Kurzschlußanker.

Vorgang: In den kurzgeschlossenen Ankerstäben werden durch das umlaufende Magnetfeld sehr starke Ströme induziert. Sie geben im Zusammenwirken mit dem Magnetfeld dem Anker einen Bewegungsantrieb, so daß er diesem bei seinem Umlauf nacheilt. Die Umlaufgeschwindigkeit muß etwas kleiner sein als die des Feldes (Schlupf), sonst würden ja keine Kraftlinien geschnitten.

§ 120. Umspanner. Gleichrichter.

1. Transformatoren oder **Umspanner** sind Apparate, durch die Ströme von **hoher Stärke** und geringer Spannung in Ströme von **niedriger Stärke** und hoher Spannung oder umgekehrt umgeformt werden können.

2. Der gebräuchliche **Wechselstrom-Umspanner** besteht aus zwei ineinander steckenden Spulen (I, II), die auf demselben Eisenkern sitzen. Der äußeren Form nach unterscheidet man **Kern-** und **Mantel**transformatoren (Abb. 486 und 487).

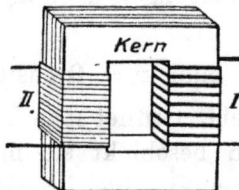
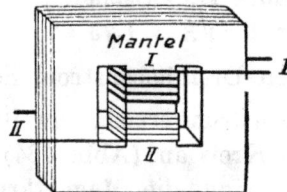

Abb. 486.   Abb. 487.
Kern- und Manteltransformator.

Vorgang. Sendet man durch die erste Spule einen Wechselstrom I, so erregt sein im Eisenkern wechselndes Magnetfeld in der andern Spule einen Wechselstrom II, der dem Wechselstrom I an Arbeitsfähigkeit **(Watt) zahlgleich** ist. Es ist also

$$\boxed{U_1 \cdot I_1 = U_2 \cdot I_2}\ .$$

Übersetzung. Trägt die zweite Spule z. B. 10mal so viele Windungen wie die erste, so ist die in die zweite Spule induzierte Spannung $U_2 = 10\,U_1$; dafür wird nun $I_1 = {}^1/_{10}\,I_2$. Allgemein ist das Übersetzungsverhältnis

$$n = \frac{\text{Zahl ·der sekundären Windungen}}{\text{Zahl der primären Windungen}}.$$

Beim **Niederspannungstransformator** hat die sekundäre Wicklung weniger Windungen als die primäre; daher ist hier die abgenommene Stromstärke höher als die zugeführte.

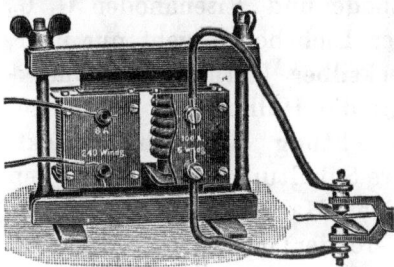

Abb. 488. Schweißen von Blechen.   Abb. 489. Schmelzrinne.

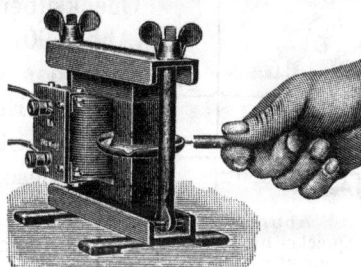

Versuche. In Abb. 488 hat die primäre Spule 240, die sekundäre nur 6 Windungen. Schickt man durch die primäre Spule einen Wechselstrom von 1 Ampere, so fließt durch die sekundäre ein Strom von 40 Ampere. Damit kann man z. B. zwei Bleche zusammenschweißen, einen Nagel zur Rotglut bringen usw. — In Abb. 489 besteht die sekundäre Wicklung nur aus einer **Metallrinne**. Übersetzung $n =$ 1 Amp. : 240 Amp. Die Rinne kommt ins Glühen (Woodsches Metall, Zinn, Blei, schmelzen darin). Prinzip der Induktionsschmelzöfen in Hüttenwerken.

3. Der Motor-Umformer besteht aus einem Elektromotor, mit dem man eine Dynamo (auf gleicher Achse) antreibt.

Damit kann man jede Stromart (Gleich-, Wechsel- oder Drehstrom) in jede andere verwandeln.

Mit dem gegebenen Strom betreibt man den Motor, den gewünschten entnimmt man der Dynamo. — Elektromotor und Dynamo kann man vereinigen, indem man dem Anker des Motors zwei Wickelungen gibt, die zu zwei getrennten Bürstenpaaren I I′ und II II′ führen. Durch I I′ leitet man den Motorstrom zu, durch II II′ nimmt man den gewünschten Dynamostrom ab. In diesem Fall spricht man von einem **Einankerumformer.**

4. Oft ist **Wechselstrom in Gleichstrom** zu verwandeln, z. B. zum Laden von Akkumulatoren. Dazu dienen:

a) **Der Trockengleichrichter.** Er beruht auf der Wirkung einer sehr dünnen **Sperrschicht** (Kupferoxydul auf Kupfer), die den Strom nur in einer Richtung hindurchläßt. Verwendung besonders zum Laden von Akkumulatoren und für Elektrolyse. Anlagen mit über 60000 A sind in Betrieb.

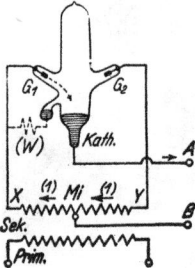

Abb. 490.
Quecksilberdampf-
gleichrichter.

b) **Der Quecksilberdampfgleichrichter** arbeitet mit einem Lichtbogen zwischen einer Quecksilberkathode und Eisenanoden G_1 G_2 (Abb. 490). Der Lichtbogen geht nur über, wenn das Quecksilber Kathode ist (Quecksilber — Eisen); die Halbperiode mit umgekehrter Stromrichtung wird unterdrückt. Durch besondere Schaltung erreicht man den Durchgang beider Halbperioden in gleicher Richtung (pulsierender Gleichstrom, Abb. 470). Stromstärke bis 8000 A.

c) **Die Glühkathodenröhre.** § 121, 8.

Der **Wehnelt-Gleichrichter** (Abb. 496 a, b) ist eine Kathodenröhre mit zwei Anoden. Der Kathodendraht wird geheizt. (Heizspule **H** Abb. 496 a).

Vorgang: Der vorgegebene Wechselstrom in **P** wird zunächst durch Induktion auf die Sekundärspule S übertragen. Schwingt er nach links, so geht er über die linke Anode durch die Röhre nach **A**. Schwingt er nach rechts, so geht er über die rechte Anode durch die Röhre nach **A**.

5. **Die Umspanner ermöglichen erst eine wirtschaftlich günstige Übertragung der el. Energie auf weite Strecken.** In Elektrizitätswerken werden starke Ströme (2000 bis 5000 A) erzeugt. Um diese fortzuleiten, müßte man fast armsdicke

Kupferleitungen benutzen. Das käme aber für eine Fernleitung sehr teuer. Man transformiert dann lieber in dem Werk den Strom in einen **hochgespannten** Wechselstrom, dem dann nur ein geringes *I* zukommt und der zur Weiterleitung also nur dünne Drähte nötig hat. Eine solche Leitung zu berühren, ist aber **lebensgefährlich.**

Die einzelnen Werke liefern ihren Strom an die **Umspann-werke,** in denen die Spannung und die Energieverteilung geregelt wird. Die **Überlandleitungen** arbeiten mit Spannungen bis 220000 V.

Soll eine Stadt mit **Gleichstrom** versorgt werden, so wird der Wechselstrom in zahlreichen Unterwerken mit Gleich-richtern in Gleichstrom umgeformt. In kleinen Orten und auf dem Lande wird dem Verbraucher niedergespannter **Wechselstrom** (230 V) (für Motoren **Drehstrom**) zugeführt. Für Schwachstrombedarf (Hausklingeln) dienen kleine Umspanner mit 3—8 V Ausgangsspannung.

Es ist gelungen, die bei der Transformation (z. B. durch Erhitzung des Transformators) auftretenden **Verluste** relativ gering zu machen, so daß oft 95% der induzierten Watt übertragen werden.

§ 121. Durchgang der Elektrizität durch Gase. Elektronenstrahlen.

1. Der elektrische Funke springt zwischen Elektroden bei hoher Spannung über. Die **Schlagweite** kann als Maß für die Spannung dienen. Zwischen Kugeln entspricht 1 cm 26000 V.

2. Hochgeladene Leiter sprühen (Spitzenwirkung, § 90, 6) und geben eine Lichterscheinung. +-Elektrizität gibt **Büschel-licht,** — -Elektrizität **Glimmlicht.**

3. In einer Gasentladungsröhre, einem Glasrohr mit zwei eingeschmolzenen Elektroden, aus dem allmählich die Luft mit einer Hochvakuumpumpe entfernt wird, sieht man folgendes:

18 Kleiber, Grundriß.

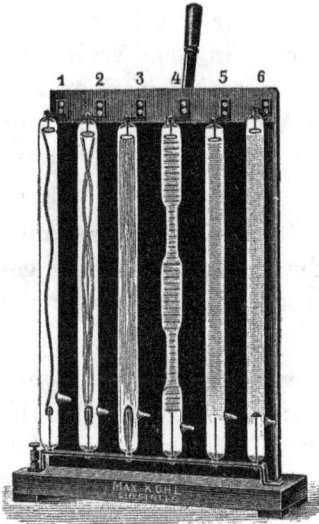

Abb. 491.
Vakuumskala.

Bei ~ **10 mm** Gasdruck: Rötliches straffes Lichtband von der Anode her (Röhre 3 in Abb. 491). Von 4 mm abwärts erfüllt das Lichtband den ganzen Raum. Die Elektroden bedecken sich mit Glimmlicht (Anwendung: **Glimmlichtlampe**). — Bei **1 mm** Gasdruck ist das rötliche Lichtband geschichtet (Abb. 491, 4. Röhre), bei weiterer Druckerniedrigung verblaßt die Lichterscheinung.

4. Bei den Metalldampflampen·(§ 82, 7, b) handelt es sich um Erscheinungen, die zwischen der Gasentladung und dem Lichtbogen liegen. Der den Strom leitende Metalldampf wird gebildet durch eine Gasentladung in einem **Füllgas** (Neon), die schon bei Netzspannung einsetzt; die Lampen brauchen einige Zeit bis zur höchsten Lichtaussendung. In **Niederdrucklampen** beträgt der Druck 2 bis 4 mm QS, in Quecksilber-**Hoch- und -Höchstdrucklampen** bis über 100 at. Alle brennen nur mit einem Vorschaltwiderstand ruhig, der aus einer Metalldrahtlampe bestehen kann (**Mischlicht**). — In den 1 oder 2 m langen **Leuchtstoffröhren** wird das Licht von fluoreszierenden Stoffen geliefert, die durch Gasentladung angeregt werden (Lichtausbeute über 40 lm/W).

5. Kathodenstrahlen. Bei einem Druck unter 0,02 mm bleibt nur ein von der **Kathode** ausgehender bläulicher Lichtstreif. Durch die völlig luftleere Röhre geht kein el. Strom. **Merke:**

‖ Das **Kathodenlicht** strahlt **geradlinig** von der **Kathode**
‖ aus. (Erkläre die Schattenbildung Abb. 492!)

Wo es die Glaswand trifft, leuchtet diese in grünlicher Fluoreszenz (Abb. 493). Da es von einem Magneten wie ein elektrischer Strom ablenkbar ist, so schließt man:

‖ Die **Kathodenstrahlen** bestehen aus einem **Strom**
‖ **negativer Elektrizitätsteilchen,** die von der (negativen)
‖ **Kathode** abgeschleudert werden.

6. Messungen an Kathodenstrahlen und an Ladungsvorgängen haben zu der Auffassung geführt, daß es eine kleinste Einheit der el. Ladung gibt, die man **Elektron** nennt. Sie ist negativ. Geladene Teilchen, z. B. die Ionen der Elektrolyte, sind immer mit einem kleinen Vielfachen dieser Ladung verbunden. Ein Elektron hat nur $^1/_{1850}$ der Masse eines **Wasserstoffatoms**. Seine Ladung beträgt 1,60/10^{19} **Coulomb.**

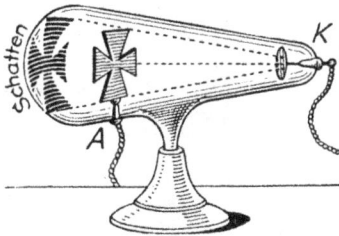

Abb. 492.
Kathodenstrahlen.

Abb. 493.
Fluoreszenz.

7. Zum Austritt der Elektronen aus der Kathode ist eine bestimmte Spannung erforderlich.

a) Legt man an die Elektroden der Entladungsröhre eine Spannung an, so werden die Elektronen von der Kathode fortgestoßen; bei großer Spannung erreichen die Elektronen fast $^1/_3$ Lichtgeschwindigkeit. Dabei steigt ihre Durchschlagskraft trotz ihrer geringen Masse. (Vergleich mit einer Flintenkugel.) Bei großer Geschwindigkeit durchdringen sie dünne Aluminiumfenster in den Kathodenröhren; zerschmettern bei ihrem Austritt Luftmoleküle, ionisieren sie und machen die Luft dadurch leitend.

b) Diese Spannung kann bis auf **100 V** erniedrigt werden, wenn man die Kathode elektrisch bis zu heller Rotglut heizt **(Glühkathode)** und sie mit gewissen Metalloxyden (Bariumoxyd) bedeckt.

c) Durch Bestrahlung mit Licht von kurzer Wellenlänge werden aus besonders zubereiteten Metallschichten Elektronen ausgelöst **(Photozellen).** Man unterscheidet:

1. Photozellen mit Hilfsladung. Elektronen treten erst aus, wenn die Schicht negativ geladen ist.
2. Photozellen, bei denen das Licht ohne weitere Hilfsmittel Elektronen auslöst.

8. Die Elektronenröhre (Abb. 494) ist eine luftleere Röhre mit Anode **A** und Glühkathode **K.** Mit einer dritten Elektrode, dem **Gitter G** kann der mit einem Milliamperemeter meßbare Elektronenstrom (Anodenstrom) gesteuert werden. Dies zeigt Abb. 495. Positive Gitterladung **verstärkt** den Anoden-

18*

strom bis zu einer Höchststärke (Sättigungsstrom), negative schwächt ihn bis zu völliger Unterdrückung.

Anwendungen: a) **Gleichrichterröhre** ohne Steuerung (Abb. 496). Die Glühkathode läßt nur die negative Hälfte eines

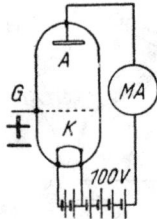

Abb. 494. Elektronenröhre.

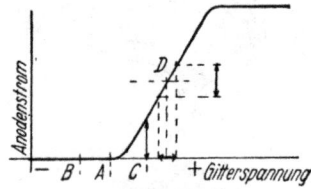

Abb. 495. Kennlinie.

Wechselstroms hindurch. Mit einer Schaltung wie beim Quecksilberdampfgleichrichter können beide Hälften des Wechselstromes gleichgerichtet werden (§ 120, 4c).

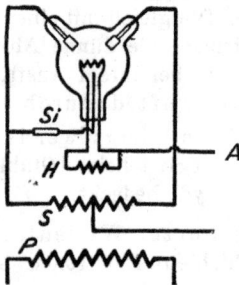

Abb. 496 a, b. Ansicht des Wehnelt-Gleichrichters.

b) **Gleichrichterröhre** mit Gittersteuerung. Sie arbeitet mit solcher Gitterspannung, daß der Arbeitspunkt bei **A** (Abb. 495) liegt. Nur +-Ladung des Gitters (Verminderung der negativen Vorspannung) läßt einen Anodenstrom fließen.

c) **Verstärkerröhre.** Arbeitspunkt **D** (Abb. 495). Kleine Schwankungen der Gitterspannung um **D** verursachen beträchtliche Schwankungen des Anodenstroms.

d) **Braunsche Röhre.** (Abb. 497.)
Der Kathodenstrahl erzeugt auf
einem fluoreszierenden Leuchtschirm einen sehr kleinen hellen
Lichtfleck. Er kann magnetisch durch die Spulen **Sp** oder
auch elektrostatisch durch

Abb. 497. Braunsche Röhre.

zwei in die Röhre eingeschmolzene geladene Platten **P** abgelenkt werden.

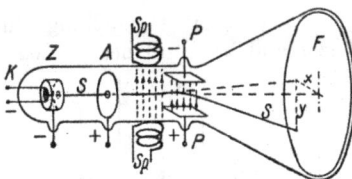

9. *Röntgen* entdeckte **1895,** daß von der Stelle der
Glaswand, wo die Kathodenstrahlen auftreffen, unsichtbare **neue
Strahlen** ausgehen, für die Holz, Leder, Ebonit usw. so durch-
lässig sind wie Glas für gewöhnliches Licht. Stärkere Röntgen-

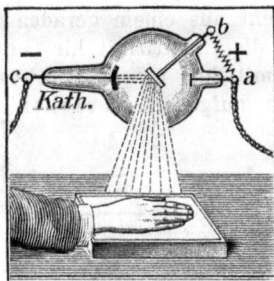

Abb. 498. Herstellung einer
Röntgenphotographie.
a = Anode
b = Antikathode
c = Kathode.

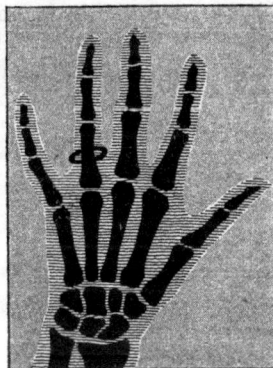

Abb. 499. Röntgenbild.

strahlen gehen von einer von den Kathodenstrahlen getroffenen
Antikathode **b** (Abb. 498) aus Metall aus. Treffen diese auf
einen Bariumplatincyanürschirm, so leuchtet dieser hell auf.
Hält man die Hand davor, so erhält man auf dem Schirm ein
Schattenbild der Handknochen (Abb. 499), da Fleisch für die
Strahlen durchlässig ist. Wichtig für die Heilkunde (Durch-
leuchtung des Körpers).

Die Röntgenstrahlen sind **Ätherwellen** von außerordentlich **kurzer
Wellenlänge,** die von der Antikathode ausgehen, wenn sie von einem
Elektron getroffen wird.

Erkläre die Herstellung eines Röntgenlichtbildes gemäß Abb. 499!
(Die Hand liegt auf der photographischen Kassette.)

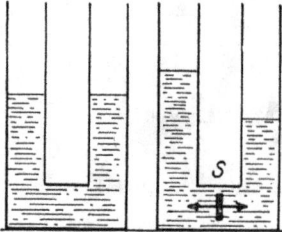

Abb. 500.
Schwingende Wassersäule.

§ 122. Elektrische Wellen.

1. Schwingungskreis. Elektrizität kann in Leitern zum Schwingen gebracht werden. Vergleich: Das Wasser in der Röhre Abb. 500 kann schwingen, wenn das Gleichgewicht gestört wird.

a) **Der geschlossene Schwingungskreis** (Abb. 501) besteht aus einem **Kondensator** und einer **Stromspule**. Wird der Kondensator für sich geladen, dann durch die Spule entladen, so gleicht sich seine Spannung durch Schwingungen mit wechselnder +- und —-Ladung des Kondensators aus.

b) **Der offene Schwingungskreis** besteht aus einem geraden Draht mit oder ohne Endplatten. In ihm kann die Elektrizität hin- und herschwingen. Strom- und Spannungsverlauf mit dem **magnetischen** und dem zwischen den geladenen Endplatten aufgebauten **elektr. Feld** zeigt die Abb. 502.

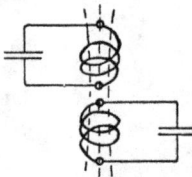

Abb. 501.
Geschlossene Schwingungskreise.

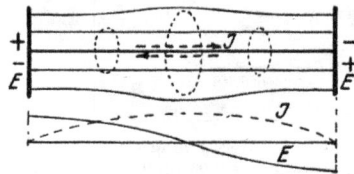

Abb. 502.
Offener Schwingungskreis.

Die **Schwingungszahl** ist durch die **Kapazität** des Kondensators und die **Selbstinduktion** der Spule festgelegt.

2. Elektrische Wellen. Die raschen Änderungen von Spannung und Strom im offenen Schwingungskreis wirken nach außen durch das Magnetfeld des Stromes und das el. Feld der Ladungen. Der offene Schwingungskreis **(Antenne) strahlt** eine Ätherwelle aus, die sich mit **300000 km/s (Lichtgeschwindigkeit)** ausbreitet.

Daraus ergibt sich:

Wellenlänge	10000	1000	100	10	1 Meter
Schwingungen in 1 s	30000	300000	3	30	300 Millionen

3. Zwei Schwingungskreise können miteinander verbunden (gekoppelt) werden. Am gebräuchlichsten ist die induktive **Koppelung.**

Das wechselnde Magnetfeld des oberen Kreises in Abb. 501 induziert Spannung in der Spule des unteren, die dessen Kondensator auflädt. Die Schwingung im gekoppelten Kreis wird am stärksten, wenn er die- selbe Schwingungsdauer hat wie der erregende (Resonanz, **Abstimmung**). Meist wird mit einem Drehkondensator (Abb. 503) mit veränderlicher Ka- pazität abgestimmt. Zwei offene Kreise können dabei sehr weit voneinander entfernt sein; die drahtlose Tele- graphie überbrückt den halben Erdumfang.

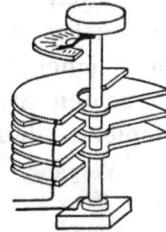

Abb. 503.
Drehkondensator.

4. Schwingungserzeugung. Die Schwingung in der Röhre (Abb. 500) nimmt infolge der Wasserreibung rasch ab, sie ist gedämpft. Ebenso ist die Schwingung im Schwingungskreis durch den Widerstand der Spule (im offenen Kreis durch die Ausstrahlung) gedämpft. Die Schwingung der Wassersäule muß dauernd angeregt werden, z. B. durch eine Scheibe S, die in Resonanz mit der Eigenschwingung der Säule hin- und her- bewegt wird (ungedämpfte Schwingung). Zur Erregung un- gedämpfter elektrischer Schwingung wird die Schwing- röhre verwendet.

An Gitter und Kathode ist gemäß Abb. 509 eine Rück- koppelungsspule L_2 gelegt.

Vorgang: Eine kleine Stromschwankung im Anodenkreis überträgt sich vom Schwingungskreis $L_1 C$ sofort auf die Rückkoppelungsspule L_2, die dem Gitter nun wechselnd +- oder — -Ladungen erteilt. Dadurch wird die Erregung des Anodenkreises aufrechterhalten, die andauernd auf L_2 wieder zurückwirkt (Aufschaukelung).

In beiden Kreisen bildet sich eine **ungedämpfte Schwingung** aus.

Elektrische Zeichenübertragung.

§ 123. Draht-Telegraphie und Telephonie.

1. Der Morseschreiber ist in § 102, 1 besprochen. Er findet nur mehr untergeordnete Verwendung, da er zu langsam arbeitet.

2. Beim **Hughschen Typendruckapparat** werden in beiden Stationen zugleich zwei gleiche Räder, die am Rand die 26 Buchstaben in erhabenen Typen tragen, durch ein Uhrwerk in gleicher (synchroner) Drehung erhalten, und zwar so, daß in beiden Stationen jeweils der gleiche Buchstabe unter dem Papierstreifen sich befindet.

Vorgang. Drückt man nun in einer Station z. B. auf die Taste **a** einer Klaviatur (ähnlich wie bei einer Schreibmaschine), so wird in dem Augenblick, wo die Drucktype **a** des Rades unter dem Papierstreifen erscheint, ein mit ihr verbundener Kontakt K_a berührt, der Linienstrom geschlossen und in beiden Stationen zugleich der Papierstreifen gegen den darunter liegenden Buchstaben **a** gepreßt.

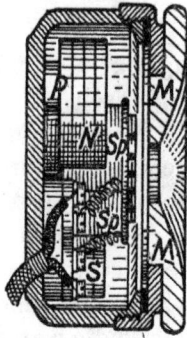

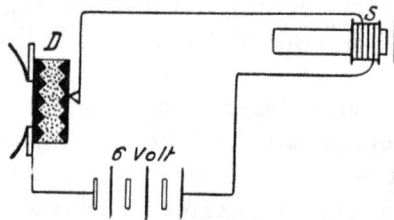

Abb. 504. Hörer.   Abb. 505. Mikrophonanlage.

3. **Bei dem in Deutschland eingeführten Springschreiber** werden 5 mit Kerben versehene Leisten durch 5 von einem umlaufenden Verteiler nacheinander eingeschaltete Elektromagnete (Stromstoß $^1/_{50}$ s) verschoben. Bei der so erhaltenen Anordnung der Kerben fällt eine von 32 auf den ersteren senkrecht aufliegende ebenfalls mit Kerben versehene Leisten herab. Sie trägt eine **Type,** die nun **abgedruckt** wird. **Leistung:** 400 Zeichen in 1 min.

4. **Das Hörtelephon** (Abb. 504) enthält in einer Dose einen halbkreisförmigen Stabmagnet, unter dessen Polen **N S** rechtwinklig abgebogene Polschuhe **P** liegen, die zwei kleine mit sehr dünnem Draht bewickelte Spulen **Sp** tragen. Den Polen ist als Anker eine federnde dünne Stahlscheibe, die **Membran M,** vorgelagert.

Merke:

‖ Das Telephon spricht auf **Wechsel-** und **unterbrochenen**
‖ **Strom** an.

Vorgang. Schickt man z. B. den Wechselstrom eines kleinen Induktors durch die Spule des Telephons, so wird der **Magnet** im Rhythmus des wechselnden Stromes **bald gestärkt, bald geschwächt**; die Folge ist, daß er das Ankerplättchen im selben Wechsel bald stärker anzieht, bald losläßt. Dadurch gerät die Membran ins Schwingen (= **Tönen**).

5. Das Mikrophon ist eine Dose mit Kohlenkörnern zwischen 2 Metallscheiben (Abb. 505). Zum Fernsprechen schaltet man das Mikrophon zusammen mit einem Telephonhörer in den Stromkreis einer Batterie (von ∼ 6 Volt Spannung) ein.

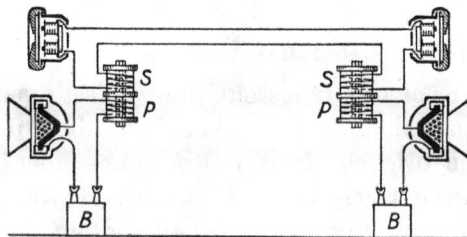

Abb. 506. Gegensprechen.

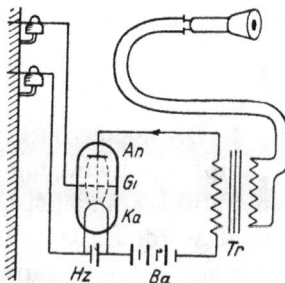

Abb. 507. Verstärkungsröhre.

Vorgang. Beim Sprechen gegen das Mikrophon werden die **Kohlenkörner erschüttert** und lassen bald mehr, bald weniger Strom hindurch. Dieser wirkt wie oben beschrieben auf das Telephon. Die Verbindung zweier Sprechstellen mit einander zeigt Abb. 506. **S, P** sind 2 kleine Spannungswandler (Transmitter, Übertrager).

6. a) Zur **Lautverstärkung** muß man zwischen Telephon- und Mikrophonkreis einen **Transformator** einbauen (Abb. 507).

Vorteil: Hat z. B. dessen Sekundärseite 10 mal so viel Windungen als die primäre, so ist die induzierte Spannung im Telephonkreis 10 mal so hoch als früher; demgemäß steigt die Lautwirkung.

b) Telegraphen- und Fernsprechleitungen sind für die großen Verbindungen durch **Kabel** (Abb. 508) ersetzt. Ein solches wirkt wie eine **Leidener Flasche.** Seine Aufladung und Entladung verlangsamt die Arbeitsgeschwindigkeit.

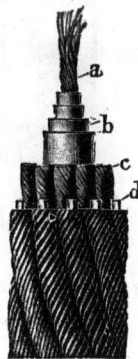

Abb. 508.
b = Guttapercha
c = geteerter Hanf
d = Eisendraht.

Durch geeignete Bemessung von Kapazität und Selbstinduktion des Kabels kann dieser Mangel behoben werden.

7. Beim **Telephonieren auf weite Entfernungen** ist ein **Lautverstärker** nötig. Er beruht auf der Elektronenröhre.

Vorgang: Man leitet ankommende Spannungsstöße oder durch einen kleinen Transformator in solche umgewandelte Stromstöße zu dem Gitter **G** einer Elektronenröhre (Abb. 494, 507). Die geringe wechselnde Ladung, die G dabei erhält, hat vielfach verstärkte Schwankungen des Anodenstroms zur Folge, der einen Transformator speist, in dessen Sekundärkreis das Telephon liegt. (Verstärker mit drei solchen Röhren hintereinander geschaltet geben 1500fache Lautverstärkung.)

§ 124. Drahtlose Übermittlung.

1. **Die Senderöhre** in Rückkopplungsschaltung liefert ungedämpfte Schwingungen in den Kreis $L_1 C$ (Abb. 509), die auf den induktiv angekoppelten offenen Kreis mit **Antenne** übertragen werden. Diese strahlt die Welle in den Raum. Mit einer Taste **T** kann die Sendung unterbrochen werden.

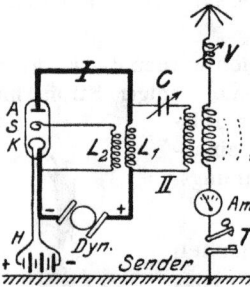

Abb. 509. Röhrensender.   Abb. 510. Empfangsanlage.

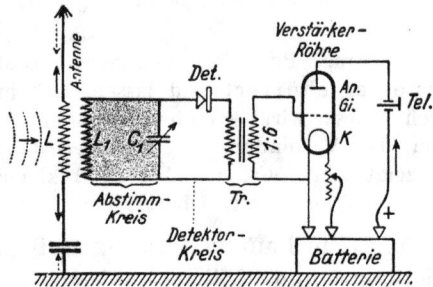

2. **Am Empfänger** (Abb. 510) wird (die Antenne und) der Kreis $L_1 C_1$ auf Resonanz **abgestimmt.** In ihm entsteht ein Wechselstrom mit der Frequenz der Sendewelle.

Da bei den längsten verwendeten Wellen (~ 10 km, $30\,000$ Schw. in 1 s) diese nicht mehr in einem Telephon gehört werden können (obere Gehörgrenze), braucht man einen **Detektor.**

Vorgang: Der Detektor läßt von der schwingenden El. nur Strom in einer Richtung hindurch. Eine Folge von sehr raschen Gleichstromstößen buchtet nun im Telephon die Membran andauernd **nur nach einer Richtung** aus. Man hört also zunächst keinen Ton. Wird aber die Sendewelle geschwächt, so springt die Telephonmembran zurück. [Es gibt einen Knacks.] Wird sie regelmäßig, z. B. 1000mal in 1 s in ihrer Stärke geändert **(moduliert),** so geben diese 1000 Knackse die Empfindung eines Tones. Bei völliger Unterbrechung der Sendewelle schweigt das Telephon. Auf diese Weise kann man Morsezeichen übertragen.

Als Detektor dient am besten eine Gleichrichterröhre nach § 121, 8 b (Audion).

3. Zur Übertragung von Tönen und Sprache wird die Sendewelle moduliert.

Vorgang: Man überlagert der Sendewelle (Trägerwelle, z. B. 300 m, 1 000 000 Schw./s) einen Ton durch einen dem Sendekreis angekoppelten Mikrophonstromkreis. Im Empfänger hört man die Trägerwelle nicht, der Detektor nimmt aber die ihr aufgeprägten Tonschwingungen ab und macht sie im Telephon hörbar.

4. Der Lautsprecher hat einen **beweglich aufgehängten Schalltrichter** (Membran), der elektromagnetisch oder elektrodynamisch von den aufgenommenen Stromschwankungen in Schwingungen versetzt wird, die durch die Luft übertragen hörbar werden.

Bei dem **magnetischen** Lautsprecher (Abb. 511 a) wechselt bei jedem Stromwechsel die Polarität der mit der **Membran M verbundenen Zunge Z** und sie schwingt im Takt der Stromwechsel zwischen den Polen des Dauermagnets **N S. Bei dem dynamischen Lautsprecher** (Abb. 511 b) verschiebt sich eine lose über einem Magnetstab gleichachsig hängende, mit **der Membran M verbundene Spule Sp,** entsprechend den Änderungen der Stromstärke.

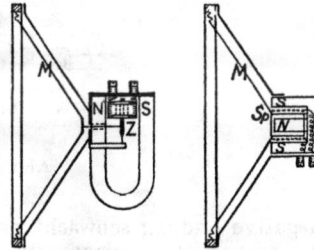

Abb. 511. Lautsprecher.
a) Magnetisch,   b) dynamisch.

5. Eine Verstärkung des Empfangs ist zum Betrieb eines Lautsprechers unbedingt erforderlich.

Beim **Niederfrequenzverstärker** schaltet man in den Detektorkreis zunächst einen Transformator (meist 1:6) und verbindet dessen Sekundärseite mit Gitter und Kathode einer Elektronenröhre, in deren Anodenkreis das Hörtelephon (der Lautsprecher) liegt (Abb. 510). Man kann hintereinander mehrere solche Verstärkerröhren anwenden.

Beim **Hochfrequenzverstärker** ist die Verstärkerröhre an den Abstimm-kreis angeschlossen.

§ 125. Fernsehen.

1. Im Sender wird zunächst ein möglichst helles Bild auf der lichtempfindlichen Schicht einer **Bildaufnahmeröhre** entworfen.

Diese Schicht enthält dicht aneinander mikroskopisch kleine Photozellen, der Netzhaut des Auges vergleichbar.

Vorgang: Durch lichtelektrische Wirkung werden diese Zellen je nach der Stärke ihrer Belichtung geladen; sodann werden sie von einem Katho-denstrahl abgetastet, der zuerst durch magnetische Ablenkung **eine Zeile** überstreicht, dann nach dem Zeilensprung die nächstfolgende, bis das ganze Bild abgetastet ist. Dabei werden die Zellen entladen, ihre Ladung einem Verstärker zugeführt und schließlich wird mit diesen **Bildsignalen** die Trägerwelle moduliert.

2. Im Empfänger werden wie bei Tonempfang die Bild-signale von der Trägerwelle abgelöst, verstärkt und auf die **Empfängerröhre** übertragen.

Diese ist eine Braunsche Röhre (Abb. 512), in der vor der Kathode **K** ein Metall- (Wehnelt-) Zylinder **Z** sitzt. Er wirkt wie ein Gitter:

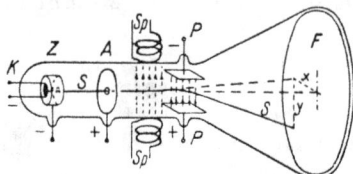

Abb. 512. Empfängerröhre.

negative Ladung schwächt den Kathodenstrahl und damit die Helligkeit des Lichtfleckes (100% weiß, 30% schwarz).

Vorgang: Dem Zylinder werden die verstärkten Bildsignale zugeführt und dadurch die Helligkeit des Lichtfleckes gesteuert. Der Strahl über-streicht synchron mit dem Kathodenstrahl des Senders den Leuchtschirm **F**, auf dem das Bild in den Helligkeitswerten getreu entsteht.

3. Ein bewegtes Bild entsteht, wenn wie beim Kinemato-graph viele Bilder (beim deutschen Fernsehsender **25**) in 1 s gegeben werden. Es muß also der Kathodenstrahl des Senders wie der des Empfängers nach Abtastung und Zeichnung eines

Bildes mit 441 Zeilen wieder zurückgeführt werden (Bild-sprung), um das nächste Bild anzufangen.

In 1 s werden 11 000 Zeilen mit über 2 Millionen Bildsignalen übertragen. Dazu muß die Trägerwelle eine sehr hohe Schwingungszahl (43 Millionen Hz) haben; ihre Wellenlänge beträgt 7 m. Solche kurzen Wellen haben eine geringe Reichweite, so daß für die Versorgung eines Landes viele Fernsehsender nötig sind.

Sachverzeichnis.

Verzeichnis der Tafeln.